心灵与认知文库·原典系列
丛书主编 高新民

在 此

重整大脑、身体与世界

〔英〕安迪·克拉克 著
张钰 何静 译

商务印书馆
The Commercial Press

Andy Clark
Being There
Putting Brain, Body, and World Together Again
Copyright© 1997 Massachusetts Institute of Technology
根据美国麻省理工学院出版社 1997 年版译出

心灵与认知文库·原典系列
编委会

主　　编：高新民
外籍编委：Jaegwon Kim（金在权）
　　　　　Timothy O'Connor（T. 奥康纳）
中方编委：冯　俊　李恒威　郦全民　刘明海
　　　　　刘占峰　宋　荣　田　平　王世鹏
　　　　　杨足仪　殷　筱　张卫国

"心灵与认知文库·原典系列"总序

心灵现象是人类共有的精神现象，也是东西方哲学一个长盛不衰的讨论主题。自20世纪70年代以来，在多种因素的共同推动下，英美哲学界发生了一场心灵转向，心灵哲学几近成为西方哲学特别是英美哲学中的"第一哲学"。这一转向不仅推进和深化了对心灵哲学传统问题的研究，而且也极大地拓展了心灵哲学的研究领域，挖掘出一些此前未曾触及的新问题。

反观东方哲学特别是中国哲学，一方面，与西方心灵哲学的求真性传统不同，中国传统哲学在体贴心灵之体的同时，重在探寻心灵对于"修身、齐家、治国、平天下"的无穷妙用，并一度形成了以"性""理"为研究对象，以提高生存质量和人生境界为价值追求，以超凡成圣为最高目标，融心学、圣学、道德学于一体的价值性心灵哲学。这种中国气派的心灵哲学曾在世界哲学之林中独树一帜、光彩夺目，但近代以来却与中国科学技术一样命运多舛，中国哲学在心灵哲学研究中的传统优势与领先地位逐渐丧失，并与西方的差距越拉越大。另一方面，近年来国内对心灵哲学的译介和研究持续升温，其进步也颇值得称道。不过，中国当代的心灵哲学研究毕竟处于起步阶段，大量工作有待于我们当代学人去完成。

冯友兰先生曾说，学术创新要分两步走：先"照着讲"，后"接着讲"。"照着讲"是"接着讲"的前提和基础，是获取新的灵感和洞见的源泉。有鉴于此，我们联合国内外心灵哲学研究专家，编辑出版《心灵与认知文库·原典系列》丛书，翻译国外心灵哲学经典原著，为有志于投身心灵哲学研究的学人提供原典文献，为国内心灵哲学的传播、研究和发展贡献绵薄之力。丛书意在与西方心灵哲学大家的思想碰撞、对话和交流中，把"照着讲"的功夫做足做好，为今后"接着讲"、构建全球视野下的广义心灵哲学做好铺垫和积累，为最终恢复中国原有的心灵哲学话语权打下坚实基础。

学问千古事，得失寸心知。愿这套丛书能够经受住时间的检验！

高新民　刘占峰
2013 年 1 月 29 日

将此书献给我的父亲：吉姆·克拉克（Jim Clark），那个教会我如何思考的大苏格兰人……

目录

前言：深邃的思想遇到流畅的行动 ………………………………… 1
致谢 ……………………………………………………………………… 5
基础 ……………………………………………………………………… 6
导论：一辆有着蟑螂脑袋的汽车 …………………………………… 10

I 揭露心灵

1 自治的施动者：在月球上漫步 …………………………………… 23
  1.1 在火山之下 ……………………………………………………… 23
  1.2 机器人大阅兵 …………………………………………………… 24
  1.3 没有模型的心灵 ………………………………………………… 34
  1.4 生态位工作 ……………………………………………………… 38
  1.5 细节感？ ………………………………………………………… 40
  1.6 精确的机器人 …………………………………………………… 46

目 录

2　情境中的婴儿 ·· 49
- 2.1　我，机器人 ··· 49
- 2.2　行动环路 ··· 50
- 2.3　没有蓝本的发展 ··· 54
- 2.4　软组装和去中心化解决方法 ······························· 58
- 2.5　脚手架支撑的心灵 ······································· 62
- 2.6　作为镜子的心灵 vs. 作为控制者的心灵 ···················· 64

3　心灵和世界：可塑的边界 ···································· 70
- 3.1　渗漏的大脑 ··· 70
- 3.2　神经网络：一场未完成的革命 ····························· 71
- 3.3　环境依赖 ··· 78
- 3.4　规划和问题解决 ··· 83
- 3.5　档案柜之后 ··· 88

4　黏菌风格的集体智慧 ······································· 91
- 4.1　黏液时间 ··· 91
- 4.2　突现的两种形式 ··· 94
- 4.3　大海和锚定细节 ··· 97
- 4.4　和谐的根源 ··· 99
- 4.5　为投机取巧的心灵建模 ·································· 102

中场休息：一段简史 ·· 106

目 录

II 解释延展的心灵

5 进化中的机器人 ·················111
5.1 具身的、嵌入的心灵的圆滑策略·················111
5.2 一种进化论的背景·················112
5.3 作为解释工具的遗传算法·················114
5.4 进化的具身智能·················116
5.5 模拟大战（现实点吧！）·················120
5.6 理解进化的、具身的、嵌入的施动者·················124

6 突现与解释·················130
6.1 不同的尝试？·················130
6.2 从部分到整体·················131
6.3 动力系统和突现解释·················142
6.4 属于数学家和工程师的·················149
6.5 决定、决定·················154
6.6 大脑反咬一口·················159

7 神经科学的图景·················161
7.1 大脑：何必麻烦？·················161
7.2 猴子的手指·················163
7.3 灵长类的视觉：从特征检测到调谐滤波器·················166
7.4 神经控制假说·················169
7.5 提炼表征·················176

目 录

8 存在、计算、表征 ……177
- 8.1 百分之九十的（人工）生命？ ……177
- 8.2 这个叫"表征"的东西到底是什么？ ……178
- 8.3 行动导向的表征 ……185
- 8.4 程序、力和部分程序 ……189
- 8.5 打拍子时间 ……198
- 8.6 持续的交互因果作用 ……201
- 8.7 渴求表征的问题 ……205
- 8.8 根源 ……210
- 8.9 最低限度的表征主义 ……214

III 向前

9 心灵与市场 ……219
- 9.1 不受控的大脑，脚手架式的心灵 ……219
- 9.2 迷失超市 ……221
- 9.3 智能办公室？ ……226
- 9.4 在机器内部 ……228
- 9.5 设计师环境 ……233

10 语言：终极人工物 ……235
- 10.1 语词力量 ……235
- 10.2 超越沟通 ……236
- 10.3 交换空间 ……244

10.4 关于思想的思想：红树林效应	253
10.5 语言对大脑的适应	257
10.6 心灵的终点在哪里，其余世界的起点又在何处？	260

11 心灵、大脑和金枪鱼：海洋的概括 ········· 267

结语：大脑的话 ········· 271

注释 ········· 277
参考文献 ········· 298
索引 ········· 317
附图 ········· 325

前言：深邃的思想遇到流畅的行动

如果真的要你造一个智能施动者（agent），你会从哪里开始着手？你觉得是什么特别的东西将山石、瀑布和火山的无思想世界与敏感的智能王国区分开来？是什么使得自然秩序的某些部分能够通过感知和行动得以生存，而其他的却只是置身事外，没有思想也没有生气？

"心灵"、"智力"、"观念"：正是这些使得世界变得不同。但我们又要如何理解它们呢？这些词语让人联想到朦朦胧胧的领域。我们谈论"纯粹的智力"，描述博学之人"陷入沉思"。很快，我们就被笛卡尔的设想所蛊惑：把心灵看作一个与身体和物质世界截然不同领域的设想。[1] 这个领域的本质与身体和周遭环境中偶然发生的事无关。它就是著名的（臭名昭著的）"机器中的幽灵"[2]。

这种关于物质和心灵之间极端对立的观点很久以前就已经被抛弃了。取而代之的是我们发现了一个心灵科学的松散联盟，其共同目标是理解思想本身何以在物质上是可能的。这一

前言：深邃的思想遇到流畅的行动

联盟被称为认知科学，三十多年来心灵的计算机模型一直是它的主要工具之一。它的分支学科被称为人工智能[3]，其研究者在科幻作品和硬工程学的顶点建立理论，他们已经试图为心灵如何从身体机器（对我们而言就是大脑）的运作中产生的想法提供计算上的躯体。正如艾伦·斯隆曼（Aaron Sloman）所说，"每一个有智能的灵魂必定包含一个机器。"[4] 看起来，人类大脑是人类心灵的机械支撑。当进化匆匆构建了复杂的大脑、行动自如的身体和神经系统时，它也为全新的生存和适应方式打开了大门（通过纯粹的物理手段）——这些方式使得我们处于自然分水岭的一边，而将火山、瀑布以及其他认知上无生命力的创造物留在另一边。

但是，尽管如此，物质和心灵的古老对立仍以一种版本存在，它存在于我们对大脑和心灵的研究方式中，其中不包括起"外围"作用的身体其他部分和局部环境；它存在于模拟智能的传统中，用符号编码的解决方案去解决用符号表达的难题；它存在于那种对身体和局部环境被真正嵌入引发智能行动的处理回路之中的方式的忽略之中；而且它还存在于问题域的选择之中：例如，尽管我们可以通过诸如"深思"[5]之类的程序模拟下国际象棋，但却无法让一个真正的机器人成功地在一个拥挤的房间内行进，也无法对一只蟑螂的自适性成功进行完全模拟。

在身体和世界的自然语境中，大脑处理问题的方式从根本上发生了变化。这并不是一个深奥的哲学事实（尽管它有着深远的影响），这是一个实用性问题。吉姆·内文斯（Jim Nevins）举了一个很好的例子，他从事由电脑控制的流水线工作，要使

2

前言：深邃的思想遇到流畅的行动

一台由电脑控制的机器将紧定零件组装起来，其中的一个办法就是运用多重反馈回路。这些反馈回路能够告诉计算机它是否没能成功找到合适的，并使它能够稍微变换方向再次尝试。如果你愿意，这就是纯思维（Pure Thought）的解决方案。具身思维（Embodied Thought）所提供的解决方案就完全不同了。只需将机器的装配机械臂安装到橡胶关节上，使得它们可以顺着两条空间轴移动。一旦完成这一步，计算机就不再需要那些精细的反馈回路，因为这些零件"上下左右地微调滑动到相应的位置，就好像一个精密系统成千上万微小的反馈调节正在不断地被计算"[6]。这个例子表明的关键点是：如果我们仅仅将认知看作纯粹的问题解决过程，就会使我们从那个特别的身体和特别的世界中抽象出来，而我们的大脑正是在其中得以进化从而引导我们。

如果将大脑作为具身性活动的控制器会不会就没有这么多收获呢？这种角度微妙的变化对于我们要如何建构心灵科学有着重大的意义。这实际上就要求我们对思考智能行为的全部方式进行彻底的变革。它要求我们抛弃那种认为心灵和身体属于完全不同领域的观点（自笛卡尔起就常见）；抛弃那种认为知觉、认知和行动之间有着整齐的分界线的观点[7]；抛弃那种认为大脑是进行高阶推理的执行中心的观点[8]；最重要的是，抛弃那种人为地将思想与具身行为区分开来的研究方法。

这样出现的完全是一种全新的心灵科学：这种科学无疑是建立在30多年共同研究的成果之上的，但同时它的研究工具和模式也大有不同——一种关于具身心灵的认知科学。本书正是这样一种科学的见证。本书将追寻具身心灵认知科学的源头、展示它的特点,并直面它所遭遇的难题。它肯定不是最新的心灵科学,但它在最吸引人的旅程中(心灵了解自身以及它在自然界中位置的探索)又迈进了一步。

致谢

本书第 6 章、第 9 章及结语主要基于我的以下论文。感谢编者和出版商允许我使用这些材料。

"快乐的耦合：突现、解释风格以及具身的、嵌入的认知"，《人工生命哲学文选》，M. 博登编，牛津大学出版社。("Happy couplings: Emergence, explanatory styles and embodied, embedded cognition", *Readings in the Philosophy of Artificial Life*, ed. M.Boden. Oxford University Press.)

"经济的原因：个体学习和外部结构的互动"，《制度经济学前沿》，J. 德勒巴克编，学术出版社。("Economic reason: The interplay of individual learning and external structure", *Frontiers of Institutional Economics*, ed. J.Drobak. Academic Press.)

"我是约翰的大脑"，《意识研究》。("I am John's brain", *Journal of Consciousness Studies* 2（1995）：144-148.)

图的出处请见具体图例。

基础

《在此》并不是无源之水、无本之木。心灵的形象不可避免地要与身体、世界和行动交织在一起,这种观点我们可以从海德格尔的《存在与时间》(Being and Time,1927)一书中看到影子,继而在梅洛-庞蒂的《行为的结构》(Structure of Behavior, 1942)中看到了清楚的表述。一些中心论题出现在苏联心理学家,特别是维果茨基(Lav Vygotsky)的表述中;还有一些在让·皮亚杰(Jean Piaget)关于认知发展中行动作用的研究中可以找到。在认知科学的研究文献中,已有的重要的、有影响力的讨论包括马图拉纳和瓦雷拉(Maturana and Varela 1987)、威诺格拉德和弗洛勒斯(Winograd and Flores 1986),以及特别是瓦雷拉等人的《具身心灵》(Varela et al., The Embodied Mind, 1991)。《具身心灵》正是当前探讨中所认可和追寻的一些走向的直接来源之一。

我怀疑我对这些走向的接触始于休伯特·德雷弗斯(Hubert Dreyfus)1979年的著作《计算机不能做什么?》(What

Computers Can't Do）。正是德雷弗斯的观点对传统人工智能一直以来的困扰，促使我对另一些计算模式（联结主义或并行分布加工进路；见 Clark 1989 和 Clark 1993）进行了探索，同时也巩固了我对心灵和认知的生物可行性图景的兴趣。我曾在1987年的一篇小论文中对这些问题进行了初步探讨，这篇文章的题目（并非巧合）也是《在此》，其中探讨的明确论题是具身的、环境嵌入的认知。此后，联结主义、神经科学和真实世界机器人技术有了巨大的进展。由此，特别是在对机器人学以及所谓的人工生命（见 Brooks and Maes 1994 中的论文）的探究过程中，我们最终确定了现在讨论的最直接的动力。最后（在我看来）一种更圆满的、更有说服力的、更综合的图景将会出现——它将以往讨论的众多元素整合在一起，并且是在有着丰富的实践论证和具体实例的框架中这样做。我在这里呈现和考查的正是这幅更大、更全面的图景。

xviii

  我取得的成果离不开其他学者和朋友的帮助。毫无疑问，我首先要感谢的是保罗·丘奇兰德（Paul Churchland）和丹·丹尼特（Dan Dennett），他们对心灵和认知细致而又有创建的重构工作一直对我的研究有很大的启发。近来，与机器人学家罗德尼·布鲁克斯（Rodney Brooks）、兰德尔·比尔（Randall Beer）、蒂姆·史密瑟斯（Tim Smithers）和约翰·哈勒姆（John Hallam）的交流和互动也使我受益匪浅。蒂姆·范·盖尔德（Tim van Gelder）、琳达·史密斯（Linda Smith）、爱斯特·西伦（Esther Thelen）和麦克·惠勒（Michael Wheeler）等动态系统理论的支持者也一直激励我、与我探讨，并为我提供资料。还

基 础

有，萨塞克斯大学（Sussex University）进化机器人小组的几位成员也同样一直予以我灵感、让我抓狂、并且总是吸引我——特别是戴夫·克里夫（Dave Cliff）和英曼·哈维（Inman Harvey）。

特别要感谢比尔·贝克特尔（Bill Bechtel）、莫腾·克里斯丁森（Morten Christiansen）、戴维·查尔莫斯（David Chalmers）、基思·巴特勒（Keith Butler）、里克·格拉仕（Rick Grush）、蒂姆·莱恩（Tim Lane）、皮特·曼迪克（Pete Mandik）、罗伯·史塔佛宾（Rob Stufflebeam），还有我在圣路易斯的华盛顿大学哲学/神经科学/心理学（Philosophy/Neuroscience/Psychology，PNP）研究中心的同事和学生。也是在那里，我很幸运地遇到了戴夫·希尔迪奇（Dave Hilditch），他在研究中耐心地尝试将梅洛-庞蒂（Merleau-Ponty）的观点与当代认知科学结合起来，他的观点非常有趣，也极具启发性。另外，我还要感谢罗杰·吉布森（Roger Gibson）、拉里·梅（Larry May）、玛丽莲·弗里德曼（Marilyn Friedman）、马克·罗林斯（Mark Rollins），还有所有华盛顿大学哲学系的成员——感谢他们给予我宝贵的帮助、支持和批评。

我还要特别感谢华盛顿大学医学院（Washington University School of Medicine）的戴维·范·埃森（David van Essen）、查理·安德森（Charlie Anderson）和汤姆·萨奇（Tom Thach），他们向我展示了真正的神经科学的运行方式——但是在这里，接受感谢不等于要强行要求其承担本书残留的误差和误解的责任。道格·诺思（Doug North）、阿特·登造（Art Denzau）、

基 础

诺曼·斯科菲尔德（Norman Schofield）和约翰·德罗巴克（John Drobak）做了很多工作，使我在第9章中对经济学理论的简短尝试得以顺利进行，并得到了鼓励——还要感谢斯坦福大学胡佛研究中心（Hoover Institute Seminar）关于集体选择讨论小组的成员。当然，还有我的小猫罗罗（Lolo），它常常坐在我几个版本的手稿上却仍旧将它们保持得秩序井然；还要感谢圣菲研究所（Santa Fe Institute），它们为我提供了研究时间而且在很多重要的地方为我提出关键性的评论——特别要感谢戴维·雷恩（David Lane）、布莱恩·亚瑟（Brian Arthur）、克里斯·兰顿（Chris Langton）和梅兰妮·米切尔（Melanie Mitchell）使我在研究所的几次访学变得富有成果。还要感谢保罗·贝特格（Paul Bethge）、杰里·温斯坦（Jerry Weinstein）、贝蒂·斯坦顿（Betty Stanton）以及麻省理工学院出版社的其他朋友们——你们的支持、建议和热心在方方面面支持着我。贝丝·斯塔佛宾（Beth Stufflebeam）在我准备手稿的过程中给予了极大了帮助。还有我的妻子兼同事何塞法·托里维奥（Josefa Toribio）总是恰到好处地给我批评、帮助和启发。我对你们表示诚挚的感谢。

导论：一辆有着蟑螂脑袋的汽车

1　　20 世纪 50 年代的科幻小说和 60 年代的科学杂志中允诺过的人造心灵在哪里？为什么最先进的"智能"人造物仍然无法像人类那样说话、笨嘴拙舌？一种可能的原因是我们误解了智能自身的本质。我们将心灵想象成了一个与大量显式数据耦合的逻辑推理装置——一种组合逻辑机器和档案柜。这样做的结果是，我们忽略了一个事实：心灵进化是为了让事情发生。我们还忽略了一个事实：首先同时也是最重要的是，生物心灵是一个控制生物身体的器官。心灵提出动议，且必须快速提出——在捕食者捉到你之前，或者是在你的猎物从你面前逃跑之前。心灵不是非具身的（disembodied）逻辑推理装置。

这一简单的视角改变在当代心灵研究中引出了迄今为止最令人兴奋的、最具开拓性的成果。对计算模型的"神经网络"类型的研究已经开始提出，心灵计算结构的一种截然不同的构想。认知神经科学的研究已经开始发现，真正的大脑运用其神经元和突触资源解决问题的方式，这些方式令人惊讶。而且，

导论：一辆有着蟑螂脑袋的汽车

越来越多对简单的、真实世界的机器人技术的研究（例如，让一只机器蟑螂走路、寻找食物、逃离危险等）告诉我们，生物性的造物如何获得生存所必需的迅速、流畅的真实世界行动。在这些研究的交汇之处，我们瞥见了一种生物学认知本质的新构想：这种构想将显式数据存储与它之中的逻辑操作最多看作与真正的大脑、身体和环境耦合在一起的动力学和复杂反应回路的次要辅助。不受控的认知似乎（确实）对档案柜没什么兴趣。

当然，并非所有人都赞同。相反观点的一个极端例子是最近科学家们耗费五千万美元，试图通过提供大量显性知识的存储，将常识性理解灌输给计算机。这就是被称为 CYC（"百科全书"的略称）的工程，它旨在为计算机手工制作一个巨大知识库，包括成年人所应该具有的大部分常识。CYC 工程始于 1984 年，那时的目标是到 1994 年时拥有近一百万条知识的编码。这个工程大约需要两个人花费数百年的时间来完成数据输入。科学家们预期这个工程在这一时间之后会实现一个"飞跃"：计算机能够直接阅读并理解书面文本，进而能够对其知识库中剩余的部分进行"自我编程"。

在我看来，这个 CYC 工程最值得关注的特点就是它对显式符号表征力量的极度信仰：一种对内置于公共语言中词串图像结构内化的信仰。CYC 表征语言以如下单元（"框架"）对信息进行编码：

密苏里

导论：一辆有着蟑螂脑袋的汽车

州府：（杰斐逊市）
居民：（安迪，派帕，贝丝）
国家：（美利坚合众国）

这是一个简化的例子，但是其基本结构始终如一。这个单元有几个"槽（slots）"（上面的三个子目），并且每一个槽都有一个实体列表作为其相应的值。这些槽也可以引出其他单元（例如，"居民"这个槽可以作为另一个包含着更多信息单元的提示，等等）。这种单元和槽的装置得到了另一种更权威语言（CycL 限制语言）的增强，这种语言允许更复杂逻辑关系的表达，例如"对于所有项目而言，如果这一项目是 X，那么它必定就有性质 Y"。CYC 中的推理还能运用几种简单推断类型中的任意一种。但是，其基本点就是要让编码知识做几乎所有的工作，并且使得推断和控制结构尽可能简单，且在现有技术所允许的范围内。CYC 的发明者道格拉斯·莱纳特和爱德华·费根鲍姆（Douglas Lenat and Edward Feigenbaum 1992，p.192）认为，自适性智能的瓶颈是知识而非推断或控制。

CYC 知识库试图对那些我们知道却懒得明说的关于世界的鸡毛蒜皮小事进行显性表述。因此，CYC 旨在对那些我们全都拥有却很少重复的知识项进行编码，例如（同上，p.197）：

现今大多数汽车都有四个轮子。
如果你在开车的时候打瞌睡，那么你很快就会开出车道。

导论：一辆有着蟑螂脑袋的汽车

如果在你和你想要的东西之间有一个大的障碍物，那么你就不得不绕过这个障碍物。

通过对这些大批量的"已达成共识的现实知识"进行显性编码，CYC 应该能够达到使其对真正的智能做出回应的理解层次。人们甚至希望 CYC 能够利用类比推理来理性地解决新情况，通过在其巨大知识库的其他地方寻找部分相似物的方式。

CYC 是一个重要且宏大的工程。它现在所编码的常识性数据库无疑可以为开发更好的专家系统提供资源，从而发挥巨大的实际作用。但是，我们需要对 CYC 的两个可能的目标进行区分。其中一个目标是，在一个从根本上说无思想的计算机系统中提供可能的常识性理解的最佳拟像。另一个目标就是要创建一个由 CYC 知识库提供的真正人工心灵的首例。

截至目前，在 CYC 的表现中并没有迹象表明第二个目标稳操胜券。似乎 CYC 注定会变成一个更大、更复杂的，但从本质上说仍然是不牢固的、缺乏理解的"专家系统"（expert system）。即便将更多的知识加入 CYC 知识库中也于事无补。因为 CYC 缺乏对环境最基本的自适性反应能力。这个缺陷与系统显性编码的知识的相对贫乏无关，它的问题在于：系统与提出行动和感觉的真实问题的真实环境之间缺乏流畅的耦合。我们将会发现，即便像蟑螂这样的低等动物也会表现出这种流畅的耦合——这正是大多数计算机系统所极度缺乏的那种强健的、灵活的、实用的智能中的一种描述。但是我们总不能因为其具有大量显性表征知识就指责这一简单造物！因此，CYC 工程作

导论：一辆有着蟑螂脑袋的汽车

为创造机器真正的智能和理解的尝试，在根本上必然是有致命缺陷的。智能和理解不是来自对显性的、像语言那样的数据结构的呈现和操作，而是来自一些更为接地气的东西：使具身生物能够感觉、行动和生存的，对现实世界的基本反应的调谐。

这样的判断其实早就存在了。长久以来，对人工智能的主要哲学批判一直质疑那种通过非具身的符号操作来产生智能的尝试，同样也一直坚持情境推理（也就是在现实物质环境中行动的具身存在所进行的推理）的重要性。但是，将这种质疑归结为某种神秘论残余——对像灵魂一样的心灵本质的非科学迷信，或者对科学进入哲学家最喜爱领地的顽固拒绝，这太容易了。而现在越来越清楚的是，这种对人工智能的"非具身的显性数据操作"构想的替代方案，非但没有退出硬科学的舞台，而且还在追求一种更硬的科学。它将让智能归位：（在引起我们日常流畅行动的、有机体与世界之间的耦合中）从 CYC 到自行车赛：这就是具身心灵新科学的重大转向。

以低等生物蟑螂为例。蟑螂继承了大量蟑螂式的常识性知识。至少，对于那些理论家来说一定是这样，认为显性知识对看似理性的真实世界的行为是至关重要的。因为蟑螂是一种难对付的逃脱大师，它能够采取受众多内因和外因影响的躲避行为。以下是从里茨曼（Ritzmann，1993）的详细研究中提取的美国蟑螂（美洲大蠊 *Periplaneta americana*）逃脱技能的一个简要清单：

蟑螂能够感觉到攻击中的捕食者所引起的风扰动。

导论：一辆有着蟑螂脑袋的汽车

它能够区分由捕食者产生的风和正常的微风以及气流。
它不会回避和其他蟑螂的联系。

当它发起逃脱动作时，并不只是胡乱逃跑，而且会考虑自身的初始方向、障碍物（如，墙壁或转角等）的存在、光照度和风向。

怪不得它每次都能够逃之夭夭！里茨曼指出，蟑螂对周围环境因素之间的联系进行思考，之后才做出相应的反应，这种反应比蟑螂专家们（有这样的专家）曾将事情的原委想象成简单的"感觉捕食者和发起胡乱逃跑"反射要更为智能。在里茨曼对一种同等"智能"的汽车的论述中，很好地阐述了这种额外的复杂性。这种汽车能够感觉到正在靠近的其他车辆，并且会忽略那些保持正常行驶的汽车。如果汽车在行驶过程中发现前方有相撞事故阻碍，它会考虑自身所处的状况（各种引擎和加速参数），考虑道路方向和路面状况，并避免发展成其他危险，自动开始转向。显然，具有蟑螂智能的汽车将会比汽车技术的现状领先太多。但是你可能不会紧接着就认为"买辆有着蟑螂脑袋的汽车吧"这样的广告语能打动你。我们反对生物智能的基本形式，而支持更大、更复杂的"档案柜/逻辑机器"，我们的成见太深。

那么蟑螂到底是如何设法逃脱的呢？现在人们开始对蟑螂的神经机制有所了解。蟑螂用它们的两根尾须（位于蟑螂后腹部的像天线一样的结构）来侦察前方的风。每一根尾须上面都长有细毛，能够感知风速和风向。只有当风以 0.6 米/秒或更快的速度加速时,逃跑动作才被激活:这就是生物区别正常微风和攻击者猛扑的方法。感觉和反应之间的间隔非常短暂:一只静止不动的蟑螂需要 58 毫秒,而行走的蟑螂只需要 14 毫秒。初始反应是大约需要 20-30 毫秒的转弯(Ritzmann 1993, pp.113-116)。构成转弯的基础神经回路涉及神经元群,而目前我们对它们所处的位置和联结有相当的了解。这种神经回路包含了 100 多个中间神经元,它们会根据蟑螂当前位置以及当下环境状况的信息来采取行动从而调整不同的转弯命令。关于风的基本信息是通过腹部巨大的中间神经元群携带的,但是最终的行动建立在对其他环境特征敏感的神经元群调整的结果之上。

面对蟑螂那令人惊叹的巧妙逃生路线,理论家可能会错误地设定某种存储准语言学的数据库。按照 CYC 的精神,我们可以想象蟑螂正在获取包含如下内容的知识框架:

如果你受到了攻击,不要直接撞墙。

如果在你和食物之间有一个大的障碍物,那么试图绕过它。

微风并不危险。

正如哲学家休伯特·德雷弗斯(Dreyfus 1991)等人所说,问题在于真正的大脑似乎不是用这种通用形式的、类似于文本的资源来编码对世界的巧妙反应的。不过这也无关紧要,因为这种策略需要大量明确的数据存储和搜索,因而也就无法产生实际行动所需要的快速反应。实际上,我们只要稍加思考就能

导论：一辆有着蟑螂脑袋的汽车

发现，要获得一个成年人所知道的一切所需记录的"常识"知识是无止尽的。即使是一只蟑螂的具身知识可能也需要几大卷的文本来记录它的细节！

但人工智能还能如何推进？一种比较有前景的进路就是渐为人知的自治的施动者理论（autonomous-agent theory）。自治的施动者就是一个能够实时地在复杂和有一定真实感的环境中生存、行动和运动的造物。有些现存的人工自治的施动者是真正的机器人，它们能够进行昆虫式的行走并且避开障碍物。而另外一些则是由计算机对这些机器人的模拟，因此它们仅能在模拟的、计算机基础的环境中移动和行动。在这方面还存在着不少分歧：有的研究者只认同真实世界环境设置和真正的机器人，而有些研究者则认为"纯粹的"模拟也未尝不可；但是两个阵营都强调需要模仿真实和基本的行动，并对"非具身的显性推理"这种过于智能化的解决方案缺乏信心。

带着这种对自治的施动者研究的大致印象，让我们暂时回到对我们的主角蟑螂的讨论中。兰德尔·比尔和希勒尔·契尔（Hillel Chiel）已经对蟑螂的运动和逃生创建了合理的计算机和机器人模拟。在模仿蟑螂的逃生反应时，比尔和契尔打算开发一种受到行为学和神经科学数据高度制约的自治的施动者模型。因此，他们以尽可能接近目前所可能的真实生物学数据为目标。为此，它们将自治的施动者的方法论与神经网络式建模结合起来。此外，他们还试图约束这种计算模型与（在这个例子中）蟑螂的实际神经组织所已知的保持一致。他们运用神经网络来控制一只模拟昆虫的身体（Beer and Chiel 1993）。这种网

17

导论：一辆有着蟑螂脑袋的汽车

络线路受到了作为实际蟑螂逃生反应基础的神经元集群和连接性的已知事实的限制。在训练后，神经网络的控制器就能够在模拟昆虫身体中复制我们前面讨论过的逃生反应的所有主要特点。在后面的章节中，我们将试图搞清楚这是如何成功的。我们会详细查看，刚刚描述的这些研究如何通过可以解释各种简单和复杂的行动的方式，与发展学的、神经科学的和心理学的思想相结合。我们还会对具身的和环境嵌入的施动者——那些运动并施加行动于其世界的存在——所具有的异常多样的自适性策略进行剖析。

这些导论性的述评主要是为了突出这样一种基本的对照：提出一种非具身的、不受时间影响的唯智主义的心灵观，并行提出作为具身行动控制器的心灵概念。作为控制器的心灵概念使得我们不得不认真地思考时间、世界和身体的问题。控制器必须在身体和变化着的环境之间不断相互作用的基础上，快速地采取恰当的行动。传统的人工智能规划系统可以不采取行动、慢慢来，最终形成关于行动可能路线的符号性描述。而具身的规划施动者必须迅速采取行动——在其他施动者采取伤害它的行动之前。至于那些符号的、类似于文本的编码能否在这些生死存亡的决定中发挥作用，还不可妄下定论，但是可以肯定的是它们并不在其核心。

借用莱纳特和费根鲍姆的话来说，通向心灵的完全计算性理解的路，被路上的床垫堵住了。多年来，研究者们绕过这个床垫、试图移除它，尝试过所有方法，除了静下心来工作以改变它。莱纳特和费根鲍姆认为，这个床垫就是知识——一旦一

导论：一辆有着蟑螂脑袋的汽车

个配备常识智慧的显式表达式的巨大知识库就位，关于心灵的谜题将消失无踪。但是，不受控的认知给了我们其他的教训。这个床垫不是知识，而是基本的、实时的、真实世界的响应性。蟑螂具有现在最好的人工系统所缺乏的常识——当然，这并不归功于显式的编码和逻辑推导，尽管它们可能在一些更抽象的领域能帮助我们。从根本上说，我们的心灵也是在真实世界的情况中迅速开始下一步行动时所用的器官，它们是为产生行动精巧设计的、被布置在局部空间和真实时间中的器官。一旦心灵扮演身体行动的控制器的角色，我们以往获得的层层智慧就离我们远去了。这样，知觉和认知之间的区别、大脑中执行控制中心的想法，以及对理性的普遍构想本身，都受到了质疑。同样受到质疑的是我们研究心灵和大脑的方法论策略，因为它常常会忽略局部环境的特性或由身体运动和行动所提供的机会。心灵科学的基本形式在不断演变。在接下来的章节里，我们将在不同的视角之下徜徉在心灵的风景中。

Ⅰ 揭露心灵

嗯，你认为你是用什么来理解的？用你的头？呸！

——尼科斯·卡赞扎基斯（Nikos Kazantzakis），
《希腊人佐巴》（*Zorba the Greek*）

生命的百分之九十就是刚好在此。

——伍迪·艾伦（Woody Allen）

1 自治的施动者：在月球上漫步

1.1 在火山之下[1]

　　1994年的夏天，一个长着8条腿、重达1700磅、名字叫作但丁2号的机器人探测器从一个陡峭的斜坡上用绳索滑下，进入阿拉斯加安克雷奇附近的一个活火山口。在这项为期6天的任务中，但丁2号运用自治（自我导向的）和外部控制相结合的手段，对斜坡和火山床进行了探测。但丁2号是美国国家航空航天局（NASA）资助项目的产品，在卡纳基梅隆大学等地进行研制，它的最终目标是要研究出一个能够在其他星球上收集并传输关于当地环境情况详细信息的真正自治的机器人。一个体积更小的、基本自治的机器人预计在1996年被送往火星，以但丁2号软件为基础研制的月球公司（LunaCorp）月球漫步者，也在计划于1997年进行的首次商业登月中预留了位置。

　　这些努力所面临的问题是有启发性的。探索遥远星球的机器人不能依赖与地球上科学家的持续交流——延迟很快会酿成大祸。一定要把这些机器人设计成根据查找和传输信息来执行总体目标。为了完成长期任务，它们需要自我补充能量，可能是通过使用太阳能。它们要学会应对那些意想不到的困难并抵挡各种各样的损坏。简而言之，它们要满足自然对进化的、移动有机体的许多（尽管绝不是所有的）需求。

试图建造强健的移动机器人，以惊人的速度促使我们对自适应智能本质的许多已有的自信想法进行彻底的再思考。

1.2 机器人大阅兵

埃尔默和艾尔希

12　　现今复杂的动物仿生机器人（有时也被叫作"人造动物"[animats]）历史上的先驱是 1950 年由生物学家 W. 格雷·沃尔特（W. Grey Walter）制造的一对控制论的"海龟"。这对"海龟"（名字叫做埃尔默和艾尔希[2]）能够通过简单的光敏、触摸传感器和电子回路来搜寻光线并避开强光，而且，每一只海龟都带有指示灯，当发动机开始运转时，指示器就会变亮。即便是这样简单的机载装置，也能有引人深思的行为表现，特别是当埃尔默和艾尔希进行互动（它们通过指示灯互相吸引）以及和局部环境（包括它们争着靠近的一些光源，和引得它们进行有趣的、自我追踪"舞蹈"的一面镜子）相互作用的时候。有趣的是，不经意的观察者会认为，相比复杂的传统专家系统

（如 MYCIN[3]）的非具身诊断，我们更容易为即使是这些低等生物的行为加入并不存在的生命与意义。

赫伯特

当代自治施动者研究领域的一个领军人物是 MIT 移动机器人实验室的罗德尼·布鲁克斯（Rodney Brooks）。布鲁克斯的移动机器人（mobots）能够在混乱和不可预测的真实世界环境中（如，拥挤的办公室）正常工作。布鲁克斯的研究有两个主要特征：对水平微世界的运用，以及在每一个水平分层内对基于活动的分解的运用。

克拉克（Clark 1989）和丹尼特（Dennett 1978b）已经用不同的术语对水平的和垂直的微世界进行了对比。观点很简单。微世界的研究领域是有限制的：我们无法一次解决所有的智能谜团。垂直的微世界就是将一小部分的人类水平的认知能力切下来作为研究的对象。例如，下国际象棋、使用英语动词的过去式、计划一次野餐等，所有这些都是以往人工智能的目标。由此引发的明显担忧是：我们人类在解决这些高级问题时，可能会需要具有由其他更基本需求所影响形成的计算资源，我们的祖先在进化中获得这些需求。因此，对这几个问题的简洁的、设计导向的解决方法，与自然解决方案很不相同，后者受到利用现有机制和方法需求的支配。在选作识别伙伴、食物和捕食者之用的模式识别技能的帮助下，我们可能会是象棋大师。相比之下，水平微世界所关注的是一个完整但却相对简单的（真实的或假想的）造物的完全行为能力。通过对这些造物的研究，在不忽视像实时反应、各种运动和感觉功能的整合，以及处理损害的需求这些生物性基础的前提下，我们对人类水平的智能的问题进行简化。

> 布鲁克斯（Brooks 1991，p.143）对人工生物提出了四点要求：
> 造物必须对动态环境中的变化作出恰当和及时的处理。
> 造物应当就它所在的环境而言是强健的……
> 造物应当能够保持多个目标……
> 造物应当在世界上做点什么；它应当有存在的目的。

布鲁克斯所说的"造物"由一些不同的活动制造的子系统或"层次"构成的。这些层次不会创造或传递输入的显式的、符号编码或再编码。相反，每一个层次本身就是从输入到行动的完整路线。不同层次之间的"交流"仅限于一些简单的信号传递。一个层次可以加强、中断或覆盖另一个层次的活动。由此而产生的组织方式就是布鲁克斯所说的"包容体系结构"（subsumption architecture）（因为层次之间可以纳入相互的活动，但却无法以更具细节的方式进行交流）。

因此造物可以由三个层次组成（Brooks 1991，p.156）：

> 层次1：凭借超声波声呐传感器环回避物体。当有物体就在前方，移动机器人就会停下，并允许朝通畅方向再定位。
> 层次2：如果物体回避层次当前是非活动的，机载装置可以生成随机航向使移动机器人"游荡"。

1 自治的施动者：在月球上漫步

层次 3：它可以超越游荡层次，改为设立一个远距离的目标，从而将移动机器人带到一个全新场所。

这种方法论的一个关键特征就是层次可以不断递增，而且每一次递增产生一个完整的功能性的造物。请注意，这些造物并不依赖于数据的中央储备或中央设计器或推理机。相反，我们留意到通过环境的输入来筹划的"一组竞争行为"。在这里，知觉和认知之间没有明确的界限，即知觉输入没有被转换成可供各种机载推理装置共享的中央编码。这种由环境输入以及相对简单的内部信号传送所筹划的、多重的、特殊用途的问题解算机形象，即使在更先进的大脑中，也是神经科学上的一种可信模型，我将在后面的一章中进行讨论。

赫伯特[4]是 20 世纪 80 年代在 MIT 移动机器人实验室被造出来的，使用了前面提到的包容体系结构。赫伯特的目标是要收集散落在实验室的空饮料罐。这可不是一件微不足道的工作。机器人需要越过杂乱多变的环境，避免打翻东西、避免撞到人，并且识别和收集饮料罐。我们可以想象这么一个传统的设计装置，它通过使用丰富的视觉数据，生成关于当下环境的详细内部示意图，把饮料罐剔出，并设计出路线，来解决这种复杂的真实世界的问题。但是，这种解决方案引起困难且不可靠——因为环境有时可能变化迅速（例如，某人进入房间），而且丰富的视觉处理（例如人类水平的对象和场景识别）目前任何编程系统都鞭长莫及。

正如我们所看到的，包容体系结构采用的是一种截然不同的进路。其目标就是要让复杂的、强健的、实时的行为突现出来，作为相对自足的行为生成的子系统间简单相互作用的结果。相应地，这些子系统也受到其所遭遇环境的特征的直接控制[5]。这里不存在中央控制或是整体规划。而是，通过一些基本的行为反应，环境自身引导造物获得成功。在赫伯特的案例中，这些简单的行为包括障碍物规避（停下、再定位等）以及移动的程序。一旦简单的视觉系统探测到类似于桌子轮廓的物体，这些行为就会中断。一旦赫伯特在桌子旁边，那么移动和障碍物规避程序就会将控制权让渡给用激光和视频摄像机扫桌子的其他子系统。一旦探测到饮料罐的大致轮廓，机器人就会不停地转动，直到像饮料罐的物体到达它视野的中心。这个时候，机器人的脚轮停止转动而手臂被激活。机器人那装有简单触摸传感器的手臂会慢慢地对前方的桌子表面进行探测。当赫伯特遇到饮料罐这一独特的形状时，就会接着做出抓握的行为，饮料罐被收集，机器人继续前进。

因此赫伯特就是一个简单的"造物"，不要求享有对它所处环境的长期的存储计划或模型。然而，作为一个在移动机器人实验室这个生态系统所提供的持续性生态位中寻找饮料罐的人工动物，赫伯特表现出一种简单的自适应性智能，在传感器、机载电路和外部环境的协作下来确保成功。

阿提拉

罗德尼·布鲁克斯认为，比笨拙的但丁更小、更灵活的机器人将更能胜任外星探索的任务。阿提拉[6]的重量仅有 3.5 磅，并且使用多重的、特殊用途的"迷你大脑"("有限状态机器"),对共同产生熟练行走的全套局部行为进行控制:移动单条腿,探测地形所产生的不同力以便抵消坡度,等等。阿提拉还运用红外线传感器探测周围物体,它能够穿越崎岖地形,甚至四脚朝天之后还能爬起来。罗德尼·布鲁克斯认为,阿提拉已经体现出非常接近昆虫水平的智能。

大蠊计算阵

这是前面提到过的仿生蟑螂。比尔和契尔(Beer and Chiel 1993)对昆虫运动的神经网络控制器进行描述。昆虫的每一条腿上都有一个使用"起搏器"装置的迷你控制器——其输出可以有节奏地振动的一种理想化神经元模型。这个装置以一定时间间隔触发,这取决于指令神经元的兴奋水平及其接受的额外输入。这个想法借鉴了K.G.皮尔森(K. G. Pearson 1976)开发的生物模型,它使每一条腿都有自己的节奏模式发生器,但也考虑到调节性的局部影响,包括昆虫在穿越颠簸地形时来自每条腿的不同传感反馈。而腿与腿之间的协调则是通过相邻的模式发生器之间的抑制链接而达成。每条腿都有三个运动神经元:一个用于控制回摆、一个用于控制前摆、还有一个用于抬脚。整个控制环路仍是完全分布式的,对所有传感输入的反应进行筹划的中央处理器是不存在的,每条腿反而是各自"智能的",且简单的抑制链接确保整体一致的行为。不同步态在起搏器装置(模式产生器)的不同水平的紧张性放电和局部传感反馈的互动中突现。在高放电频率处,机器人采用一种

I 揭露心灵

三脚步态（tripod gait）；在低放电频率处，则转换到异时步态（metachronal gait）。在三脚步态中，一边的前后腿与另一边的中腿同相位摆动；而在异时步态中，每条腿在其后面一条腿之后以波浪或波纹式摆动。

图 1.1 第一个六足机器人，是由凯斯西储大学（Case Western Reserve University）大学的肯恩·埃斯彭席德（Ken Espenschied）制作，由罗杰·奎因（Roger Quinn）监制。图源：Quinn and Espenschied 1993。本图片的复制承蒙埃斯彭席德、奎因和学术出版社惠允。

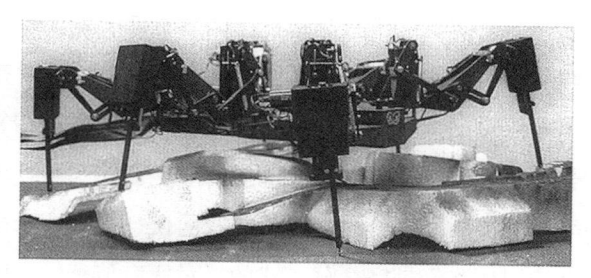

图 1.2 第二个六足机器人，由凯斯西储大学的肯恩·埃斯彭席德制作，由罗杰·奎因监制。摄影：兰德尔·比尔（Randall Beer）。

这种运动环路尽管是作为一种纯粹的计算机模拟来设计和试验的，但却能应用于真正的机器人身体，并且在真实世界的摩擦、惯性、噪音、延误等情况中都被证明是强健的。关于真实世界六足机器人的早期案例请见图1.1，并在比尔和契尔（1993）以及奎因和埃斯彭席德（1993）的著作中有进一步讨论。其所使用的运动环路在单个神经元或联结受到损伤以后，还能保存大部分功能（Beer et al. 1992）。尽管其产生的行为复杂，但是这个运动环路本身并不复杂——仅有37个"神经元"，经过精密部署且互相连接。不过六足机器人及其后继者所展示的视频资料却是振奋人心的。其中一组镜头展示的是一个更为复杂的后继机器人（图1.2）尝试性地穿过聚苯乙烯填充物构成的崎岖地形，它伸长并缓缓下降一只脚，没有找到立足点（因为局部地形）它就会把脚缩回，接着再伸向另一个略微不同的地方。最终机器人找到一个合适的立足点之后，会继续前行。可以说，这种尝试性的探测行为具备了真正的生物性智能的所有特点了。

臂力摆荡机器人

臂力摆荡（brachiation）（图1.3）是猿在穿越丛林时所用的从树枝到树枝的摆荡动作。斋藤和福田（Saito and Fukuda 1994）

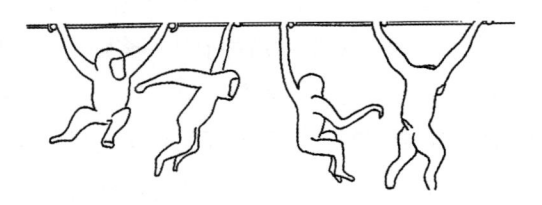

图1.3 长臂猿的臂力摆荡。图源：Saito and Fukuda 1994。承蒙斋藤、福田和麻省理工大学出版社许可使用。

I　揭露心灵

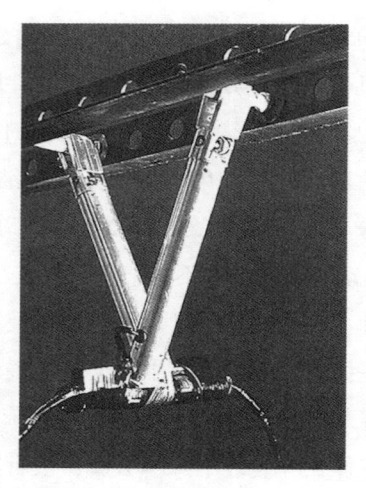

图 1.4　一个双连杆的臂力摆荡机器人。图源：Saito and Fukuda 1994。承蒙斋藤、福田和麻省理工大学出版社许可使用。

描述了一个机器人装置通过运用神经网络控制器来学习臂力摆荡。这项任务非常有趣，因为它融入了一种学习维度并强调一种对时序要求极其严格的行为。

机器人运用一种叫作联结主义 Q 学习[7]的神经网络学习形式。Q 学习包括试图学习不同情况中不同动作的价值。一个 Q 学习系统必须包含一组分隔的可能动作和情况，还必须予以一个奖励信号使得机器人能够了解其所处情况中所选动作的价值（优度）。其目的就是要学习相对于某一奖励信号，将成功最大化的一套情况 - 行为配对。斋藤和福田证实了这种技术能够使人工神经网络学会控制一个双连杆的真实世界的臂力摆荡机器人（图 1.4），这个训练有素的臂力摆荡机器人能够很好地从"树枝"到"树枝"荡跃，而且一旦出现失误，它还能够运用自身动量荡回来再试一次。

1 自治的施动者：在月球上漫步

COG

COG（Brooks 1994；Brooks and Stein 1993）无疑就是迄今为止人们所从事的最具野心的"新机器人学"计划了。这个计划由罗德尼·布鲁克斯牵头，目的是要创建一个高功能的仿生机器人。这个和人一般大小的机器人（图1.5）虽然无法行走，却能够活动手、手臂、头和眼睛。它用螺栓固定在桌面上，但它还可以转动臀部。这些不同程度的自由活动主要依靠24个单独马达来实现，每一个马达都有一个专门用于监督它运行（符合移动机器人避免中央控制的总体精神）的处理器。机器人的手臂上装有弹簧，使它有简单的机械的平滑。大多数马达上（不包括眼睛马达）装有热传感器，它们使COG能够通过不同马达的工作强度来收集当前自身运行的信息——就好像一个机器人版本的运动觉（kinesthetic sense），告诉我们身体部位如何在空间中定位方向。每只眼睛都有两个摄像头：其中的一个摄像头具有低分辨率的宽视域，另一个则具有高分辨率的窄视域。通过模拟哺乳动物的视网膜中央凹的窄视域，摄像头可以四处移动勘察视觉场景。COG还可以通过四个麦克风接收有声信息。所有这些丰富的连入信息都是由一个多子机（"节点"，其中每一个都有一兆的ROM、RAM和一个专门的运行系统）组成的"大脑"进行处理，这些子机之间能够以有限的方式进行交流。因此，COG的大脑自身就是一个多处理器的系统，并且COG的神经系统也有不同的"智能"装置（例如，专门的运动处理器）。因此，整个装置体现了布鲁克斯在昆虫机器人

I 揭露心灵

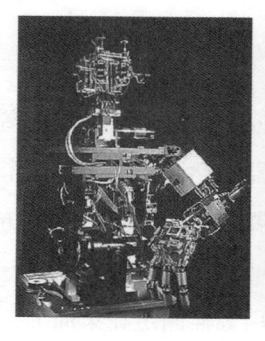

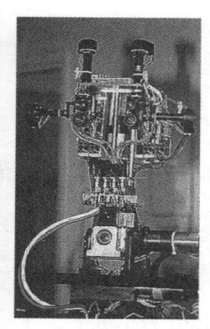

图 1.5　COG 机器人的 3 张图片。这些图片是由罗德尼·布鲁克斯（Rodney Brooks）提供的。

研究中的很多指导哲学，但它的复杂程度足以使新的紧迫问题突显出来。常见的特点包括：缺乏所有处理器共有的中央存储器、缺乏中央执行控制器、子设备之间能够进行的交流有限，以及对解决涉及感觉和行动的实时问题的强调。所有新问题都围绕在如何不诉诸串行计划和中央控制等不现实旧方法，从这样一个复杂的系统中确保连贯性行为的需要。这些巧妙策略和技巧在采用多重的、具有专门目的的、准独立的问题解决程序（在后面的章节中强调）的同时，还使得具身系统得以维持连贯性，阐明了语言、文化和制度赋予人类认知能力的过程中所发挥的作用。不过现在让我们暂且缓一缓，从我们展示的人工生物中获得一些普遍的寓意。

1.3　没有模型的心灵

新机器人学革命拒斥心灵传统形象的一个基础部分。它拒斥那种将心灵看作中央规划器的形象，获知系统中任何地方的所有信息，并致力于发现那些满足专门目的的可能的行为序列。而这个中央规划器所面临的困境在于，它很不实际。它引入罗德尼·布鲁克斯恰当地称之为"表征瓶颈"的东西，阻止快速的、实时回应。原因在于必须要将输入的感觉信息转化成一种单一的符号编码，从而使这一规划器能够对它进行处理。并且这个规划器的输出自身还需要从它适用的编码转换成控制不同类型的运动反应所需要的各种格式。这些转译的步骤是耗时且昂贵的。

像赫伯特和阿提拉这样的人工生物值得注意是因为它们没有中央规划。取而代之，包容体系结构能放置多重准独立设备，每一个设备都构成了将感觉输入和行动连接起来的一个自足的通路。因而，这些系统的行为不是通过完整知识库描述整体环境的现状来协调的。我们常常将这种知识库叫作"详细的世界模型"，这是一种在不使用这些模型就能获得自适应成功的新进路中反复出现的主题。

但是，我们很容易夸大这些不同。科学中的任何革命性方案都会出现的一个重大危险，就是过分抛弃"旧的观点"——健康的孩子也和洗澡水一起被泼掉了。我认为，这一危险也存在于新机器人学专家对内部模型、映射和表征的拒斥中。如果仅将此看作要当心中央的、整合的、符号模型成本的忠告，那么这种批评还是恰当和重要的；但是如果看作对其复杂性包括多重行动-中心的表征和多重局部世界模型的内部简约的全盘否定，那么这将是一个错误，至少有两个原因。

I 揭露心灵

首先，毫无疑问，人类的大脑有时候的确能够对多重信息来源进行整合。控制视觉扫视（高分辨率的中央凹向一个新目标的快速运动）的区域能够对多重的感觉输入做出反应——我们可以扫视到末梢周围察觉到的运动的地点、声音的来源，或追踪仅通过触觉发现的物体。而且，我们常常会运用在复杂依存环路中的触觉、视觉和声音来结合不同模态，其中每种模态中获得的信息帮助协调和明晰其他信息（例如当我们在橱柜的黑暗角落里碰到一个熟悉的物体）。

第二，介入输入和输出之间的内部模型的出现，并不总造成费时的瓶颈。运动模拟就是一个清楚且有说服力的例子。想象一下伸手拿杯子的任务。对伸手拿这个问题的一种"解决方法"就是弹道式（ballistic）拿法，顾名思义，这种拿的动作取决于预先设定的轨迹，并且不会在中途校正误差。更加熟练的拿取动作能够利用感官的反馈，从而在这一过程中巧妙地纠正并指导拿取动作，这种反馈的来源之一就是本体感受（proprioception），这是一种能够告诉你你的身体（在这个例子中指的就是手臂）如何在空间中被定位的内部感受。但是本体感受的信号必须从身体末梢周围传导到大脑，而这对用来产生非常流畅的伸手拿取动作的信号来说浪费时间——实际上是很多时间。要解决这个问题，大脑就要用到一种叫做运动仿真（motor emulation）的招数（在工业控制系统中被广泛应用），仿真器是一块机载电路，它能够复制更大系统的时间动态的某些方面。它将一条运动命令的副本作为输入，然后再产生一个与感觉神经末梢返回的信号在形式上一样的信号作为输出。也就是说，它对本体感受的反馈进行了预测。如果设备可靠的话，这些预测可以取代真正的知觉信号，从而产生更为快速的错误更正活动。这些仿真器是许多详细理论化处理（如，Kawato et al. 1987；Dean et al. 1994）的主题，它们表明简单的神经网络学习如何能够产生可靠的仿真器，并对这些仿真器在真正的神经回路中如何实现进行思考。

这种运动仿真器并不是阻碍实时成功的瓶颈。相反，它通过提供一种比来自真实的感觉神经末梢的反馈更迅速的"虚拟反馈"，使得实时成功变得更容易。因此，仿真器提供某种运动超锐度，从而使我们能够产生更流畅和准确的拿取轨迹，比人们根据控制从身体末梢返回的感觉信号的传导的距离和速度所想到的还要好。然而仿真器无疑也是一种内部模型，它对行动者身体动力学的某些突出方面进行模拟，而且甚至可以在没有常见的感觉输入的情况下得以调用。但它是专门用于一些特殊任务的局部模型。因此，它符合新机器人学专家对细节化的、中心化的世界模型的怀疑，以及对实时行为成功的关注，它还强调了生物性认知时间方面的内在重要性。仿真器的适应性作用对于其运行速度（它快于实际传感反馈的能力）的依赖，同其对所编码信息的依赖一样多。

因此仔细理解后，具身认知的第一条寓意就是要避免过多的世界建模，并调整这些模型，使其适应实时的、行为-生成的系统的需要。

1.4 生态位工作

第二条寓意与第一条寓意密切相关，它是关于需要在特定系统（无论这些系统是动物、机器人还是人类）的需求和生活方式与它们要响应的那些信息承载的环境结构之间，寻找非常紧密的契合。具体想法是：我们通过增加系统对世界特定方面（因为系统所处的环境生态位而具有特定意义的方面）的敏感性来削减信息-处理的负荷。

我们在赫伯特的例子中看到了一些这样的东西，其中赫伯特的"生态位"就是MIT移动机器人实验室中可乐罐到处乱扔的环境。关于那个生态位的一个相当可靠的事实是，可乐罐容易堆在桌面上，另一个事实则是任其自由发展的可乐罐不动也不逃跑。基于这些事实，赫伯特的计算负荷就可以大大减少了。第一，它可以运用低分辨信号剔出桌子，并迅速接近它们。一旦他走到桌子附近，就可以开始运行一套特殊用途的可乐罐寻找程序，在寻找可乐罐的过程中，赫伯特不需要（事实上也无法）对桌面上的其他物体形成内部表征。赫伯特的"世界"充斥着障碍物、桌子表面和可乐罐，在对一个可乐罐进行定位之后，赫伯特以一种简化拿取任务的方式通过身体运动来确定方向。在所有这些方面（对运动的驾驭、依赖轻松探测到的线索，以及对中心化的、细节化的世界模型的回避），赫伯特都是对生态位依赖传感的例证。

生态位依赖传感的想法并不新鲜。1934年，雅各布·冯·尤

1 自治的施动者：在月球上漫步

克斯奎尔（Jakob Von Uexkull）出版了一本题为《在动物和人类的世界中漫步：无形世界的图画书》（*A Stroll through the Worlds of Animals and Men: A Picture Book of Invisible Worlds*）的精彩专著。在书中，冯·尤克斯奎尔以一种近乎是神话般的修辞和明晰度介绍了周围世界（Umwelt）的观念，他将周围世界定义为某类动物所敏感的环境特征的集合。他描述了壁虱的周围世界，对哺乳动物皮肤中的丁酸敏感，一旦被探测到，就会诱使壁虱从树枝上松开，然后掉到动物身上。触觉的接触会抑制嗅觉的反应，并且会启动一个到处跑动的过程，直到探测到热量。而热探测又会启动扩洞和挖洞，这里我不禁要详尽地引用冯·尤克斯奎尔的原话：

> 壁虱一动不动地挂在森林旷野的一个枝头上。她的姿势使得她能够轻易地落在路过的动物身上。整个环境，没有什么刺激能影响她，除非有哺乳动物靠近，她需要它们的血液生下她的后代。
>
> 现在，奇妙的事情发生了。源自哺乳动物身体的所有影响中，只有这三样成为刺激，且有固定顺序。在壁虱所生存的广袤世界外，这三因素就好像是灯塔在黑暗中发出光芒，准确地指引着她向着她的目标迈进。为了实现这一目标，除了要用到身体中的受体和效应物之外，壁虱还被给予了三种受体信号，它可以将它们用作信号刺激。而且这些知觉线索对她行动的过程规定非常严格，以至于她只能产生相应的特定效应物线索。

I 揭露心灵

壁虱所在的广袤的世界缩小和变化成了本质上由三种受体线索和三种效应物线索——她的周围世界——组成的稀疏框架，但正是这个世界的贫乏保证了她行动的永久确定性，而有保障比丰富更为重要。（同上，pp.11-12）

因此冯·尤克斯奎尔的构想是关于寓居在不同有效环境（effective environment）中的不同动物的，这种有效环境是由那些对具有特定生存方式的动物来说重要的参数决定的。当然，这个包罗万象的大环境是个辉煌灿烂、错综复杂的物理世界。

冯·尤克斯奎尔的专著中有大量精彩图片，展示了如果透过周围世界-依赖传感的视角，这个世界可能会是什么样（图1.6–1.8）。尽管这些图片是异想天开的，但其中的见解深刻且重要。生物性认知具有很强的选择性，这使得有机体对一切（通常是简单的）参数变得敏感，只要它们能够可靠地详述对特定生物来说重要的事态。赫伯特和壁虱所运作的两个世界有着惊人的相似之处：两者都依赖于那些特定于他们需求的简单线索，而且两者都得益于不对其他类型的细节进行表征。想知道人类感知的世界是否也是这样带有偏见和约束的，这是对这种观点的一种自然且有挑战的延伸。我们的第三条寓意声称正是如此，并且比我们日常体验所表明的方式更剧烈。

1.5 细节感？

很多读者肯定会认同，即便是高级的人类知觉，也会倾斜于那些对关于人类需求和兴趣来说重要的世界特征。我们简短的寓意清单中最后也是最倾向于推测的一条是，这一倾斜的渗透比我们曾经所想象的还要深入得多。特别是，它表明我们日常的知觉经验可能会误导我们，通过向我们暗示比我们的大脑所实际建立的更牢固、更细节化的世界模型的存在。这种似乎有些矛盾的观点需要我们仔细介绍一下[8]。

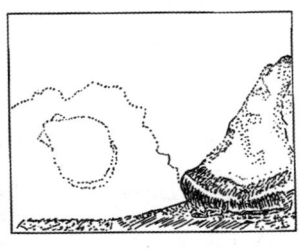

图 1.6 一只扇贝的环境和周围世界。本图基于 Von Uexkull 1934 中的图 19；经过国际大学出版社许可，Christine Clark 对此图进行了改编。

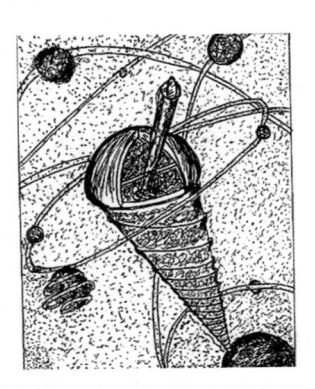

图 1.7 一个天文学家的周围世界。本图基于 Von Uexkull 1934 中的图 21；经过国际大学出版社许可，Christine Clark 对此图进行了改编。

图 1.8 蜜蜂的环境和周围世界。本图基于 Von Uexkull 1934 中的图 53；经过国际大学出版社许可，Christine Clark 对此图进行了调整。

考虑一下跑着接球的这个动作，这是板球运动员和棒球运动员常常展示的技能。它是如何被做到的？共同经验表明，我们看到球在运动，对它的连续轨迹进行预期，然后跑过去以便在某个位子将其拦截。从某种意义上来说，这是对的。但是如果有人相信我们对这些轨迹进行主动的计算，那么这一经验（这一"现象"）可能是误导性的。最近的研究[9]显示，一种计算效率高的策略是只要跑就可以了，这样从外野手到球的注视高度切线变化的加速度就保持为零了。这样你就能在球触地之前截球了。真实世界中截球的连续录像表明，人们的确——无意识地——运用了这种策略。这种策略通过将那些支持截球这种特定动作的最少和最容易被探测到的参数剔出来，节省了许多计算成本。

同样，被称为仿生视觉（Ballard 1991；见 P. S. Churchland et al. 1994）的重要研究成果表明，日常生活中由视觉诱导性问题解决，可能会用到许多这样的技巧和专用程序。仿生视觉研究，并不是将视觉看作将入射光信号转化成三维外部世界的细节化的模型,而是研究通过计算密集度低的程序(使传感同世界中的行动、运动相互交织的程序)来支持迅速、流畅、适应性的反应的各种方法。例如,仅在选定的注视点位置使用迅速和反复的眼扫视查看视觉场景和提取细节信息,以及利用在低分辨率的末梢区域能探测到的更粗线索(如颜色)。

快速扫描的例子特别有启发性。人眼利用具有高分辨率的一小块区域(小于整个视域的0.01%),在一个视觉场景中,视觉扫视将这个高分辨率的区域从一点移动到另一点。亚尔布斯(Yarbus 1967)认为当一个人面对一个相同场景时,会以截然不同方式对周围进行扫视以执行不同的任务,从这个意义上来说,这些扫视可以是智能的。这些扫视非常迅速(大约是每秒3次),而且常常会对同一个位置看了又看。在亚尔布斯的一项研究中,研究者向被试展示了有人在房间里的一张图片,然后要求被试猜测房间里面人的年龄,或者猜测他们在这之前做过什么事情,或者回忆图片中人和物的位置。由于被指定的任务不同,研究人员识别到了截然不同的扫视模式。

仿生视觉研究者认为,频繁的扫视使我们能够绕过这样的需求,即搭建我们视觉环境的持久且细节化的模型。相反,借用罗德尼·布鲁克斯的说法,我们可以将世界作为其自身最好的模型,并且对真实世界的情景进行观察和再观察,根据需要在特定位置具体体验世界,这样就可以避免维持和更新三维场景的原尺寸内部模型这种代价高昂的事。而且,我们可以以一种符合当下具体需要的方式模拟场景。

Ⅰ 揭露心灵

尽管如此,显然在我们看来我们总是掌握着关于周围世界的完整而细节化的三维象。但是正如近来一些研究者所指出的,[10]这可能是我们对场景的某一部分进行快速浏览并且从注视点区域获取细节化(但非持久的)信息的能力所倚靠的主观错觉。巴拉德(Ballard 1991,p.59)评论到"视觉系统凭借能够执行快速行动而提供三维稳定性的错觉"。

一个有意义的类比[11]就是触觉。在 20 世纪 60 年代,麦凯(Mackay)提出了这样一个问题:想象一下你闭着眼睛,张开指尖触摸到一个瓶子。你仅仅是从一些空间上分开的点中获得触觉输入。为什么你不会因为手指间的空隙而认为触摸到了一个上面有孔的物体?就某种意义来说,其中的原因是显而易见的。我们用触觉来探索物体表面,而且我们习惯于用指尖来接触更多的表面——特别是当我们知道我们正握着的是一个瓶子的时候。因为我们不会把感觉输入中的空当作为指示世界中的间隔,因为我们习惯于将感觉当作是探索的工具,先移动到一点再移到另一点。对这一案例的反思使一位研究者提出:我们通常认为的"触摸瓶子"这一被动的感觉行动,其实应该更好地被理解为一种涉及行动的循环,在这个循环中零星的知觉引导着进一步的探究,而且这种涉及运动的循环是感知这整个瓶子的经验的基础。[12]这种激进的观点将触觉看作一种到处冲撞从而对局部环境进行探究和再探究的探索工具,因而很自然地可以延展到一般的视觉和知觉中去。

帕特丽夏·丘奇兰德(Patricia Churchland),V. S. 拉马钱德兰(V. S. Ramachandran)和特伦斯·谢诺沃斯基(Terrence

1 自治的施动者：在月球上漫步

Sejnowski）在 1994 年的论文《对纯粹视觉的批判》（A Critique of Pure Vision）中谈到对视觉并不全是它看上去那样的疑虑。取代"完美无缺"的内部表征，他们也认为我们仅仅抽取了一系列的部分表征——他们将这种猜测描述成"视觉半世界"或"每一瞥的部分表征"的假设。他们认为，这种假设的理由不仅仅出于对运用频繁扫视等的总体计算考量，还来自一些引人注目的心理实验。[13]

这些实验通过在眼扫视运动中变换视觉显示来使用计算机显示"哄骗"被试。结果显示，被试很少注意在扫视期间的变化，在这些关键时刻，移动整个对象、调换颜色或者增加对象，被试（通常）仍全然不知。可能相关研究更令人感到惊奇，其中，被试被要求在一个计算机屏幕上阅读文本。目标文本从不一次性全部显示在屏幕上，相反，实体文本仅显示（对有代表性的被试）17 或 18 个字符，同时这个文本被一些不构成真实字词的无用字符包围。但是（这就是那个诡计）随着被试的眼睛从左到右扫视，实体文本的窗口沿着屏幕滚动。这些文本是非重复的，同时计算机程序确保恰当的文本会取代无用字符而系统性地呈现。（但是，由于这是一个移动窗口，在实体文本曾经出现的地方会有新的无用字符出现。）如果这个系统根据个体被试校准得当时，被试不会注意到无用字符的出现！而且，面对延展到左、右两边视觉末梢的一整页恰当文本，这种主观印象是很清晰的。至少，在这些例子中，我们有信心认为，得以经验的视觉场景本质实际上是某种主观的错觉，是由快速扫视的使用以及小窗口的分辨率和注意力所引起的。

45

1.6 精确的机器人

罗德尼·布鲁克斯的移动机器人实验室曾经的格言是"迅速、廉价、失控"。事实上,这是新机器人学构想的迫切讯息。没有了中央规划,甚至没有对中央符号编码的使用,这些人造系统也能够流畅而强健地在真实世界中行进,它们通过相对独立的机载设备和环境的选定特征(如果你想,也可以称之为机器人的周围世界)之间精心筹划的耦合来实现这点。忽略外观,现在看来许多人类智能的确很有可能是基于类似的特定于环境的技巧和策略,而且我们可能也不会控制任何传统风格的集中的、整合的世界模型。因此,如果我们把新机器人学所带来的广泛意义放在心上,我们将面临两个迫在眉睫的问题。

第一个是发现的问题。如果我们能够避开那种考虑类似文本的数据结构的中央规划器的简单形象,如果我们不相信直觉,从感官信息中获取的信息类型是什么的,那么我们该如何继续?我们要如何对这些非直觉的、不完整的心灵的可能结构与操作提出假设?布鲁克斯等人的工作基于对一组新直觉的开发——那种基于对具体行为的关注,并围绕包容体系结构这一总体构想组织的直觉。可是,正当我们试图去处理那些越来越复杂的案例时,却开始怀疑这种"手工制造"的方法是否能够取得成功。在下面的章节中,我们将探索一些看上去较少受制于人类直觉的方式:从真正的神经科学和发育数据着手,更依赖于让机器人系统能够自我学习,甚至尝试模拟基因变化从而

1 自治的施动者：在月球上漫步

演化出一代又一代逐渐完善的机器人。关注自然，并让模拟自然顺其自然地发展。

第二个问题是连贯性的问题。新机器人学研究的力量和难题都在于对多重的、准独立子系统的运用，而在正常的生态条件下，目标导向的行为正是从这些子系统中突现的。力量在于对这些系统强健的、实时的响应能力。难题则在于随着系统变得越来越复杂，并需要显示出越来越多样的行为时，要如何维持一致的行为模式。对这个问题的一种回应当然是，背弃那个基本的构想并坚持认为复杂、高级的行为，必须有像中央符号规划系统一样的某物的运作。但我们也不应该轻易放弃。在后面的章节中，我们会发掘大量可能会产生全局连贯性的更多的技巧和策略，这些策略中的大部分都会涉及运用某种类型的外部结构或"脚手架"对行为进行塑造或筹划。其中最明显的竞争者有当下的物理环境（回想赫伯特的例子）和主动地对环境进行重构的能力，为了更好地支撑和扩展我们自然的解决问题的能力。这些策略在儿童的发展中尤为显著。还有一些不是那么突出却同样非常重要的因素，包括公共语言、文化和制度习俗的约束性存在、情感响应的内部简约，以及与团体或集体智慧相关的各种现象。特别是语言和文化是作为高级种类的外部脚手架而突现的，被"设计"成从根本上说重视眼前的、特定用途的、内部不完整的心灵中挤出最大连贯性和实用性东西。从简单的机器人学出发，我们的旅程将触及（有时候是挑战）我们智能的自我形象中最根深蒂固的一些元素。实际上，理性

Ⅰ 揭露心灵

的思考者只不过是伪装出色的自适性回应者。我们发现大脑、身体、世界和人造物在最复杂的阴谋中被锁在一起。心灵和行动在亲密的拥抱中被揭示出来。

2 情境中的婴儿

2.1 我,机器人

收集饮料罐的机器人、月球探测器、蟑螂——如果这些听起来离我们很远的话,那么让我们再想想吧!关于具身认知的新视角可能也能为我们理解人类思维和发展的核心特征带来最大的希望,其中特别有发展前景的领域是婴儿研究。新机器人学家关于心灵的构想意外发现了对于儿童思维和行动发展日益加深的理解的一个自然补充,因为机器人学家以及越来越多的发展心理学家共同认识到大脑、身体和当下环境之间微妙的相互作用对人类早期认知的成就而言具有决定性作用。

事实上(从历史的角度公平地说),发展心理学家可能是最早关注决定认知成就与变化的内外部因素之间真正紧密关系的研究者之一。从这个角度来说,皮亚杰、詹姆斯·吉布森(James Gibson)、维果茨基和杰罗姆·布鲁纳(Jerome Bruner)等学者,尽管他们的研究进路很不相同,却都积极地预见了在情境中的机器人学中,目前正被探讨的那些看起来更为激进的想法[1]。当然，在很多方面他们仍可以相互受益，因为两个阵营各自具有一套不同的概念和实验工具，以及大量不同的数据。因此，发展心理学和具身心灵的其他学科的智力联姻，可能会是未来十年最激动人心的跨学科冒险之一。

本章将对这一跨学科前沿的五个主要里程碑进行考查：纵横交错在有机体及其环境中的行动环路的概念（2.2 节）；一种关于发展过程的高度交互的观点，根据这种观点，心灵、身体与世界扮演着同等重要的角色（2.3 节）；问题的解决方案往往是在没有中央执行控制时突现的一种生物认知图景（2.4 节）；对外部结构和支持在促成自适性成就以及突破个体学习极限的主要作用的承认（2.5 节）；以及基于上述所有考虑，对知觉、行动和认知之间简便区隔的终极价值日益增加的怀疑（2.6 节）。总之，认知发展无法脱离儿童在身体上嵌入世界以及与世界交互等问题的有益讨论，对儿童认知的（其实，也是所有认知的）更好的图景勾画出了知觉、行动以及思维以一种多样复杂的、相互渗透的方式连结在一起。

2.2 行动环路

思考一下拼图游戏。一种完成这幅拼图的方法（不太可能）是，使劲盯着一块拼图看并仅通过理性判断它是否适合某一个特定位置。但是，我们在实际操作中往往会用到一种混合策略，即先在心里做一个粗略的决定，然后再实际试验看看这样拼是否合适。通常，在做这种实际操作之前，我们不会对单片拼图的具体形状进行足够准确的描绘以确切判断它是否合适。此外，我们会在还没拼上它们之前就实际地旋转可能合适的拼图，以便简化粗略评估有可能合适的这一更"心灵主义的"任务。（回想一下赫伯特所用到的类似过程，在这个过程中他通过自我旋转使得饮料罐固定于机器人视野的标准中心位置。）因此完成一个拼图涉及一种复杂的反复活动，其中"纯粹思维"引起行动，转而又改变或简化了"纯粹思维"所面临的问题。这可能是我们称之为行动环路这种现象最简单的一类例子了。[2]

爱斯特·西伦和琳达·史密斯近期的发展学研究表明：思维和行动之间的这种相互作用可能太普遍、太基础了，以至于研究者们开始怀疑我们所有的早期知识都是建好的，"通过特定语境中知觉和行动之间的锁时作用（time-locked interaction）"（Thelen and Smith 1994，p.217）。想要了解其中的含义，就要考查一下婴儿在视觉悬崖实验（visual cliff）中的表现。（视崖是用牢固、坚硬、透明的表面覆盖的一个垂直落差，如树脂玻璃。）那些还不会爬的婴儿能够区分崖上没有深度的一边和垂直落差之上的那个透明区域，他们对悬崖表现出较多的关注和兴趣，但是（奇怪的是）他们在有深度的悬崖一边并没有比在没有深度的一边哭得更多。而那些大一点的、活动力更强一些的婴儿则是按照同恐惧相关的方式对悬崖作出反应（Campos et al. 1978）。[3] 显然，这两组婴儿都能够对明确体现深度的视觉信息进行感知，重要的不同之处在于如何运用这些信息——它如何在知觉和行动的相互作用中出现。

近来关于婴儿对斜坡反应的研究增强了对这种相互作用的

I 揭露心灵

进一步理解。在这项研究中,具有不同活动力的(仅会爬行的和已经会走的)婴儿被放在不同角度的斜坡顶端,会走的婴儿(14个月)对大约 20° 以及大于 20° 的斜坡表现出警惕,他们要么拒绝下来,要么转换成下滑的姿势;而仅会爬行的婴儿对 20° 以及大于 20° 的斜坡毫不畏缩,结果常常就是从上面摔下来(他们会被及时接住)。

但是在更为仔细的观察之后却出现了一个有趣的模式:随着爬行婴儿越来越有经验,他们学会了躲避更为陡峭的斜坡。但是在过渡时期,当婴儿刚刚开始学会走路的时候,这种来之不易的知识似乎就已经消失了。刚开始会走路的孩子要重新认识陡坡。在一个测试中,三分之二刚学会走路的孩子"会义无反顾地从所有的陡坡上跌落,就像是他们在爬行时期第一次遇到陡坡时那样"(Thelen and Smith 1994,p. 220)。[4]

这个证据表明:不仅婴儿通过实施行动来了解世界,而且他们所获得的知识本身通常也是特定于行动的。一般来说,婴儿并不是通过他们爬行的经验来习得关于斜坡的知识;相反,他们习得的知识是关于在涉及行动的特定环境中斜坡是如何发生作用的。关于婴儿知识的环境特异性的其他研究结果也指向同一个大方向。[5]

这种现象不仅仅是婴儿才有,近期对成人知觉补偿机制的研究也揭示了一种类似的特定于行动的描述。萨奇等人(Thach et al. 1992)给出了在非正常的条件下知觉适应性的一个案例。[6] 萨奇及其同仁研究了人类佩戴特殊眼镜的自适性,这种眼镜会将影像转移到右边或左边。众所周知,人类的知觉系统能够学

2 情境中的婴儿

会应对这些扭曲。事实上，一些实验表明，被试甚至能够适应这种眼镜，即颠倒整个视觉情境从而使佩戴者看到一个上下颠倒的世界。这种眼镜戴了几天以后，被试报告说突然翻转，其中世界的方方面面重新正确定位。当然，一旦这种自适性产生了，被试就依赖于这种眼镜了——一旦它们被移除，在适应性产生之前，这个世界看上去又一次上下颠倒了。

萨奇团队的研究表明了在侧移眼镜案例中的适应性似乎是特定于某些运动环路的。被试被要求将飞镖投掷在一块板上。起先，因为眼镜的侧移运动，他们无法命中。可是，一段时间后他们终于适应了，他们能够像以前那样瞄准了。（和眼镜实验中所发生的情况形成对比，这种适应性不具有经验性的方面：在有意识的视觉影像中不存在"二次转换"的报告。）但是，在绝大多数例子中，这种适应性是专门针对运动环路的。如果要求被试用下手而不是用上手投或使用他们的非惯用手，就没有类似的改善。惯用手臂、上手投掷的适应性无论如何都无法延续到其他情况中。以上出现的似乎是受制于视线角度和标准投掷中投掷角度的具体结合的适应性。不存在一种能够为任何一种运动或认知子系统提供"修正的输入数据"的普遍的知觉适应。

萨奇等将他们的研究结果和一些非常特定的、有趣的假设结合起来，这些假设是关于特定的神经结构（小脑）在学习应对频繁刺激的模式化反应中的作用。这些猜测与我们形成的想法相符，因为它们表明那种将小脑看作仅仅是被牵涉进运动任务中的旧观点是错误的，并且运动的能力和"更高"的认知功能很可能是在头脑中紧密相连的。然而现在我们只需要注意对

I 揭露心灵

我们与世界知觉接触的"被动"形象的一些反思可能是恰当的。在许多情况中，我们好像不应当将知觉看作一个环境信息被动收集的过程；相反，知觉可能从一开始就是适合于特定的行动路线的。[7]因此，我们所面临的一个难题在于要发展"一种可以说是以'运动为中心的'而不是'视觉为中心的'理论框架（P. S. Churchland et al. 1994, p.60）"。详细的微发展学研究，如对斜坡通过的研究，似乎为我们提供了有前景的试验台引领这一彻底的重新定位。

2.3 没有蓝本的发展

蓝本是对比如一辆汽车或一栋建筑的一种非常具体的计划或详细说明。对于发展，最简单的（但通常也是最不能令人满意或不太可行的）解释是将一个儿童认知能力的改变和成长描绘成一些由遗传基因决定的认知变化的"蓝本"的慢慢显露。西伦和史密斯（Thelen and Smith 1994, p.6）将这种在 20 世纪 30 年代和 40 年代占优势的解释[8]巧妙地描述为：将发展看作"通过一系列越来越多的功能性行为实现的线性、阶段性进展，被朝向成熟形式的宏伟规划所推动（并由一个大计时员安排时间）"。我们现在仍有这样的观点，尽管形式越来越复杂。例如，将走路技能的逐渐发展解释为，给予复杂运动控制和整合的大脑处理速度成熟增加的结果（Zelazo 1984）。

不过，从我们所阐述的这种高度交互的视角来看，这些进路可能犯了极其常见的错误：他们选取一种复杂现象（例如，

2 情境中的婴儿

孩童行走的发展）并寻找一个单一的决定因素。这就是 MIT 媒体实验室的米切尔·雷斯尼克（Mitchel Resnick）所说的"中心化的思维"：

> ……人们试图去寻找那个原因、那个理由、那个动力和那个决定因素。当人们观察世界中的模式和结构（例如，鸟的群聚模式和蚂蚁的觅食模式）时，他们常常会假设那些往往事实上并不存在的中心原因。并且，当人们试图要去创造世界中的模式或结构（例如，新的组织或新的机器）时，他们往往在什么都不需要的时候施加中心化的控制。（Resnick 1994，p.120）

我详细引用这段话是因为，它完美体现了我们研究的中心思想——这个中心思想将在本书中反复出现：复杂的现象显示了大量的自组织。其实，鸟群中并没有领头鸟；而是每一只鸟都遵循了使自己的行为依赖于离它最近的一些同类的行为这样一些简单的规则。这种聚集模式是从大量的局部交互中浮现出来的，它不是由一个领头鸟指挥的，每只鸟的头脑中也不存在什么总体规划。同样，某些蚂蚁也是通过"海量募集（mass recruitment）"的过程来觅食的。如果一只蚂蚁找到食物，它就会回到蚁穴中并在途中做上化学标记（一种信息素）。如果另一只蚂蚁发现了这个踪迹信息，它就会追寻着找到食物源，而这又会引导这只新的蚂蚁增添这个化学踪迹信息。这个变得更加浓烈的踪迹信息会更有可能吸引另一只蚂蚁，而这只蚂蚁又去找食物继而增加化学踪迹信息，因此增加踪迹信息的效力。因此，我们面对的是正反馈的一个延展过程，这个过程很快会引发大量聚集活动，上百只蚂蚁沿着踪迹信息上上下下地行进。这里的要点在于，这种组织是通过一些简单的局部"规则"获得的，这些规则在食物源和其他蚂蚁出现时引起明显的有组织的行为。[9]

最近对婴儿发展的一些研究表明，这可能也能通过多重局部因素——这些因素作为平等的伙伴，包括身体发育、环境因素、大脑成熟、学习等——的相互作用得到更好的解释。大脑或基因中不存在行为的"蓝本"——就像鸟的大脑中不存在聚集的蓝本一样。

要体味到这一计划，让我们来想想学习走路的例子。基本的情况是这样的：当一个新生婴儿被抱起离地时，它会表现出协调的跨步运动；大约2个月大的时候，这种跨步运动就消失了；可是在婴儿8-10个月大，其脚部力量能够支撑体重的时候，这种运动又出现了；大约12个月的时候，独立行走出现。按照"宏伟计划，单一因素"的观点，我们应该将这些转变看作某种中心源的成熟或发育的表现，例如，更高的认知中心对类似反射过程的逐渐获得（见 Zelazo 1984）。但是，微发展学的研究表明，这些转变并不是以中心化的方式筹划的。相反，看起来像多重因素在本质上平等的条件下相互作用。

例如，尽管婴儿在约2个月大的时候跨步反射消失了，但是当婴儿面朝上躺着的时候，运动学上基本相同的运动仍会产生，这种"仰卧位踢腿"在婴儿一岁之内都会存在。构成婴儿

2　情境中的婴儿

跨步反射在 2 个月消失基础的关键参数，现在看来不过只是腿部重量！在直立位时，2 个月大婴儿的腿部质量的阻力抑制了肌肉类似弹簧的运动。这种假设受到了实验的证实（图 2.1），实验中，在跨步婴儿的腿部重量增加之后，跨步就消失了，而将没有跨步反射的 3 个月大婴儿直立托站在水中以减轻它们的有效腿部重量时，跨步就又出现了。[10]

在研究的第二个阶段操纵环境同样有效——在 8-10 个月时跨步又出现了。

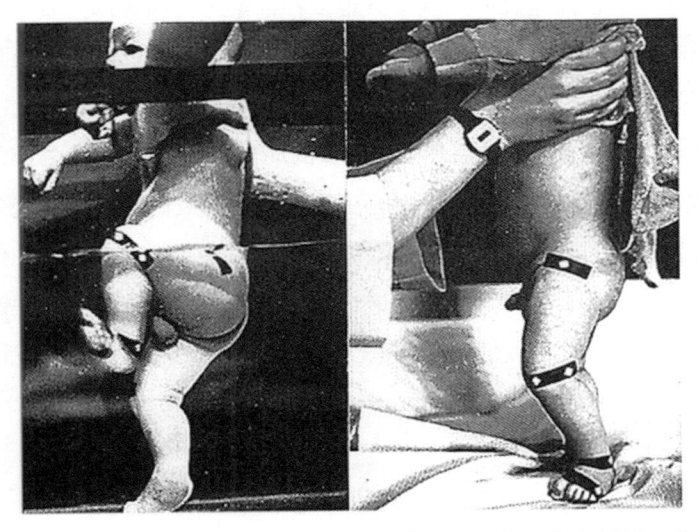

图 2.1　研究者们为三个月大婴儿进行直立行走能力测试，他的双脚放在桌子上，然后浸没在温水中。图源：Thelen and Smith 1994. 本图承蒙 E. 西伦、L. 史密斯和麻省理工学院出版社提供。

当把更小些的没有跨步能力的婴儿放在跑步机上，他们表现出了协调的跨步；当把他们放在以不同速度运行的两个独立的跑步机上时，他们甚至能够使自己的步速与跑步机的速度保持一致，并且也能适应这种不一致性，这种跑步机跨步在1-7个月大的所有月龄婴儿中均有发现（Thelen and Smith 1994, pp. 11-17）。[11]

最后的这些结果表明，由跑步机引发的腿部后伸所产生的力学模式的重要作用。跨步的这一组成部分独立于总体的正常行为转变，而这反而反映了其他多种因素（例如腿部重量）的影响。这种发育模式不是内在蓝图的表现，而是反映多种力量之间的复杂交互作用，这些因素一些是身体的（腿部重量）、一些是力学的（腿部伸展和类似弹簧的动作）、一些是完全外部的（跑步机、水的出现等），也有更为认知的以及内部的（转变到有意志的，也就是故意的运动）。孤立地专注于这些参数中的任何一个，都无法对发育变化进行真正的解释，这种解释的关键在于，以一种不要假定任何一个单一控制因素的方法来理解这些力量之间的互动。

2.4 软组装和去中心化解决方法

这种多重因素的视角自然引发了我们对所谓个体发展的历史特异性的更多关注和理论兴趣。这里需要解释的是，在个体差异性和强健发育的实现之间的微妙平衡。要理解这种平衡行为的一个关键概念就是软组装。

2　情境中的婴儿

由经典程序控制的传统机械手臂是"硬组装"的一个例子。它控制一个运动指令库，并且其成功取决于精确的位置、方向、大小以及它所要操纵部件的其他特征。相比之下，人类的行走是软组装的，因为它对问题空间中的主要变化做了自然的补偿。正如西伦和史密斯所说，尽管总的运动目标一样，但是结冰的人行道、起水泡以及穿高跟鞋行走，都在维持移动总目标的同时，"募集"不同的步态模式和肌肉控制等。一般说来，通过具体的内部模型或规定而实现集中控制不利于这种流动的情境适应性。（回想一下第一章中情境中的机器人的教训。）相反，多重因素的、去中心化的进路常常产生这样强健的情境适应性，作为一种无成本的副效应。这是因为这种系统，正如我们所见，从"平等伙伴"的进路中产生行动，局部环境对选择行为有重要作用。在那些由于模型无法反映一些新的环境变化而导致更传统的、由内部模型驱动的解决方案的失败情况中，"平等伙伴"的解决方案却常常能够获得成功，因为环境本身会帮助筹划行为。

同样，MIT媒体实验室的派蒂·梅斯（Pattie Maes）描述了一个工作进度安排系统，这个系统的目标就是将进程（工作或工作的部分）与处理器（机器）相搭配。[12] 这是一项复杂的工作，因为新的工作总是不断产生，也因为不同机器的工作量也在不断变化。一种传统的、硬组装的解决方法是采取一种中央化的进路，其中的一个系统会包含关于不同机器、典型工作等配置的大量知识，这种系统还会从所有与它们当前工作量、等候执行的工作等相关的机器中频繁收集信息。通过对所有这些信息以及规则的运用或探试程序，系统能够找到一个计划表（对机器工作的有效分配）。这就是纯粹中心化认知（Pure Centralized Cognition）的解决方案。与之相反，现在我们再来看一下梅斯所倡导的去中心化解决方案。[13] 这里，每一个机器都控制着自己的工作量。如果机器 A 创建了一个工作，它就会对其他所有的机器发出"招标诉求"，其他机器会通过给出对它们完成工作所需时间的估计来回应这种诉求。（一个低利用的机器或是已加载了某种相关软件的机器，会出价高于一个被大量使用或准备不足的机器。）然后，这个始发的机器就会把工作分配给最佳投标人。这种解决方案既是强健的又是软组装的。如果一个机器出现了故障，系统会自动进行补救，而且没有哪一个机器是决定性的——调度更确切地说是任意当前活跃机器之间招投标的简单互动的一个突现特征。由于不存在系统配置的中心模型，因此与更新和配置这种模型相关的问题就不会出现。

　　从多重的、很大程度上独立的组成部分中进行软组装，产生了强健性和可变性的特征混合。这里实现的解决方案是适合环境特异性的，但它们也能够满足一些总体目标。贯穿发展的这种混合，存在于成熟的问题解决和行动中。因此，个体的可变性不应该被作为混淆主要发展模式的"坏信息"或"杂音"被去除。相反，正如西伦和史密斯所坚持认为的，这是软组装潜在过程本质的一个重要线索。[14]

　　为了更好地阐述这一观点，西伦和史密斯对几名婴儿的抓取行为的发展进行了描述。他们发现尽管婴儿最后状态（能够拿到）具有大体的行为共性，但个体间存在很大的差异。在每个个体案例中,抓取结果是对多少有些不同的组成部分的软组装,反映了婴儿在内在动力学和其历史经验中的差异。西伦和史密斯描绘了一幅非常具体的图景,我们在这里仅在其中的一些重要观点上短暂停留。

一名婴儿叫加布里埃尔,天生就很好动,他能够使用双臂产生迅速的拍打动作。对他来说,任务就是要将拍打动作转换为定向抓取,而要这么做,他需要学会当手臂靠近目标时收缩肌肉,从而抑制拍打动作并能进行一定的碰触。

相反,汉娜是一个肌肉运动不活跃的婴儿,她所做的运动表现出她手部速度慢和扭矩较低,她的问题不在于对拍打的控制,而在于如何克服重力而产生足够的提升力。

另外一些婴儿表现出内部动力的一些其他混合方式,但是在所有的例子中基本问题就是要学习对一些内在动力学(正如我们所知,其本质可能大相径庭)进行控制,以达到目的。要这么做,中枢神经系统就必须组装一种将包括体力、性格和肌肉张力的多种因素都考虑在内的解决方案。一种比较可行的方法[15]是在这个过程中,中枢神经系统将整个系统看作弹簧和质量的集合,因此它关注的不是关于产生抓取轨迹及类似活动的内部模型,而是学习如何调节比如四肢僵直的这些因素,从而使给予的能量能够和类似弹簧的内在动力学相结合以产生一个摆荡,它停下来的那个点就是某种期望的目标。也就是说,中枢神经系统被看作内在动力学在行为决定中发挥关键作用的身体的控制系统。

因此每个儿童所面对的发展问题是不同的,因为每个儿童的内在动力学是不同的，而共同的是对这些个体动力学的利用从而达到某一目的（如抓取）这一更高层次的问题。在发展时期，中枢神经系统的任务不是要逐渐地使身体"一致"，从而使它能够执行直接规定，比如手臂轨迹详细的内部表征指令。相反，它的任务是要学习如何调整参数（例如僵硬程度），接着会与身体和环境的内在约束进行交互从而产生期望结果的。总之，任务就是要学习如何以一种回应局部环境且利用内在动力学的方式对适应性行为进行软组装。由此，在构建强健且灵活的行为时，心灵、身体和世界是作为平等伙伴出现的。

2.5 脚手架支撑的心灵

我们还需要关注软组装解决方案的最后一个特征，它会在后面章节的讨论中显得突出。它是有关软组装和外部脚手架使用之间天然的密切关联。我们可能已经意识到了，在对参数（例如僵硬程度）进行调节的时候，中枢神经系统实际上是通过对身体的内在动力学（肌肉像弹簧那样的特征）某一特定背景的"假定"来解决问题的。当然这种假定的背景不必局限于施动者的身体，相反，我们常常会借助可靠的环境特征通过"搭便车"来解决问题。这种对外部结构的利用就是我们所说的术语脚手架支撑的含义。

脚手架这个观点源自前苏联心理学家维果茨基[16]，维果茨基强调了这样的方法，其中具有外部结构（包括语言学上的，例如语词和句子——见第10章）的经验可能会改变和告知个

2 情境中的婴儿

体内在处理和理解模式。相继而来的传统还包括近发展区的概念[17]，这个概念指的是在重要的发展时期，成人的帮助能够给予儿童自身无法产生的成功行动的经验。在孩子蹒跚学步的时候给予扶持，以及在婴儿在水中做游泳姿势的时候给予支撑，就是很好的例子。

但是脚手架的直观概念更为广泛，因为它可以包含无论是由成年人还是由无生命的环境所提供的所有外部帮助和支持。[18] 有两个例子：一个是使用烹饪环境的物理结构（分类的调味料、油等）作为外部的记忆辅助（Cole et al. 1978）；另一个是使用减少孩子泼溅和叉刺自由度的特殊餐具来营造成人进餐环境的粗略模拟（Valsiner 1987）。[19] 就目前的讨论来说，关键在于环境的结构就如同肌肉的伸缩性一样，形成一个背景，相对于它，儿童面临的个体计算问题成形。

这种脚手架支撑在非认知的案例中也很常见。靠过滤水为生的简单海绵，利用其天然物理环境的结构来降低自身所必须完成的实际抽吸量：它使自己熟悉环境，从而利用周围的水流帮助自己进食。[20] 尽管其中的技巧显而易见，但是直到最近生物学家才意识到其中的原因很有启发性：生物学家曾仅仅关注个体有机体，并将其看作是适应性结构的核心，他们一直将有机体看作好像它真的可以独立于物质世界而被理解，就这点来说，生物学家和那些一直只是追寻认知现象的内因解释的认知科学家相似。生物学家沃格尔（Vogel 1981，p.182）鼓励用一种简约原则来回应这样一种趋势："在排除简单的物理效应（例如对周围水流的利用）之前，不要去进行需要耗费代谢能量（例如，海绵的完全抽吸假说）的解释。"沃格尔的意见很容易推广到认知领域。这就是我曾戏称的"007原理"：

> 一般说来，当利用环境结构并对操作能方便替代相关信息处理操作时，进化的生物就绝不会以高成本的方式来存储或处理信息。也就是说，仅了解够用的知识来完成工作。(Clark 1989, p.64)

这种原理在移动机器人学家的口号"世界就是其自身最好的表征"中也得到了印证，它也是软组装和去中心化问题解决方法的天然伙伴。取代详细的内部模型范围中思考的智能引擎，我们面对的是具身的、嵌入式的施动者，在适应性回应中利用心灵、身体和世界，作为平等的伙伴来行动。到目前为止，我们已经讨论过一些初步例子，涉及身体动力学以及对简单几种外部记忆储备的运用。在后面的章节中，我们会在语言、文化和制度所提供的外部结构这一特殊领域内继续讨论这些观点。

2.6 作为镜子的心灵 vs. 作为控制者的心灵

现在我们已经知道认知利用真实世界的行动以降低计算量的几种方法。前文讨论所采用的视角又将我们的研究推进了一步，因为这种视角提出了强健的、灵活的行为可能建立在去中心化的软组装过程之上的方式，而在这些过程中，心灵、身体

2 情境中的婴儿

和世界是作为决定适应性行为的平等伙伴而发挥作用。这种视角使得我们思考心灵和认知的方式发生了相当深刻的转变——我将这种转变描述成从作为镜像或编码的表征模型，转变到作为控制的表征模型（Clark 1995）。这里的观点是，不应当将大脑看作主要是对事件的外部状态进行内部描述的核心；而是应当将大脑看作内部结构的核心，通过其在行动决定中的作用，充当世界的操作员。

我们可以在MIT人工智能实验室玛哈·马塔瑞克（Maja Mataric）的工作中看到对这种以行动为中心的表征运用的一个很好的例子。马塔瑞克研制出了受神经生物学启发的老鼠如何应对其生存环境的模型，这个模型已在移动机器人上应用，这种机器鼠装有声呐传感器和指南针，它能够通过利用我曾经在第一章中讨论过的那种包容体系结构而获得实时成功：它运用一组准独立的"层次"，每一个层次构成一个从输入到输出的完整处理路径，并且仅通过传递相当简单的信号来进行相互交流。第一个层次生成边界追踪：机器鼠在沿着墙前行时会躲避障碍物。第二个层次探测路标，其中的每一个路标都表现为机器鼠运动及其感觉输入的结合（因而一条通道被记为向前运动和来自声呐传感器短横向跨距读数的结合）。第三个层次使用这一信息来构建一张环境地图（图2.2），这张地图由一个地标网络组成，正如我们所看到的，这一地标网中的每个地标都是运动和传感读数的结合。地图上的所有节点并行地处理信息，并且通过扩散激活进行交流。机器鼠的当前位置通过一个活动的节点来表示，这个建构的地图通过拓扑链接对地标的空间邻接进行表征（相邻地标与邻节点相对应——见图 2.3）。一个活动节点会沿着它运动的方向激发与它的邻节点，由此对即将遇到的地标产生"预期"。现在，假设一只机器鼠要找到通向记忆中某个位置的路。那么，那个位置节点的活性就增强了，当前位置节点也是活动的了。然后，这种扩散激活的过程就通过这张认知地图传递信号，并且会对到达目的地的最短路径进行计算（图 2.4）。由于地图上的这些节点自身将关于机器鼠运动的信息和相关的知觉输入相结合，这个地图自身就能作为控制者发挥作用。由此，使用地图以及为真实运动生成计划就变成了同一的活动。

我们正是对这种特征——地图本身能够作为控制者发挥作用——最有兴趣。更为传统的进路可能会假设某种存储地图和访问地图并用它来规划运动的中央控制模块同时存在。而马塔瑞克的机器鼠在地图之外并没有运用任何推理装置，地图是自身的使用者，并且它的知识既是描述性的（对位置）也是规定性的（它将两个位置之间的关系表征为能够将机器鼠从一个地标带到另一地标的系列运动）。因此，机器鼠就是以行动为导向的表征概念的完美例子：这种表征同时描述世界的各个方面以及规定可能的行动，并且这种表征处在纯粹的控制结构和外部现实的被动表征之间。

2 情境中的婴儿

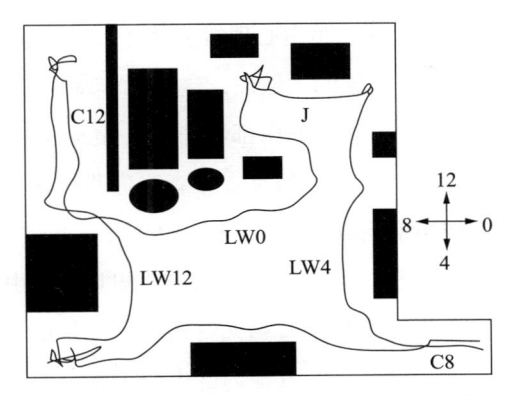

图 2.2 在拥挤的办公环境中机器人自反导航行为的例子。图中的标志包括地标类型和罗盘方位（LW8= 通向南的左边墙；C0= 通向北的走廊；J= 长的不规则的边界）。图源：Mataric 1991. 本图的使用得到了玛哈·马塔瑞克和麻省理工学院出版社的许可。

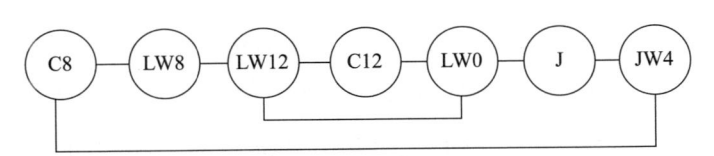

图 2.3 机器人在图 2.2 所示环境中建构的地图。地标间的拓扑链接表明实际的空间邻接。图源：Mataric 1991. 本图的使用得到了玛哈·马塔瑞克和麻省理工学院出版社的许可。

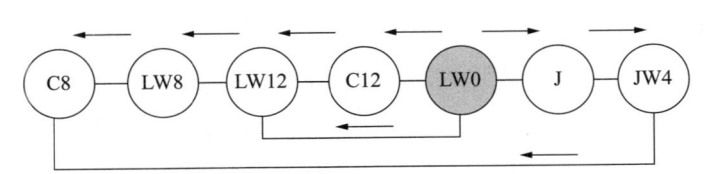

图 2.4 地图主动进行路径寻找。阴影节点是目标节点。箭头表明从目标开始的激活扩散。图源：Mataric 1991. 本图的使用得到了玛哈·马塔瑞克和麻省理工学院出版社的许可。

50　　　内部表征的相关观点是由心理学家詹姆斯·吉布森（Gibson 1950；1968；1979）倡导的。然而，这项工作却犯了一个错误，它看上去要毫不犹豫地攻击内部状态这一复杂的、调解的概念。尽管有修辞上的失误，但是吉布森式进路被视为仅反对内部表征的编码或镜像观点，这是最吸引人的。

吉布森的观点在如此净化之后认为，知觉不是由行动中立的、详细的内部世界模型来普遍调解的。它不是由本身需要进一步检验或计算（通过某一其他内部中介）来产生适当行动的内部状态来调解的，但这并不是要对调解的内部状态的存在和重要性进行全盘否定，而是要强调内部状态是"以行动为中心的"——这个论题是由吉布森通过描述有机体作为在末端环境中寻求"可供性"（affordances）的关键而提出的，这种可供性只不过是由局部环境给某种具体类型的具身施动者提供使用、介入以及行动的可能性。例如，一个人把椅子看作"可供就座的"，但是对一只仓鼠来说，椅子所体现的可供性是大不相同的。

如果按照这种解释，那么知觉从一开始就是与寻求行动可能性相适应的。作为接着是推断的被动再呈现的替代，吉布森假设对行动机会复合体的"直接知觉"。在将环境表征（如我，而不是吉布森，所表述的）为这样的可能性复合体的过程中，我们创造了同时对世界的某些方面进行描述并对可能采取的行动和介入进行规定的内部状态。哲学家露丝·米利肯（Ruth Millikan）恰当地将这种状态命名为"双头驼"（pushmi-pullyu）表征，[21] 就好像是传说中的猛兽，他们同时面临两条路：他们描述世界是怎样的，并且他们也规定一种适应性回应的空间。

2　情境中的婴儿

　　这些探究的一个共同论题就是，反对将任何知觉的全貌看作对信息的被动接受。我们曾看到，婴儿对坡度的感知似乎与坡度所积极参与的具体的运动程序有着密切的联系。在扭曲镜头实验中，成年人投掷飞镖的技能看上去涉及大规模的知觉/行动系统，而不是将被动知觉作为独立行动系统的一个信息来源加以利用。这些案例表明，大部分知觉的直接结果与其说是对世界的中立描述，不如说是对行动和介入的潜在模式的受活动影响的规定。并且这些具体规定也不是系统中立的。相反，正如抓取讨论所表明的那样，它们有可能作为未被表征的背景，以仅呈现特定施动者的身体内在动力学的方式被定制。这里有必要停下来讨论一下这种视角与传统"非具身"形象有多大的差别。

　　知觉通常被描述成我们从世界中接收信息的过程，那么认知就包含通过对这些信息内部重现来定义的智能过程。有目的的行动被解释为执行构成深思熟虑的、中央系统输出的指令。但是，实时的、真实世界的成功对这种整齐的三方分工一视同仁。反而是知觉本身与行动的具体可能性密切相连，事实上，它们是联系得如此紧密，以至于中心认知的工作常常不复存在。因此，心灵用来引导行动的内部表征最好被理解为特定于行动-和-环境的控制结构，而不是对外部现实的被动重演。为非具身的、中心化的思考提供空间的这种详细的、行动上中立的内部模型被揭露出是缓慢的、费力的且难以维护的奢侈品，具有成本意识的自然通常会极力避免这种高端购买。

3 心灵和世界：可塑的边界

3.1 渗漏的大脑

心灵是一个渗漏的器官，不断地逃脱它的"自然"限制，并毫不害羞地与身体、与世界相连。什么样的大脑需要这种外部支持，还有我们该如何来描述它的环境互动？正如我们将会发现的，突现的是这样一种构想，即将大脑看作<u>联想引擎</u>，并且将它的环境互动看作一系列简单的模式完成的计算的迭代。

乍一看，这种观点似乎很不充分，它如何能解释人类认知成就的广度和深度？部分答案（而且只是一部分）是我们的行为常常由一类特殊的复杂外部结构所塑造和排列：建构现代生活的语言和文化的人工造物，其中包括地图、文字和被写就的规划。理解我们主板的（on-board）、即时的神经资源以及这些外部支撑和枢纽之间的复杂互动，是具身思维科学所要面临的一个主要任务。

我将慢慢展开，介绍我们新兴阶段的一个重要角色——人工神经网络。

3.2 神经网络：一场未完成的革命

在导论中介绍的 CYC（电子百科全书）是规则和符号类型的人工智能的一个极端示例。在传统的人工智能中，并不是所有的项目都对大型的知识库和显性编码的力量都这么狂热，但是大多工作都有一个贯穿始终的共同特点作为基础：关于智能普遍的构想是把它看作按照规则对符号的操作。例如，"朴素物理学"（Naive Physics）试图用逻辑形式来表示我们的日常知识，如液体是如何溢出的、书本是如何堆积的，等等（Hayes 1979）。例如像 STRIPS 这样的项目，将定理证明技术运用到对常规的问题解决中去（Fikes and Nilsson 1971），还有像 SOAR 那样的大系统，将种类繁多的方法和表征与单一的计算架构相结合。然而直到所谓的心灵神经网络模型出现（或重现[1]），才有根本上不同的计划被提上日程。

神经网络模型，顾名思义，多多少少受到了对大脑结构反思的启发。大脑是由许多并联的简单处理单元（神经元）组成的，通过大量布线和连接点（轴突和突触）。单个的单元（神经元）一般仅仅对局部信息敏感，每一个都"聆听"它的邻居在向它诉说什么。但是，在这些大量的并联连接、简单处理器和局部互动之外，还涌现出了人类大脑惊人的计算和解决问题的超凡技能。

20 世纪 80 年代，人工智能领域发生了变化是由于对一类计算模型的兴趣激增，这类模型对大脑功能性的粗略描述持同样看法。它们就是智能和认知的"联结主义"（connectionist）（或"神经网络"或"平行分布式处理"）模型。这些早期模型同大脑的[2]相像程度不应该被高估，它们之间差异很大：没有对神经元和突触类型的多样性进行模拟，没有对时间特性（如脉冲频率）进行模拟，连接性也没有像真正神经元系统的那样受到约束，等等。除了全部这些，这些模型的确特征各异，并且实际上在生物学上更有吸引力。在新范式中工作的 AI 研究者，接触真正神经科学的结论和假设要更容易一些。关于心灵的不同学科的词汇表好像终于更接近了。

对这种新进路的基本感觉最好通过案例来传达。考虑一下，将书面输入（语词）转化成语音输出（语言）来读英文文本，这个问题可以通过对文字到语音的转化规则以及例外情况清单进行编码的系统来得到解决，所有这些都是由人类程序员精心手动编码的。例如，DECtalk[3] 就是执行任务且其输出可以驱动数字语音合成器的一种商业程序，因此 DECtalk 依赖一个很大的、显性制定的手工知识库。而 NETtalk 则学习通过使用人工神经元网络来解决问题，这一网络并不具有任何一套解决问题的手动编码规则；相反，它试图通过接触一个文本-音素配对例子的大型语料库和一条学习程序（详见下文）来解决这个问题。NETtalk 的结构是一个互联的单元网，共享真正神经元网络的一些粗略特征。而且人工网络的行为真的令人印象深刻。输出单元与一个语音合成器相连，因而你可以听到系统慢慢地学会说话，从不连贯的牙牙学语到半成型的词语，最后再到出色模仿正常发音。

3 心灵和世界：可塑的边界

NETtalk（和 DECtalk 一样）并不具备理解力，它并不知道词语的含义，也不能用语言来达到任何真实世界的目标。但是，它确实是人工神经元网络解决复杂和实际问题能力的一个基准示范。它是如何工作的呢？

这个计算系统的要素是理想化的神经元，或"单元"。每一个单元都是一个简单的处理装置，通过一个并联网络从其他单元接收输入信号。每一个单元对其输入进行加总，并根据简单的数学函数产生输出。[4] 因此，不管输入所指明的程度如何，这个单元都会被激活，并且传递一个信号给它相邻的单元。到达相邻单元的这一信号既是由"发送"单元的活跃程度，也是由相关联结的性质决定的，每一个联结都有可以调节信号的权重，而权重可以是正的（兴奋性的）也可以是负的（抑制性的）。下游信号是由数值权重的乘积和来自"发送"单元的信号强度所决定的。

像 NETtalk 那样典型的联结主义网络由 3 个层次的单元组成："输入单元"（对要处理的数据进行编码）、隐含单元（调解处理）[5] 以及"输出单元"（规定系统对数据以数值激活值向量的形式做出响应）。系统知识在单元之间的权重联结中被编码，而且这些权重还能在学习过程中被调整。处理包括，在输入单元中出现一组特定的激活值之后，激活扩散到整个网络。在 NETtalk 的例子中，有 7 组输入单元，每一组由 29 个单元组成，这 29 个单元的每一组表征一个字母，而且输入是由 7 个字母组成的——其中的一个（第 4 个）是目标，这个目标（在其他 6 个字母所提供的背景中）的音素贡献会在那一刻被决定。

输入与一个有 80 个隐含单元的层次相连,转而又与为音素编码的 26 个输出单元相连。这个网络包含了一共 18,829 个权重联结。

那么,这个系统是如何学习的?它是根据某一系统过程或算法,通过对单元间权重进行调适来学习的。这样一个过程就是"反向传播算法(backpropagation algorithm)",它的工作方式如下:系统是从一系列(在一定的数值范围内)随机的权重初始化的。当它们达到特定数值时(随机的),这些权重就不会支持目标问题的解决。网络因此受到了训练。它被给定一组输入,并且对每一个输入来说它会(经由初始随机权重提供)产生某种输出——几乎常常是错误的。然而针对每一个输入,监督系统都能看出一个相关的正确输出(就好像一个事先已经知道答案的老师),这种监督系统自动地将实际输出(一组数值激活值)与正确输出进行比较。例如,一个面部识别系统可能会将某一视觉形象的规范作为输入,并被要求输出与被命名个体对应的人工编码。在这种情况下,对某一给定的视觉输入来说,正确的输出可能是数值串〈1010〉,假设这一输入已经被指定为"埃斯特·罗素"的任意编码。这个经由随机权重调适的系统可能进展并不顺利——它可能会给出,如 <0.7, 0.4, 0.2, 0.2> 作为初始输出,这时监督系统会为每一个输出单元就实际的和期望的输出作比较,并计算每一个误差。这些误差被乘方(原因无需赘述)和平均,并产生一个均方差(MSE)。然后系统会关注一个加权的联结,并考虑(其他所有权重保持不变)对这个权重轻微的增加或减少是否会降低 MSE。如果会,那么

3 心灵和世界：可塑的边界

这个权重就会相应地得到修改。每一个权重都重复这一过程；然后会不断重复输入/输出/权重调整的整个循环，直到获得一个较低值的 MSE。那时网络就会运行顺畅了（在这个案例中是为视觉形象匹配正确名称）。然后训练结束，权重被冻结；网络学会了解决问题。[6]

这种学习可以被理解为梯度下降（gradient descent）。想象一下，你正站在一个巨大的低洼状的火山口的斜坡内侧。你的任务就是要找到火山口的底部——正确的解决方法，尽可能少的误差。因为你被蒙上了双眼，所以无法看见底部在哪里。但对于你所迈出的每一小步，你都能知道你是沿着坡度在向上走（也就是，向着更多误差的方向），还是向下走（向着更少误差的方向）。仅仅运用这种局部反馈，并且每次只走小小的一步，你便能慢慢地走向底部然后停下。梯度下降的学习方法（反向传播就是其中的一个例子）从根本上来说也是这样进行的：系统沿着降低误差的坡度下行直到无路可走。在这个时候（在有利的低洼状地形中）问题就得到了解决。

请注意，在这个程序中，没有哪个阶段的权重是由手动编码的。对于任何一个复杂的问题来说，我们是无法通过反思分析来找到连接权值的功能集的，我们所有的是具有某种联结性的许多单元的初始构造，以及一组训练案例（输入-输出配对）。还需要注意的是，总的说来，学习的要点不仅仅是对训练数据的鹦鹉学舌般的调用。例如在 NETtalk 的例子中，系统了解文字和口头英语之间关系的一般特征，在接受训练以后，网络就能够成功地处理那些它从未遇到过的文字，即从未在它的初始训练套装中出现过的文字。

最重要的是，NETtalk关于文本到语素转换的知识，并不是通过对规则或原理的显性符号串编码的形式来实现的。这些知识以适合像大脑那样的系统直接使用的方式存储：作为理想化的"神经元"或单元之间的权重或联结。相反，CYC和SOAR所支持的类似于文本的形式则适合高级施动者（例如人）当作外部的、被动的知识结构使用。回想一下，我们的大脑（与那些不运用语言生物的大脑并没有很大的不同）竟然自己使用像我们的想法在公共介质（如纸和空气分子）上的拙劣投射所青睐的一样的方式，这当然极不可信。大脑编码一定会以一种不同于文本式存储的方式而活跃。我认为，神经网络研究的主要经验在于如此扩大了我们对物理系统（如大脑）可能对信息和知识编码和利用的方式的视野。从这个角度说，神经网络的革命无疑是成功的。

神经网络技术似乎真的与我们同在。那些我们讨论过的技术已经被成功地运用到了各种不同领域中去了，例如手写邮编的识别、数据处理、人脸识别、签名识别、机器人技术控制，甚至是规划和自动化的定理证明等。这种技术的能力和有用性是毋庸置疑的。但是，它阐释生物认知的能力，不仅仅取决于对那种至少是类似真正的神经元系统的一个处理类型，还取决于以一种生物学上现实的方式对这些资源的调配。我认为，对输入和输出表征的高度人工化选择，以及对问题领域的非优化选择，已经掠夺了神经元网络革命的一些初始成就。这种担忧与对真实世界的行动越来越多的关注直接相关，因此需要一些

3 心灵和世界：可塑的边界

拓展。

这种担忧从本质上说就是，人工神经元网络的大量研究过于依赖于问题本质的传统概念。许多网络曾致力于研究我曾经（Clark 1989，第4章；也见上文1.2节）称之为"垂直的微观世界（vertical microworlds）"的东西：人类层面认知的一部分，如使用英语动词的过去时[7]或学习简单语法[8]，即便当任务看起来更为基础时（例如，在一块随着可移动支点转动的横梁上平衡积木[9]），对输入和输出表征的选择通常也是人工的，例如，积木平衡程序的输出并不是涉及机械手臂的真正运动行为，甚至不是对这些行为的编码；它仅仅是被解释的两个输出单元的相对活动，因而二者的对等活动显示出对平衡状态的期望，而对其中一个单元的过度活动则显示出横梁可能会向那端倾翻的预期。同样，对系统的输入也是人工的——沿着一条输入通道对权重的一种任意编码，以及沿着另一条通道对至支点距离的任意编码。因此，建立问题空间的这种方式很可能会导致不现实的、人工的解决方法，这种观点不无道理。另一种也可能是更好的策略当然就是建立系统来接收现实输入（例如，从摄像头）并产生实际行动作为输出（将真实的积木移到一个平衡点）。当然，这种建构需要解决许多其他问题，并且科学必须始终在可能的时候简化实验。但是有人猜测，认知科学无法再承受使真实世界和行动的有机体跳出回路的简化——这些简化可能会掩盖生态学现实问题的解决方案，是它们刻画了如人类的主动的具身施动者。通过认知科学阐明真正生物认知的抱负，可能无法与远离认知与行动的真实世界之锚的持续的抽象策略相衬。

我相信，这种猜测会被本书讨论的大量研究完全证实。其中一个已经显现的中心论题是，从感觉和行动的真实世界两极的抽象，剥夺了我们的人工系统通过直接利用真实世界结构来简化或改变他们的信息处理任务的机会。但是，正如我们现在将看到的，如果想要运用这种由人工神经网络提供的在生物学上合理的模式-完备的资源来处理复杂的问题，这种利用可能尤为重要。

3.3 环境依赖

上文宽泛讨论过的人工神经网络[10]显示了优缺点的有趣结合。它们能够忍受"嘈杂的"、不完善或不完整的信息，它们能够抵御局部的损坏，它们速度很快，而且它们擅长将许多细小的线索和信息项同时进行整合的工作——这种能力对实时运动控制和知觉识别来说很重要。这些好处的产生，是因为这些系统实际上是大规模并行模式完成者。这种对"嘈杂的"、不完整或不完善信息的容忍相当于在部分线索的基础上对完整模式进行再创造的能力。对局部损坏的抵御是因为，运用多重单元层次的资源来对每一种模式进行编码，速度是由并行结构产生的，就像同时考虑多重细小线索的能力一样。[11] 即便是这些系统的一些缺点，在心理学上也是有启发意义的。它们能够忍受相似编码互相干扰（就好像当我们记住了一个新电话号码，它与我们原来知道的电话号码相似，所以我们立刻就把它们搞混了，从而把两个都忘记了）的"串音"之苦。从本质上说，它

3 心灵和世界：可塑的边界

们并不很适合对逻辑和规划中所涉及的那种高度有序的、逐步的问题解决（Norman 1988; Clark 1989，第6章）。一个概要描述是"擅长扔飞盘，不擅于逻辑"——的确是一个熟悉的描述。具有整齐、明确的内存位置的传统系统对串音免疫，且擅长逻辑和有序的问题解决，但是却不适合对实时任务的控制。

因此，人工神经网络实际上是速度快却有限的系统用模式识别替代传统推理。正如所料，这是有利有弊的。有利是因为它为人类最佳和最流畅地完成任务提供了所需的资源：运动控制、面部识别、读取手写邮编以及类似任务（Jordan et al. 1994; Cottrell 1991; LeCun et al. 1989）。但是，在我们面对比如连续推理或长期规划这样的任务时，它就是一个负担了。这也并不一定是件坏事，如果我们的目标是要对人类认知进行模拟，那么产生与我们自身优缺点模式相似的计算基础是有益的。而且，一般说来，与逻辑相比，我们确实更擅长扔飞盘。然而，至少有时候我们还能够参与长期的规划和进行有序的推理。如果从本质上说我们是模式-识别关联装置[12]，那么这又是如何可能的？我认为，有几个原因合力促成我们超越我们的计算基础，其中的一些原因会在后面的章节中出现。[13]但是有一个值得我们立刻予以关注，这就是对我们的老朋友，外部脚手架的运用。

联结主义心灵是外部脚手架的理想候选。一个简单例子在《并行分布加工》（*Parallel Distributed Processing*）（神经网络研究的两卷权威研究[14]）中详尽阐述了长乘法。这个例子表明，我们中的大多数人一眼就能得出一些简单乘法的答案，如 $7 \times 7 = 49$。

I 揭露心灵

这种知识很容易就能得到基本主板模式识别装置的支持。

但是，更长的乘法提出的是不同类型的问题。如果要将7222与9422相乘，我们中的大多数人都需要诉诸纸和笔（或计算器）。通过使用笔和纸，我们可以将复杂问题简化到以 2×2 开始的一系列更为简单的问题。我们使用外部中介（纸）来存储这些简单问题的结果，并通过相互关联的一系列简单模式的完成与外部存储结合，我们最终获得一个答案。鲁美哈特等（Rumelhart et al., 1986, p.46）评论说："这是一种真正的符号处理，而且我们开始对我们所能够做的主要符号处理进行思考。实际上，按照这种观点，外部环境成为我们心灵的一个关键延展"。

当然，我们中的一些人在头脑中继续学习做这样的加总。看起来，这些例子的窍门在于，按照我们起初操控真实世界的方式来处理心理模型。这种内部符号的处理与关于内部符号的经典观点有着重要的不同，因为它并没有对这种想象作任何计算基底的要求。问题仅仅是，我们能够在心理上对外部场所进行模拟，因此有时可以内在化认知能力，尽管它们植根于对外部世界的操控——认知科学遇到了苏联心理学。[15]

基本的模式完成能力和复杂的、结构良好的环境之间的这种结合，使我们能够通过我们自己的计算引导程序（bootstrap）来提升自身。经典 AI 最初的构想可能确实是那种将基本的模式完成的有机体能力看作嵌入于被出色建构的环境中的观点——被错误地投射回有机体基本的主板计算资源上的一种观点。换句话说，传统的以规则和符号为基础的 AI 可能犯了一个基础

3 心灵和世界：可塑的边界

性的错误，它将施动者加环境的认知特征误认为赤裸裸的大脑的认知特征（Clark 1989，p.135; Hutchins 1995，第9章）。对数据和程序、符号结构和CPU的整齐、传统的分隔，可能只是反映了施动者与持存于纸上、档案柜里或电子媒体中的思想的外部脚手架之间的分隔。

但是这种构想的吸引人之处也不应该掩盖它的缺点。通过我们对语言、逻辑、几何形式，以及对文化和学习的多种外部记忆系统的运用，人类的外部环境被出色建构。但是并不是所有动物都能够创造这些系统，也不是所有的动物都能够从中受益，即便它们曾有适当的机会。因此，对外部脚手架的重视并不能回避这样一个清晰的事实，即人类大脑是特殊的。不过计算差异可能比我们有时所认为的要更小，也没那么激进。很可能一小串神经认知差异就使简单的语言和文化工具的创造和使用成为可能。从那时起，某种雪球效应（一种正反馈循环）接棒，简单的外部支持使得我们能更好地思考，并因此创造更加复杂的支持和做法，而这些支持和实践反过来又使我们的想法"涡轮增压"，从而引起了更好支持的出现……就好像由于我们不停地拉我们的引导程序自己长高了！

回到现实中，我们可以在一些简单一些的领域追寻脚手架支撑的模式-完成的原因。考虑一下戴维·基尔希（David Kirsh 1995）对物理空间智能使用的处理方法。工作于加州大学圣地亚哥分校认知科学系的基尔希注意到，对规划的典型AI研究将它视为一种极其非具身的现象，特别是，他们忽略了我们运用工作空间中的真实空间特征来简化主板计算的方式。这种观

I 揭露心灵

念一经提出,例子当然就比比皆是了。以下是基尔希比较偏爱的一些例子:

·为解决节食者的分配问题,即每天白软干酪的配比量(比如 2/3 杯)的 3/4 作为一餐,只需将奶酪围成一圈,将其分为 4 份,取其中的 3 份即可。这样很容易就能看出安排好的所需量;而去计算 2/3 的 3/4 就不是那么容易了。(De la Rocha 1985,引自 Kirsh 1995)

·为修理一台交流发电机,拆开它并将部件排成一排或分组排列,这样能使选择部件来重新装配的任务变得更容易。

·为货物打包,可以在工作台上创建类似物品的批次。把东西分成重的、易碎的和居中的,从而简化视觉选择过程,各堆物品的相对大小可以提醒你哪个最需要容纳空间。

·在玩拼图游戏时,将相类似的拼图放在一起,这样可以使我们对(比如)所有具有直边的绿色拼图有更精细的视觉比较。

这里的寓意很清楚:我们以一种从根本上改变我们大脑所面对的信息处理任务的方式来应对我们的物理和空间环境。(回想一下第 2 章中的 007 原理。)

正是因为独立的大脑自然而然运用的计算类型和那种可以寄生于环境资源来执行的计算类型之间本质上的差异,才使得这种合作进路变得有意义。但是正如我们将会看到的,这种寄生使我们对心灵和世界本身之间的传统界限产生了怀疑。

3.4 规划和问题解决

哲学家菲尔·阿格雷和戴维·查普曼（Phil Agre and David Chapman 1990）将关于规划的经典非具身构想称为"作为程序来规划"的观点，这种观点（在第 2 章中已经遇到过）将规划看作规定一个完整的行动序列，只需要顺利执行就能达到某种目标。煮熟一个鸡蛋或者拆分一个交流发电机的一串指令，就相当于这样一种规定。实际上，"经典"规划的大量工作假设，复杂的行动序列是由某一这样的指令集的内化版本决定的。（见例如，Tate 1985 and Fikes and Nilssson 1971。）

但是，只要我们对规划的施动者的真实世界行为进行仔细考察，就会清楚地发现，在规划及其支撑环境之间有着复杂的相互作用。这种相互作用超越了这样一个明显事实，即特定行动一旦执行，可能不会产生预期的效果，因此可能需要对如何实现特定子目标进行一些即时的再思考。在这些情况下，尽管易错，但原来的内化规划仍然是对获得成功路径的一种完整规定。但是，在许多案例中，规划结果是更不完整的、更密切依赖于局部环境的特征。

前面的拼图游戏就是一个恰当的例子。这里，一个行动者可能会以一种重要的方式采用一种结合身体活动的策略。拿起一块块拼图，在手中旋转并判断可能的空间匹配，然后将拼图放上去试一试，这些都是问题解决活动的一部分。相反，想象一下有一个系统，它首先通过纯粹思维解决了整个难题，然后将世界仅仅作为一个舞台，已经实现的解决方案在这个舞台上被用完。即使这个系统之后认识到物理上匹配的错误，并将它们作为再规划的线索（对经典规划讽刺较少的版本），相对于刻画了人类解决方案特点的那种丰富互动（旋转以及估计可能合适的拼图等），它对环境的利用仍是微乎其微。

戴维·基尔希和保罗·马格里奥（David Kirsh and Paul Maglio 1994）将这种重要的区分形象地描述为实用的和认知的行动之间的区别。实用行动（pragmatic action）是因为需要改变世界而达到某种物理目的而采取的行动（例如，在煮土豆之前，要将它们先去皮）。而认知行动（epistemic action）是以改变我们自身心灵任务的本质为首要目的的行动。在这些情况中，我们仍旧对世界采取行动，但是我们所施加的变化是受到我们自身计算和信息处理的需要的驱动。

我们已经遇到过一些认知行动的例子，例如运用眼睛的仿生视觉（animate vision）和身体运动来搜索所需的特殊信息。基尔希和马格里奥认为：认知行动的种类比主动视觉的例子所显示的要丰富得多，它包含用于简化或改变生物大脑所遇问题这一适应性角色的各种行动和干预。

基尔希（Kirsh 1995，p.32）还讨论过拼字游戏版的另一个简单例子。在玩拼字游戏时，我们通常会把拼字版摆过去摆过来从而激发自己的即时神经资源。将这个与本书3.2节所描述的人工神经网络相联系，我们可以将即时的神经资源想象成一种模式-完成的关联存储器。玩拼字游戏的一种策略是运用特

3 心灵和世界：可塑的边界

殊的外部操作以产生各种零碎输入（新的字母串），能够从模式完成的资源中激发对整个单词回忆。我们发现这些外部操作有用的事实强烈地提示我们，主板（头脑中的）计算资源自身并不会轻易地为这些处理作准备（然而经典的 AI 程序可能会视这种内部运作为微不足道的）。这个简单的事实为内部资源的非经典模型辩护。它再一次搜寻了整个世界（有意的双关），就好像经典观念将一组操作能力塞进了机器中，在现实生活中它只从机器（大脑）和世界的相互作用中出现。

这些观察结果的关键点在于：外部结构（包括外部符号，如语词和字母）是特殊的，因为它们使得操作的类型不容易（如果真的发生的话）在内部领域中执行。[16]

还有一个稍微复杂点的例子也证明了这一点，来自基尔希和马格里奥（Kirsh & Maglio 1994）对人们在计算机游戏俄罗斯方块中的表现的研究。俄罗斯方块要求玩家将富于变化的几何图形（"游动方块"）放置到紧密排列的横行中去（图 3.1）。每一排完整的横行会消失，从而为新的游动方块留出更多的空间。游动方块出现在屏幕的上端，并且随着游戏的进度加速下落。一个游动方块下落时，玩家可以旋转它，将它移到左边或右边，或者直接将它降到底部。因此玩家所要做的就是匹配形状和区域机会，并且这么做受制于强实时限制。基尔希和马格里奥研究得出的一个惊人结论就是，高级玩家表现出各种认知行动：以减少内部计算工作量而非增加物理基础（physical ground）为目标的行动。例如，一个玩家可能会对游动方块进行旋转，以更好地判定它的形状，或检查其同某些区域机会的潜在匹配。这些外部机遇似乎比内部相似物（如，想象游动方块旋转）更加快速和可靠。特别有趣的是（基尔希和马格里奥）提示，在俄罗斯方块的例子中，内部和外部操作在时间上密切协调，从而内部和外部系统（大脑/CNS和屏幕上的操作）似乎是作为一个整合的计算单元一起发挥作用。

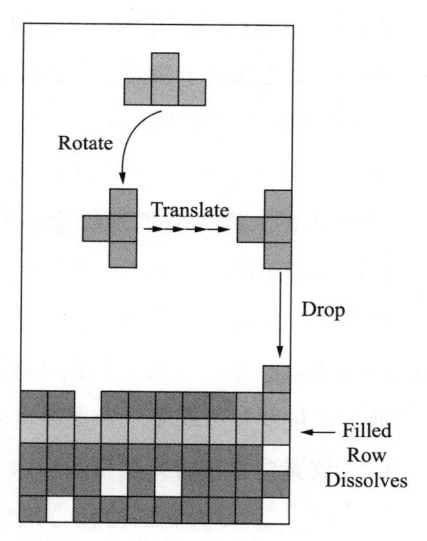

图3.1 在俄罗斯方块的游戏中，"游动方块"一次从屏幕的上端掉下来一块，最后到达底部或到已经到底的游动方块上。一个游动方块下降时，玩家可以对它进行旋转，将它转向右或向左，也可以一下子降到底部。当横穿整个屏幕的一横排方块都被填满了，它就消失了，同时它上面的所有横排就会下降。图源：Kirsh and Maglio1994。转载经由D. Kirsh、P. Maglio和亚历克斯出版公司许可。

由此，世界可以不仅仅是作为外部存储器而发挥更多作用。它能提供一个场所，使得一些特殊类型的外部运作可以系统地转化个体大脑所面临的问题。[17] 就像爱因斯坦用一个统一的概

3 心灵和世界：可塑的边界

念（时空）取代空间和时间的独立概念一样，基尔希和马格里奥认为认知科学可能需要用一个统一的物理-信息空间（physico-informational space）来取代物理空间和信息-处理空间这两个独立的概念。[18]

最后一点题外话关于心灵和环境结构之间的相互作用：考虑一下患有晚期老年痴呆症病人的例子。令人惊讶的是，在这些患者中有很多人正常地在社区中生活，尽管对他们能力的标准性评价表明，很多这样的患者如果离开了特殊照顾机构将会无法生存。这种令人惊讶的成功其关键在于，个体对他们所创造并生活的高度结构化的环境的依赖程度，这些环境可能包括家里很多的提醒字条，以及对特定生活规律的严格遵守。有一个患者几乎是生活在公寓中心的沙发上的，因为这为她能够看见她所需要的所有东西提供了一个有利位置，这真的就是一个将世界作为外部存储器的例子。[19]

所有这些将规划的概念置于何处？生物大脑系统的问题解决似乎并不是真的遵循"作为程序来规划"的模式。相反，个体的施动者展开了一种总体策略，将对世界所进行的运作纳入问题解决活动的内在组成部分。这种活动可以清楚地包含显性制定的（可能是书面的）计划，但是即便在这些例子中，计划更像是对行为的一种外部限制，而非导向成功的秘方。[20]从某种意义上说，我们就好像是拥有备忘记事本的异常聪慧的移动机器人，我们的这种聪慧体现在我们能够积极地建构并操作我们的环境，从而简化我们的问题解决任务。这种积极的建构和探索从对空间布置的简单利用，通过特定的转变（打乱拼字版的顺序、旋转俄罗斯方块），一直延伸到创建显性的书面计划，允许简单的重新排序和注意力的转移。后面的这些例子还将涉及对特殊种类外部结构的利用，构成地图、编码、语言和符号，这些结构在第10章会进行详细阐述。

3.5 档案柜之后

我们知道，人工神经网络提供了真正大脑似乎也利用的一些计算策略的有用（尽管显然是部分有用的）模型。这些策略以放弃更熟悉的逻辑和符号操作为代价，强调模式完成和关联存储器。因此使用人工神经网络的研究为被称作心灵"档案柜"的观点——将心灵作为一个等待着由某种神经中枢处理单元来检索和操作的、被动的、像语言那样的符号的储藏室的观点——提供了有价值的解药。然而，档案柜观点的一些少量特征仍被保留了下来，像档案柜一样，心灵在很多时候被看作一种被动的资源：一个对输入信息进行归类和转换，却并非天生为了在世界中采取行动的器官。这种对参与真实世界的即时行动的问题和可能性的忽视，体现在很多方面。高度抽象任务域的选择（例如英语动词过去式的生成）以及对人工形式的输入和输出编码的使用，都体现了那种本质上将心灵视为一个不受时间影响的、非具身的理性器官的构想。当然，没有人认为那种知觉、运动和行动一点也不重要，所有人都认同这些问题迟早要被考虑进来。但是研究者们普遍认为，这些问题所提出的其他问题，可以稳妥地与理解心灵和认知的那些首要任务相分

3 心灵和世界：可塑的边界

离，并认为这些更"实际的"问题的解决方法正好能被"粘贴到"非具身理性的计算引擎上。

具身心灵的认知学科打算质疑的正是这种在方法论上对以下两种工作的分离：（一方面）对心灵和理性的解释，以及（另一方面）对真实世界、即时行动的解释。一旦在合理的设置和复杂性中遇到了真实世界的问题，很明显，某种类型的问题解决方案就失效了。而且实际发挥作用的那类解决方案，通常是以一种不可预期的方式合并推理和行动过程，并且反复打破心灵、身体和环境之间的传统界限。

从某种意义上说，这是意料之中的。我们的大脑是作为身体的控制器而进化的，它在真实的（而且常常是不友善的）世界中活动和行动。这些进化了的器官必定会发展计算资源，作为它们所控制的行动和干预的补充部分。因此，大脑终于不需要维持一种对世界的小比例内部复制——那种支持我们习惯于在世界中应用的完全相同类型的运行和操作。相反，大脑得到的任务指示是提供配套设施，以支持对世界的操作的重复利用。它的任务就是提供即便是由我们操纵，世界也常常无法承担的一种计算过程（例如强大的模式完成）。[21]

那么，心灵在何处？它的确是"处于头脑之中"的吗，还是说心灵现在已经将自身弥散（有点恣意地）在世界中了吗？这个问题乍看有些奇怪。毕竟，个体的大脑仍然是意识和体验的所在地。那么理性呢？每一种思想都是由大脑所有的。但是现在看来，思维之流以及理性的适应性成功，似乎依赖于与外部资源之间重复的、重要的相互作用。在我们强调的那些例子中，这些相互作用的作用很显然是计算的和信息的：它会转换输入、简化搜索、帮助识别、激发联想记忆、卸载内存，等等。从某种意义上说，人类推理者的确是分布式的认知引擎：我们诉诸外部资源来完成特定的计算任务，就好像一个联网的计算机可能会访问其他联网的计算机来完成特定的工作。因此，我认为基尔希和马格里奥所展示的认知行动作用的一个涵义就是，认知功劳（epistemic credit）的等量扩展。个体的大脑不应该把所有的功劳都归为思维之流或理性反应的产生。大脑和世界以一种比之前所猜想的更为丰富，且更清楚地以计算和信息需求驱动的方式进行合作。

　　认为这种更为整合的心灵和世界的观点不会对我们关于心灵、认知和自我的任何熟悉的观念造成威胁，这是令人欣慰的。尽管令人欣慰，但这是错的。因为尽管特定思想仍然与个体大脑紧密相连，但其所涉及的理性之流以及信息转化却在大脑和世界中纵横交错。而我估计，让我们与将心灵作为理性和自我的所在地这一观念强烈联系在一起的，正是这种观念之流。这种观念的流动比单一的思想或体验所提供的快照更有价值。[22] 我们将会看到，理性的真正引擎并不受到皮肤或骨骼的束缚。

4 黏菌风格的集体智慧

4.1 黏液时间

1973年的春天,天气不合时宜的潮湿。当你透过窗户看花园时,你会注意到一堆深黄色团状物在扩散。它们会是什么?你很困惑地回去工作,却怎么也静不下心来。后来,你又一次回到窗户旁。还是可以看到这些黄色胶质团状物,但你敢发誓它们已经移动过了。你是对的。这些新来者正在你的花园里蔓延、步步为营、慢慢爬上附近的一个电话线杆——向你逼近。慌乱中,你给警察打电话,报告可能在美国境内看到了外星生命形式。而实际上,你(和其他许多人)所看到的是一个彻彻底底的地球上的存在,尽管其生命周期的确令人陌生:煤绒菌(Fuligo septica),一种非细胞黏液菌。[1]

黏液菌有各种不同的种类[2]和大小,但都属于黏菌虫类(Mycetozoa)。顾名思义,它们是 mycet(真菌)和 zoa(动物)的结合体。它们喜欢潮湿的环境,并且常常可以在腐烂的木头、树桩或者是腐烂的植物中看到。它们在地理上分布广泛,且不受制于特定气候。正如一本手册中所描述的："很多物种常会在任何地方出人意料地突然出现"（Farr 1981，p.9）。

特别有趣的是"细胞"黏液菌的生命周期。例如，盘基网柄菌（Dictyostelium discoideum）这个种类，[3] 它于 1935 年在北卡罗来纳州首次被发现。这种盘基网柄菌的生命周期始于一种所谓的营养期，在这期间黏液菌细胞是独立存在的，就像阿米巴一样（它们被称作黏液阿米巴）。当局部食物源够用（黏液阿米巴以细菌为生）时，细胞不断生长和分裂。但是一旦食物源枯竭，一件真的怪事就发生了。细胞开始聚集在一起形成叫作伪原质团的一个组织状的团块。令人惊奇的是，这种伪原质团是一种能够沿着地面爬行的可移动的集体生物（一种微型鼻涕虫，见图 4.1）。[4] 它喜光，并遵循温度和湿度梯度。这些线索能帮它爬向一个有更多营养的地方。一旦找到了这样一个地方，伪原质团就会又一次变形，这一次分化成一个柄和一个孢子体——包含大约 2/3 细胞数的一个孢子块。当孢子进行繁殖时，这个周期又从一个新的黏液阿米巴种群重新开始。

那么个体的黏液菌细胞（黏液阿米巴）是如何知道要聚集的呢？一种方案（中央规划器的生物学类似物，见第 3 章）是为了进化而选出"领袖细胞"，当食物短缺时，这些细胞可能会特别适应从而能（可能是以化学的方法）"通知"其他细胞，而且它们多少会对伪原质团的结构进行筹划。然而貌似是大自然选择了这种更民主的解决方法。实际上，粘液菌细胞的行为就好像是本书 2.3 节中描述的蚂蚁。当食物短缺时，每个细胞就会释放出能够吸引其他细胞的化学物质（循环 AMP）。当细胞开始聚集时，循环 AMP 的浓度就会增加，从而吸引更多的细胞。因此，这种正反馈过程引起了构成伪原质团细胞的聚集。正如雷斯尼克（Mitchel Resnick，1994，p.51）所说，这个过程是我们所知的自组织的一个好例子，自组织系统是在没有领导者、控制者或协调者的情况下，从多重简单的组成部分相互作用中突现的某种更高阶的模式。

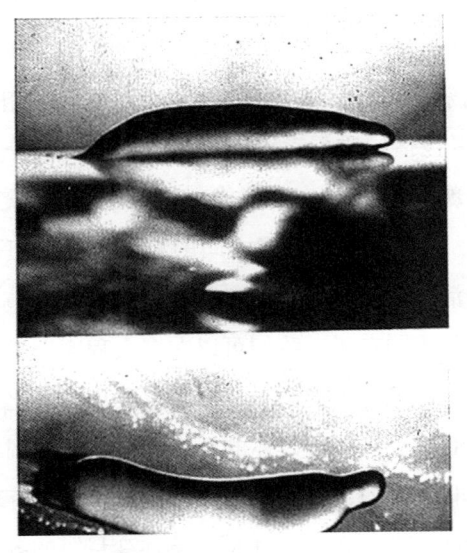

图 4.1 非细胞黏液菌的迁徙生长（伪原质团）。图源：Morrissey 1982。受到学术出版社许可使用。

我将表明，自组织和突现的主题不局限于原始的群体生物（如黏液菌）。人类施动者的集体也显示出突现的适应性行为形式。生物大脑寄生于外部世界（见第 3 章）以提高自己解决问题能力，它并不以无机物的外延为界限。反而是个体施动者团体的集体特征，决定我们适应性成功的重要方面。

4.2 突现的两种形式

新现象至少以两种形式从集体活动中（在没有领导或中央控制者的情况下）突现出来。第一种形式，我称之为直接突现（direct emergence），它主要依靠个体元素的特征（和之间的关系），环境条件仅仅起到背景作用。直接突现可以包括多重的同质元素（如温度和气压从大气分子之间的相互作用中突现），也可以包括异质元素（如水从氢分子和氧分子之间的相互作用中突现）。第二种突现形式，我称之为间接突现（indirect emergence），它依靠个体元素之间的相互作用，但也需要通常相当复杂的活性环境结构对这些相互作用进行调节。因此，两种形式之间的不同在于，我们可以在多大程度上通过聚焦个体元素特征（直接突现）来理解目标现象突现，对比我们可以在多大程度上通过关注相当具体的环境细节来解释现象。两者之间的差别远非绝对的，因为从某种程度上说，所有现象都依赖于背景环境的条件。（通过用不同"集体变量"的解释作用来描述，可能会更清楚一些——见第6章。）但我们可以通过分析一些简单的例子就足以了解他们直观的不同了。

关于直接突现的一个经典案例就是我们习以为常的交通阻塞现象。即使没有发生特别的外部事件（例如撞车或交通信号灯故障），仍会出现拥堵。例如，雷斯尼克[5]所叙述的一个简单模拟实验表明，只要每辆车遵守以下两条直觉规则，就会出现

4 黏菌风格的集体智慧

串车:"如果你看到前方不远处有另一辆车,减速;如果没有,加速(除非你已经以最高车速行驶了)"(Resnick 1994, pp. 69, 73)。如果只有这两条规则且并没有外部障碍,为什么汽车仍然不能简单加速到最高车速并保持下去呢?原因在于其初始布局。在模拟之初,汽车在马路上被随机隔开,因此,有时候一辆车可能会和另一辆车在很近的位置启动,那么它马上就需要减速,这导致后面的车也要减速,以此类推。结果就是成片快速行驶的汽车和缓慢移动的交通阻碍的混合。汽车偶尔能够逃离交通阻塞,为后面的车辆空出车距,然后加速开走。但有时一个方向的交通阻塞"被解除了",另一个方向又会同样快地拥堵起来,因为又有新车到达末尾而不得不减速。尽管每辆车都在前行,但是交通阻塞本身作为某种更高阶实体却是向后移动的!因此这种更高阶结构(雷斯尼克称之为集体结构)表现出的行为与其组成部分有根本不同。实际上,单个组成部分不断地在改变(原来的汽车离开,新的汽车加入),但是更高阶集体的完整性却被保留下来。(同样,随着时间的推移人类的身体并不是由相同质量的物质构成——细胞会死亡并被由食物提供的能量制造的新细胞取代。我们也是构成物质处在不断变化的更高阶集体。)交通阻塞被看作直接突现的例子,因为必要的环境背景(汽车之间的不同间距)差别很小——随机间隔当然是缺省条件,且不需要特殊的环境操作。就像我们现在知道的,间接突现在直观上大不一样。

请考虑以下情况:你得记得为聚会买箱啤酒。为了提醒自己,你在前门垫上放了一个空啤酒瓶。接下来,当你离开家时，你被那个空瓶子绊倒，想起了自己要做的事。因此，你运用了一个现在我们已经熟知的策略（回想一下第3章）——利用真实世界中的某一方面来替代主板记忆。实际上，你是改变所处环境来给自己传递信息，这个利用环境来提示行动和传递信号的技巧，在我所称的间接突现的许多例子中出现。

以白蚁的筑巢行为为例。一只白蚁的筑巢行为包括修改其局部环境，这一修改是为了应对以前的环境改变（由其他白蚁或该白蚁以前造成的改变）。因此，筑巢受到我们所说的共识主动性算法（stigmergic algorithms）的支配。[6]

这种共识主动性的一个简单例子就是从土球中建造拱门（白蚁穴的一个基本特征）。它们是这样工作的[7]：所有的白蚁堆造土球，这些土球刚开始是任意存放的，但是白蚁所堆的每一个球都有化学痕量，白蚁会在化学痕量最强处放下它们的土球。因此，新的土球就有可能会被存放到已有的土球上，并且随之产生更强烈的吸引力。（是的，似曾相识！）土柱就此形成。当两个土柱很接近的时候，相邻土柱所堆积的化学引诱剂会对白蚁的堆造行为产生影响，这种影响通过使白蚁更优先向土柱相向的一面添加而发挥作用。这个过程一直会延续，直到土柱顶部倾斜在一起形成拱门。其他许多共识主动性作用最终产生了穴、室和坑道的复杂结构。在这个扩展的过程中并没有体现或遵循一个筑巢的计划，也没有白蚁扮演领导的角色。白蚁只"知道"在面对具体形成的局部环境时该如何应对。除了通过它们自身活动的环境产物，白蚁之间也不以任何方式进行交流。这种基于环境的合作并不需要语言上的编码和解码，也不对记忆产生负载，并且即便发起的个体离开去做别的事情，"信号"也仍旧存在（Beckers et al. 1994，p.188）。

总结：即便是从突现的集体现象这些简单例子中，我们也能吸取重要的教训。这些现象可以以一种直接或环境上高度协调的方式发生，它们可以在没有领导、蓝图或中央规划者的情况下，支持复杂的适应性行为。并且，它们能够表现出与它们所反映的活动的个体很不相同的特征。下一部分中，我们会看到这些寓意以更熟悉的形式在人类的外表下出现。

4.3 大海和锚定细节

在对人类群体认知特征迄今为止最成功的持续性研究中，埃德温·哈钦斯（Edwin Hutchins）——人类学家、认知科学家、远洋赛艇手和航海家——描述并分析了外部结构和社会交互在船舶导航中的作用。以下是一些关于如何实施和协调一些必要任务的描述（Hutchins 1995，p.199；我的笔记）：

> 事实上，对于一个［航海］团队来说，系统中没有完整的计划或规划，也有可能以合适的顺序组织团队的行为。[8] 每个船员只需知道在环境中出现某些条件时要做什么就好了。对航海队成员职责的调查显示，许多规定的职责就是以"Y 时，做 X"的形式给出的。以下是规程中的一些例子：
>
> A. 根据要求进行探测并发送至船桥；

I 揭露心灵

B. 记录每次发送到船桥的时间和探测结果；

C. 记录员发出指令时，测方位并报告记录员指定的对象。

航海队每个成员只需要遵循一种共识主动性[9]的规程，并等待局部环境的改变（例如，将一张特殊的图表放在桌子上、口头命令，或者铃声响起）来引发具体的行为。反过来，这种行为又影响了某些其他成员的局部环境，并引发进一步活动等等，直到工作完成。

当然，他们是人类施动者，能够形成对整个过程的观念和心灵模型。哈钦斯认为，这种一般的倾向使得系统变得更有活力、更灵活，因为个体可以相互监督工作（例如，通过询问没有及时提供的方位），而且，如果有需要（比如如果有人生病了），可以接管其他人的部分工作。但是，没有成员会内化所有的相关知识和技能。

而且，大量的工作还是要依靠外部结构得以完成：航海计算尺、照准仪、导航记录日志、霍伊、海图、回音探测仪等。[10] 这些仪器改变了一些计算问题的本质，使得计算更容易被感知的、模式完成的大脑所处理。哈钦斯最喜欢的例子就是航海计算尺，它将复杂的数学运算变成了物理空间中的刻度对准操作。[11]

最后，与第3章的论题相呼应，航海工作空间本身这样构造是为了降低问题解决的复杂性。例如，在进入一个港口时要用到海图，而这些海图会一张摞着一张（最先要用的在最上面）

预装在海图桌上，方便以后使用。

哈钦斯论证说，所有的这些因素一起，使得人工物、施动者、自然世界和空间组织的整体系统能够解决航海问题。整个（轮船层面的）行动并没有受到船长头脑中某个具体计划的控制；船长可能会确立目标，但是不需要在所有地方都显性表征实现目标的信息收集和信息转换顺序。相反，计算能力和专业技能在大脑、身体、人工物和其他外部结构的异构组合中分布得各处都有。完成模式的大脑就是在不好相处而又对计算要求颇多的大海中导航的。

4.4 和谐的根源

那么大脑、身体和世界之间这种微妙的和谐是如何产生的呢？在我所说的直接突现的案例中，这个问题还不是很突出，因为此时的集体特征是由有着某些一致个体倾向的大规模行动直接决定的。因此，如果大自然真的（但愿不会如此）要进化出汽车和道路，那么（考虑到任意的初始分布和4.2节中详述的两条规则）很快就会出现交通阻塞。

间接突现暴露了表面上看来更大的难题。在这些例子中，目标特性（如，一个白蚁穴或对船只的成功导航）从个体与结构复杂的环境之间的相互作用中突现，这些互动多样且多变，个体明显是被建构或设计出来的，从而行动者和这些复杂环境的耦合动力学可以产生适应性成功。在这些例子中，没有一个个体需要知道整个计划或蓝图，但在某种意义上，整个系统都

I 揭露心灵

是经过周密设计的。它构成了一个完成目标行动的强健的、计算上很经济的方法。那么，这种设计是如何产生的？

对于个体白蚁的神经系统来说，答案的一个重要部分[12]明显是"通过进化"。哈钦斯认为，某种准进化的过程可能在航海团队中也发挥着作用，关键的特征就是在没有预先设计活动的情况下发生了细微的变化，而且这些变化会根据它们增强生物性成功的程度而被保留。因此，进化变化，包括那些小的"投机取巧的"（opportunistic）变化的逐渐增加：自己改变"适应度景观"（fitness landscape）的变化，通常是为了后续变化既在自身种类内，也存在于同一个生态系统其他种类中。

现在，让我们继续追寻哈钦斯来讨论一个案例，其中某些已经确立的认知集体（例如一个航海队）面临新的、意想不到的挑战。假设需要对这一挑战作出迅速回应，所以团队没有时间碰面并商量如何应对最佳。[13] 在这样的情况中，团队要如何发现能够响应环境需求的新社会分工？哈钦斯表明，实际情况是，团队的每个成员都为使船不会搁浅而完成必要的基础功能，而这个过程中，团队的每个成员都限制并影响其他人活动，这相当于对计算效率高的新分工所进行的集体的并行搜索。例如，一个船员意识到必须做一个重要的加法，但没有足够时间来做。于是，这个船员让旁边的人把数字加起来。这反过来对后面产生了进一步的影响。这个避免灾难问题的解决方法一跃成为关乎任务分配的局部协调的迭代级数中的平衡点，这个平衡点由个体技能、信息引入的时机和顺序平等决定。没有船员思考任务再分配的整体计划；相反，他们都各尽其能，

4 黏菌风格的集体智慧

商议他们所需的任何局部帮助以及程序变化。在这些案例中，有对连贯的集体反应的快速的并行搜索，但这种搜索不包含对可能的整体解决方案空间的任何明确和局部的表征。哈钦斯认为，从这种意义上说，通过更类似进化适应而非整体的理性主义设计，可以找到新的解决方案。

以下是这个观点的简化版本[14]：假设你的任务是要确定小路的最优位置，从而连接已造好的一个建筑群（例如，一个新的大学校区）。通常策略是整体理性主义设计，其中，个体或小团队考虑不同大楼的用途、行人流量等等，并在可能使用模式中寻求最优连接模式。但是，另一种解决方案，就是在没有任何小路的情况下敞开校区，并且用草坪覆盖大楼之间的间隔空间。在几个月以后，路径就慢慢显现了。这些路径一方面反映了使用者的真实需求，另一方面也反映了个体追随突现足迹的倾向。在一段时间以后，就可以为最明显的路径铺路了，没有人需要考虑最佳路径布局的整体问题，也不需要了解或表征各个大楼的用途，问题就解决了。这个问题的解决方案是通过一些细小的个别计算之间的相互作用找到的，例如"我想从这里到食堂去，我该如何做？"还有"我想尽快到物理实验室去，我该如何做？"这些多重局部决定的整体效应就是如此解决整体问题：看上去更像是某种进化而非传统的中央化设计。

解释集体性成功的需要并不是迫使我们回归对整体问题空间的状况了如指掌的中央规划者的观点。相反，我们有时将自身的问题-解决环境建构成我们基本问题-解决活动的某种副产品，在我们假想的校区中，早期步行者将环境建构成他们自身行动的一个副产品，而随后的步行者遇到的就会是结构化的环境，反过来帮助他们解决同样的问题。[15]

4.5 为投机取巧的心灵建模

但愿前面几章已经阐明了大多生物性认知投机取巧的特征。例如：面对真实世界活动的严重时间限制，且仅带有某种约束性的、模式完成类型的主板计算，生物性大脑会尽可能多地利用所能得到的帮助。这种帮助包括对（天然和人工的）外部物理结构的运用，对语言和文化制度的运用（另见下文第9章和第10章），以及对其他施动者的广泛利用。可是，要认识真实的问题解决的这种投机取巧的、时空上延展的本质，会带来潜在的方法论困扰。我们要如何学习并理解这种复杂的，且常常是非直观建构的延展系统？

有一个显然无法适用于这些案例的经典认知科学方法论，这就是一种理性重构（rational reconstruction）的方法——直接用一种抽象的输入-输出映射来表示每个问题，以及为如此阐明的问题寻求最佳解决方案的做法。尽管这种方法论可能原则上从未得到经典人工智能研究者的辩护，但已经广泛地应用于大量的研究。[16] 思考一下那些对抽象的微观世界的探究：跳棋、积木摆放、野餐计划、药物诊断等。在所有这些案例中，第一步是依据标准的符号术语来谈论这个问题，第二步是在充满符号转换机会的空间中寻找有效的解决方案。

同样，联结主义（见上文第3章）沿袭了这种令人苦恼的

4 黏菌风格的集体智慧

倾向，研究非具身问题的解决并选择抽象的、符号说明的输入-输出映射。[17]然而，从前面章节中获得的机器人学和婴儿的视角来看，看起来更合理的设想是，许多任务的真实身体、真实世界设置会深刻影响其呈现给主动的、具身的施动者的问题之本质。真实世界的问题将会在包括肌肉像弹簧的属性，以及真实的、空间上可操作对象存在的环境中提出。我一直在努力表明，这些不同通常对计算任务的本质有很大影响。

实际上，理性重构这一方法论会在很多重要方面误导我们。首先，以符号元素直接替换真实物理量会掩盖一些投机取巧的策略，其中包括依照或利用真实世界来辅助问题解决的策略。（回想一下007原则。）第二，将问题按照输入-输出映射进行概念化，同样会把认知看作被动计算，也就是说，它将输出阶段描述成对问题解决方案的预演。但是我们已经知道，在很多案例中（例如，主动视觉的策略以及在俄罗斯方块对旋转按钮的使用），输出行为的作用是发现或创造进一步的数据，其中这些数据又会进一步促成最后的成功。这些基尔希和马格里奥所称之为"认知行动"[18]的案例会忽视认知成功本质上非具身的、输入-输出的构想。（第三种威胁是，对最优解决方案的追寻，可能会通过隐藏历史在限制生物上可能的解决方案的范围中的作用，继续误导我们。我们将会在第5章中发现，自然也会受到之前遇到问题而获得的解决方案的严重束缚。因此，新的认知外衣很少是用整幅布制作的；通常它们包括对已有结构和策略进行匆忙调整的改动。）

因此，理性重构的方法论极大地歪曲了生物性认知的特征和本质。从这一角度，我们现在可以瞥见另一种方法论（研究具身的、主动认知的方法论）的最简单的轮廓，这种方法论的核心特征如下：

真实世界的、实时的焦点 任务是以真实世界的语言来识别的。输入是物理量，输出是行动。行为受到了生物性实时框架的限制。

对去中心化方案的认识 不能简单地认为协调的智能行动需要详细的中央规划。通常，全局智能行动可以作为一种包括个体、组成部分，和/或环境的多重的、更为简单的相互作用的产物而出现。

认知和计算的延展观 （通常）将计算的过程看作是可在时空中延展的。这种过程可以在个体的头脑以外延展开来，且包括使用外部支持获得的转换，并且它们可以在集体的问题解决局面中协调多种个体的大脑和身体进行。

根据以上解释，具身主动认知的研究清晰地提出了一些主要的概念和方法论挑战，这些挑战包括（不过，唉，也不仅限于）如下几点：

易处理性的问题 （由于这种极其混乱的认知观点总是渗漏到其局部环境中去，）我们要如何分离并研究易处理的现象？这种狂暴的认知自由主义，难道不会使心灵科学的真正希望变成无稽之谈吗？

高级认知的问题 我们要在多大程度上认同心灵的去中心化观点？当然，在高级认知中，中央规划的确有一些作用。还有，个人理性的构想本身又是怎样的？彻底突现主义的和适应

4 黏菌风格的集体智慧

性成功的去中心化观点中隐含了怎样的理性选择和决策？

同一性问题 所有这些对个体来说意味着什么？如果认知和计算过程在皮肤和颅骨的边界纵横交错，那么这是否意味着局部环境中也有个人同一性的某种相关渗漏？没那么神秘地讲，这是否意味着个体大脑和个体有机体并非科学研究恰当的对象？这些确实会是使人不快的结论。

我们也有复杂的实际担忧（我们要如何研究具身的、嵌入的心灵？）、悬而未决的问题（同样的情况也适用于真正的高级认知吗？）和概念异常（渗漏的认知是否意味着渗漏的身体？大脑在某种程度上是否是不恰当的研究对象？）。在下面的章节中，我将对所有这些问题进行论述。特别是，我会尽可能细致地对方法论和实际的担忧做出回应（第5—7章），澄清概念上的问题（第6和8章），并开始论述高级认知这一亟需解决的问题（第9和10章）。我将论证，将高级认知的事实和具身的主动认知观点相整合的关键在于，更好地理解两种非常特殊的外部支持或脚手架：语言和文化的作用。

总之：理性重构的消亡造就了概念上和方法论上的某种真空。我们接下来的任务就是填补空白。

中场休息：一段简史

正如前面章节中所提到的，我们可以通过三个发展阶段来理解认知科学。第一阶段（经典认知主义的全盛时期）用中央逻辑引擎、符号数据库以及一些外围的"感觉"模块来描述心灵。这种观点的主要特征包含了以下观点：

存储器看作从存储的符号数据库进行的数据检索，
问题解决看作逻辑推理，
认知看作中央化的，
环境（仅仅）看作一个问题域，
以及
身体看作输入装置。

联结主义（人工神经网络）变革针对前三个特征并取代以：

存储器看作模式的再创造，

中场休息：一段简史

问题解决看作模式完成和模式转换，

以及

认知看作愈发去中心化的。

不过这种对内部认知引擎本质的彻底再思考，在很大程度上伴随着对身体和世界传统排斥的一种默契接受。这种残余古典主义正是前文论述的研究所迎头面对的。在这种研究中，联结主义观点最普遍的原则得以保留，但也得到如下构想的增强：

环境看作主动资源，它的内在动力学能够发挥重要的问题解决作用，

以及

身体看作计算环路的一部分。

如此重视身体和世界就是要求在很多重要现象中有突现论的视角——把适应性成功看作固有的，其在身体、世界和大脑的复杂互动中与在以皮肤和头颅为界的内部过程中一样多。但这种进路也面临很多深刻挑战。其中最关键的是以某种方式权衡内部（以大脑为中心）作用和外部因素处理的迫切需要，从而能够充分理解每一个因素。这个问题表现为一连串听上去有些抽象的担忧——但它们是对某一具身心灵学科实践和方法论的主要具体结果的担忧。这些担忧包括：

I 揭露心灵

用正确的词汇描述和分析那些在施动者/环境之间纵横交错的过程，

分离出适当的大规模系统来研究，并鼓励将这些系统分解为相互作用的组成部分和过程，

以及

以适合新图景的方式来理解比如"表征"、"计算"和"心灵"这些熟悉的术语（否则完全抛弃这些术语）。

总之：我们该如何对那些我们已经展现的现象进行思考。为此，我们需要抛弃多少我们已有的观念和偏见？这是第二部分的主题。

II 解释延展的心灵

我们自己的身体处于世界之中，就好像心脏处于有机体之中一样……它用自身形成了一个系统。

——莫里斯·梅洛-庞蒂，《知觉现象学》(*Phenomenology of Perception*)；本段由大卫·希尔迪奇（David Hilditch）在他的博士论文《在世界的心脏中》(*At the Heart of the World*)（华盛顿大学，1995）中翻译。

5 进化中的机器人

5.1 具身的、嵌入的心灵的圆滑策略

我们要如何研究具身的、嵌入的心灵？一旦我们意识到，自然的解决方案常常会挫败我们头脑中的指导概念，并无视建构我们思维的（对身体、大脑和世界的）清晰界限，这个问题就变得尖锐起来了。看起来，生物性的大脑在重要的、有时是非直观的方面，既受到限制，又被赋予力量。它受到进化过程（必须在现有硬件和认知资源的基础上创立新的解决方案和适应性策略的过程）本质的限制。并且，正如我们所知，它被真实世界舞台的可用性赋予力量，这个舞台使我们能够利用其他施动者、积极寻求有用输入、转换计算任务，并将获得的知识转移到世界中去。

这种制约和机会的结合，为认知科学家提出一个真正的问题：我们要如何来理解并为这样一种设计和运行的参数（从一种非历史的、非具身的设计视角）看上去如此混乱的非直观系统建模？部分解决方案就是直面真实世界的实时行动的问题，

II 解释延展的心灵

如第 1 章中对机器人工作的讨论。另一种解决方案就是要密切关注早期学习过程中认知和行动之间的相互作用,如第 2 章中讨论的发展学研究那样。另外一种重要工具(本章论述的焦点)就是将模拟进化(simulated evolution)的使用看作一种生成(真正的或模拟的)机器人控制系统的方法。模拟进化(如神经网络学习)承诺,要在有效解决方法的搜寻中减少我们理性主义偏见和倾向的作用。

5.2　一种进化论的背景

我们通常认为,自然进化的系统并不以人类设计者所期望的方式运行。[1] 这其中有几个原因。第一,是对分布式解决方案的倾向(我们已经多次看到这方面的例子)。目前为人们所熟悉的观点是,人类设计师为解决一个特定问题,总是愿意将任何必需的功能直接内置于独立的装置,在这种情况下,进化就不会被介于有机体(或装置)与环境之间的界限所限制了。问题的解决很容易在有机体和世界,或者有机体群体之间分布。进化在真正意义上对问题没有任何看法,并未被禁止通过(帮助人类工程师集中注意力并将复杂的问题分解成小块的)戴那种眼罩(如:装置和操作领域之间的严格区分)去寻找便宜的、分布式的解决方案。

不过这并不意味着分解原则在自然设计那里就不起作用了。但通过自然选择成为设计特征的分解是的确截然不同的东西。这种分解受到进化整体论(evolutionary holism)限制的支

5 进化中的机器人

配——西蒙（Simon 1969）曾明确阐述过这种原则，即复杂的整体常常会随着进化时间而渐进地发展，而且各种各样的中间形式必须是完整且强健的、能够生存和繁衍的系统。正如道金斯（Dawkins 1986，p.94）所说，关键是即便进化过程中也要根据轨迹（trajectories）或路径（paths）来思考，将整个成功的有机体作为其中的阶段。

这是一种很强的限制。任何一种优秀的适应性复杂设计，如果缺乏这种进化分解（分解成更为简单但是成功的原始形式），将永远无法进化。而且，形式之间的转换不应当太极端：它们应当由小的结构变化组成，其中每一种变化产生一个完整的、成功的有机体。

比如，有一个说法就是，我们肺的进化基础是由鱼鳔所提供的[2]。鱼鳔是一种促进在水环境中运动的气囊。有人认为，我们现在对胸膜炎和肺气肿的易感性可以追溯到鱼鳔的适应性特征。利伯曼（Lieberman 1984，p.22）由此评论道"鱼鳔是为了游泳而在逻辑上设计的装置——它们构成了一个小题大做的呼吸系统。"

这其中有重要的寓意。正是进化整体论的局限性，再加上需要通过对现有结构微小的渐进的改变，才能解决当前那些多是由于特定历史原因而产生的问题。正如细胞遗传学家弗朗索瓦·雅各布（Francois Jacob 1977，p.1163）所说："与依赖历史相比，简单对象更依赖（物理）限制。随着复杂性增加，历史发挥的作用越来越大。"雅各布把进化论比作一个修补匠而不是一个工程师。一个工程师会在一张空白的制图板前坐下，然后从零开始为一个新问题设计解决方案；而修补匠则是利用现有的工具，并且试着使它适用于新用途。可能一开始修补匠的成果对工程师来说没什么意义，因为工程师的思维不会受到可用工具和手头资源的限制。从一种纯粹的、非历史的设计视角来看，复杂的进化生物所面临问题的自然解决方法，可能同样难以理解。

要理解这种一开始就难以理解的、历史路径依赖的和投机取巧的问题解决方案，一种方法是尝试人为地概括进化过程本身：让一个修补匠来了解修补匠。开始进入遗传算法。

5.3 作为解释工具的遗传算法

我们知道，生物进化通过多样化和选择过程而起作用。给定一定数量的有机体，并给定这些有机体的种类，一些有机体就会比另一些更善于生存和繁殖。在其中加入一种传递机制，使得最适应者的后代能够继承他们祖先的一些结构，那么进化探索的最低条件得到满足。传递通常包括进一步变异（如，突变）和多样化（例如，有性繁殖所特有的分裂和再结合过程）的内置手段。通过变异、多样化、选择和传递的迭代序列，进化过程在结构选择的空间内执行搜索——这种搜索试图聚焦生存和繁殖问题更适合的解决方案。

遗传算法[3]模拟这种进化过程。这个种群最初由各种软件个体构成，由手写编码创建或随机生成。这些"个体"可能是几行代码、数据结构、整个分级计算机程序、神经网络或其他。然后,个体被允许反应——在某个环境中,以能够计算一段时间后每个个体的适合度的方式行动。(它发现了多少食物?它是否逃避了捕猎者?……)最适应个体的初步编码(通常被存储为二进制串)就被用作繁殖的一个基础(例如,生成下一个种群)。但是,在这个过程中会采用交换和变异,而不仅仅是对最成功个体的简单复制。在变异的过程中,个体的编码结构会发生一些微小的随机变化。例如,如果这个个体是一个神经网络,一些权重可能会有细微的变化。在交换中,两个个体的部分编码会重新结合,从而对有性繁殖大致的动力学进行模拟。因此,新生代是建立在老一代中最成功变异体的基础之上的,但通过研究以往好的解决方案周围的一些空间,继续有效解决方案的搜索过程。在经历了数以千万代的迭代以后,这种过程(在某些问题域中)构成了梯度下降[4]搜索的一个有力的版本——只不过在这里,学习增量不是在单个的生命周期中,而是在一代代中发生的。

从追踪人工蚂蚁(Jefferson et al. 1990;Koza 1991)到发现行星运动法则,再到发展人工昆虫神经网络控制器(Beer and Gallagher 1992),很多领域都用这种技术来发展问题的解决方案。我们现在看到的,后一种用法特别有意思,因为它使我们能够在包括丰富的身体和环境动力学在内的背景中,研究渐进式进化学习的影响。

5.4 进化的具身智能

行走、观察和找到正确的行动方向是许多进化生物常用的基本适应性策略。那么，模拟进化能帮助我们更好地理解它们吗？答案似乎是一个试探性的肯定。

以行走为例。兰德尔·比尔和约翰·加拉格尔（Randall Beer and John Gallagher 1992）曾通过遗传算法来发展昆虫运动的神经网络控制器，结果这些进化出来的控制器是利用各种强健的但有时候是非显性的策略。其中的一些策略建立在控制器和环境之间紧密的持续交互之上，并且不包含详细和显性的运动程序的高级结构。而且，最高级的控制器能够应对各种富有挑战性的情况，包括（有和没有传感反馈的）运行，以及包括对某些结构性变化的自动补偿。

比尔和加拉格尔设计的机器人昆虫是有着6条腿的模拟蟑螂[5]，这只模拟蟑螂的每条腿都有能够抬腿和落腿的关节，每条腿上的传感器记录腿相对于身体的角度。这只模拟的昆虫受到神经网络的控制（每条腿有一个专门的5个神经元的网络控制器），每个5个神经元分支网络包括，对腿进行驱动的3个运动神经元，以及其作用是开放的2个"额外"神经元。每一个分支网络从控制腿关联的传感器处接受信息。设计者使用遗传算法（见5.3节）来找到使得这种控制结构产生稳定、强健的运动的一组特征（如联结权值——见第3章）。这个过程反过来还包括寻找（能够使每一条腿产生一种可行的运动模式的）权重、

5 进化中的机器人

偏差和时间常量（响应速度），以及协调所有腿的运动。

比尔和加拉格尔进化出了 11 个控制器，其中每个控制器运用一组不同的权重和参数值。所有的控制器都产生了良好的运动，并且都运用了真正快速移动的昆虫所青睐的"三脚步态"。

三个不同环境下的进化方案证实了控制器-环境交互的重要性。在第一个环境中，进化搜索伴随着腿部传感器的正常运转。不出所料，在这些情况中，最终解决方案很大程度依赖于连续的传感反馈。如果传感器后来失灵了，运动就会消失或被严重扰乱。在第二个环境中，进化搜索并不伴随传感反馈而发生。在这些"盲目的"情况中，研究者发现解决方案仅依靠中枢模式发生器，并因此产生了某种与类似玩具机器人的笨拙但可靠的运动。

目前更有趣的是传感反馈在进化搜索中间歇性出现时所获得的结果。在这些不确定的情况中，控制器得以进化，可以使用可得的传感反馈产生平稳的行走；在缺乏传感反馈时转换成"盲目的"模式（并由此产生可行的尽管不太优雅的运动），甚至能对某些结构性改变自动进行补偿（例如，在生物性生长过程中所发生的腿长的改变）。对最后这种特征的解释，涉及传感反馈在这些"混合的"解决方案中对模式发生器的调制。改变的腿长会对传感器的读数产生影响，这还会使运动输出发生器相应放缓，这种自动补偿具有生物学上的现实意味——试想一只一条腿受伤的猫如何自然而然地采用三条腿的步态，或者人类如何适应在冰面上行走，或脚踝扭伤了如何行走。然而，正如比尔（1995b）所说，这种适应性不是如此个体学习的结果——相反，适应是系统的最初动力学中所固有的，新的状况（受伤、腿变长或其他）仅仅是它得以展现的诱因。

总的来说，这种解决方案具身于混合的控制器中，并涉及一种对中央模式生成和（比尔认为很容易被人类分析师忽略的）感觉调制的微妙平衡。通过使用遗传算法，是可以找到解决方案的，这些方案真正最大限度利用可得环境结构的解决方案，并且丝毫不会受到（我们想要探寻的干净利落、容易分解的问题解决方案的）自然倾向的牵制。当然，对于更为混乱的、在生物学上更现实的交互解决方案，坏消息是它们不光很难被发现，而且即使我们拥有，也很难理解它们。我们将在 5.7 节再回到这个问题。

进一步的研究也在其他领域印证了比尔和加拉格尔的结论。哈维等（Harvey et al., 1994）逐渐发展了视觉引导的机器人的控制系统；山口和比尔（Yamuchi and Beer, 1994）逐渐发展了能够控制使用声呐输入进行地标识别和导航的机器人的网络。为了找到生态学上现实的视觉加工任务计算简单的解决方案（第 1 章中曾有相关论述），约翰逊等（Johnson et al., 1994）运用遗传编程逐渐发展了仿生视觉风格的程序，他们发现了比以往最好的程序还要出色的进化解决方案。因此，有大量的证据可以表明模拟的进化搜索的力量，它可以找出生物学现实问题的强健但不明显的解决方案。但如果我们意识到这一领域中困扰许多工作的几个严重限制，我们就没那么乐观了，其中最重要的限制就是问题空间的"冻结（freezing）"、对固定神经和身体结构的运用、表型／遗传型（phenotype/genotype）丰富区

5　进化中的机器人

分的缺乏，以及进化搜索中"扩大规模（scaling up）"的问题。

我所说的问题空间的"冻结"是指这样一种倾向，即预先确定一个固定的适应函数，然后仅运用模拟进化对应这个预先调整的目标（走路、导航或其他）将适应度最大化。这种进路忽略了将真正的进化适应与其他学习形式强烈区分的一个因素：问题和解决共同进化（coevolve）的能力。一个典型的例子就是动物物种间追捕和逃生技能的共同进化。[6] 这里的关键在于自然进化的运作并不是为了"解决"一个确定的问题，而是问题本身在共同进化的变化的复杂网络中改变和进化。

同样成问题的还有搜索问题空间的倾向，这一问题空间部分由某种固定的身体或神经结构确定。在自然世界中，这些搜索同样会冻结本身可能有进化变化的参数，例如，模拟的蟑螂具有固定的身体形状和一组固定的神经资源。相比之下，真正的进化搜索能够改变身体形状[7]和总的神经结构。

另一种生物学上的变形涉及对直接的遗传型/表型对应的运用。在标准的遗传-算法搜索中，新的个体种群完全由它们的遗传型决定。与此相反，随着个体发育，真实基因在真实身体中的体现方式使环境交互在个体发育过程中可以发挥更大作用。实际上，基因是对身体特征"进行编码"的这种印象常常是误导性的。相反，基因对可能的物理特征进行编码的方式，严重依赖于影响其体现的各种环境因素。正是由于遗传因素在个体中的最终体现在很大程度上受环境控制，对这些遗传因素的选择能力才使得生物进化可以利用大多数人工模型中所没有的不同程度的自由。[8]

II 解释延展的心灵

最后,还有我们广泛认可的"扩大规模"问题。前面讨论的大多数研究使用的是应用于较小神经网络控制器的基因搜索。随着控制器特征参数数量的增加,标准种类的进化搜索变得越来越低效。要克服这个问题,就需要更好的遗传编码与将压力"转移"到环境中相结合(即通过依靠与结构环境之间的发展互动来减少遗传型中编码的信息量)。通过这种方式,扩大规模的问题以及前面的表型／遗传型问题可能比初步显现的更加紧密相连。[9]

当然,对自主代理的研究来说,模拟进化的运用远不是什么灵丹妙药。但这些方法在具身心灵认知科学的工具箱中已经占有一席之地。这种方法究竟处于多么中心的位置,有赖于其内部一个激烈争论的解决,即在理解具身的、主动的认知中,使用模拟代理和环境的合法性与价值。

5.5 模拟大战(现实点吧!)

总的说来,人工进化发生于试图与模拟环境交涉的模拟有机体群。但是,对模拟的运用本身就是具身和嵌入认知研究者们争论焦点。一方面,在过程中,模拟世界和模拟施动者的运用为大量种群研究的问题简化和处理带来明显益处;另一方面,驱动大多自治施动者研究的一个主要见解恰恰是承认了,真实的施动者-环境交互有未预想到的复杂,以及具身存在利用真实世界的特征和属性有出人意料的方式。真实世界机器人学的热衷者们[10]注意到,研究者们往往会低估问题的难度(通过将真实世界的特征忽略为机械部分的杂音和不可靠性），并也无法找到临时应急解决方案，它们像特定物体部分的灵活性和"弹性"一样依赖于总体物理属性。[11]

蒂姆·史密瑟斯（Tim Smithers，1994，pp.64-66）在对"不规则震荡"（hunting）的讨论中提出了关于这种物理属性作用的一个非机器人例子，它是与用来调节早期蒸汽机功率输出的第二代飞球式调速器（fly-ball govenors）相关的一种现象。飞球式调速器（根据其发明者詹姆斯·瓦特（James Watt）命名，因此也被叫作瓦特调速器）用于保持飞轮的等速，开动与其他机器装置相连的蒸汽机。没有调速器，飞轮的速度会随着蒸汽的起伏、工作负载的变化以及其他因素而发生变化。调速器是以一个契合于主要飞轮的竖式轴为基础的，这个轴有由铰链相连的两条臂，其中每一条臂的末端有一个金属球，当飞轮转动时，这两条臂的摆动程度由旋转速度所决定。臂会直接作用于节流阀，当臂抬高时蒸汽流会降低（由此飞轮的速度也增加了），手臂放低时蒸汽流会加大（由此飞轮的速度也减慢了）。这种设计，使得飞轮能够保持恒定的转速，正如许多工业化应用所要求的。史密瑟斯注意到，随着生产精确度的提高，新一代的调速器开始暴露出更早的"粗糙"版的调节器没有显现出来的一个问题。新的、精良的机器调速器常常无法决定一个固定的转速，而是在减速还是加速之间摇摆。这种对恒速的"不规则震荡"就产生了，因为新的调速器对主轴速度的反应太快了，因此事实上，每次都是矫枉过正。为什么早期的、粗糙版的调速器反而会比它们精心设计的后继者运行得更好呢？那是因为在

II 解释延展的心灵

早期的调速器版本中，接合处、轴承和滑轮之间的摩擦足以抑制系统的反应，因此也使得不会出现新机器中所观察到的快速过渡补偿的循环。我们知道，现代的调节器依靠其他部分来防止不规则震荡，但这些是以更难设置和使用为代价的（同上，p.66）。

史密瑟斯表明，对简单的真实世界机器人传感系统进行微调很可能也会遇到同样的麻烦。如果机器人行为紧密依赖传感器读数，那么高敏仪器可能会因为较为不重要的环境变化，甚至是因为传感器自身的运行产生的微扰而过度反应。所以，增强的分辨率也未必是件好事。通过使用低精确度的部件，就可能设计这样的机器人，其物理设备属性（比如机械与电子损耗）起作用，从而减缓反应，并因此避免不必要的变化和波动。由此，史密瑟斯认为，将传感器作为测量设备甚至可能都是具有误导性的——更确切地说，我们应该将它们看作过滤器，其部分作用是吸收行为上无关紧要的变化，从而产生能够维持其与自身环境间简单而稳健交互的系统。史密瑟斯认为，由于物理介质中固有的机械或电子损耗，真正的物理部件通常会"无偿"提供大部分的这种过滤或像海绵一样的能力。但是在模拟的施动者-环境系统中，这些效应显然不会是"无偿"获得的。基于模拟的工作因为无法认识到整体物理属性（比如摩擦、电子和机械损耗）所发挥的稳定作用，而有错过重要问题的廉价解决方案的危险。

纯粹基于模拟的进路的另一个问题是，很容易将模拟环境过度简单化，以及仅关注模拟施动者的智能，这又进一步加深

5 进化中的机器人

了那个严重误导的观点,即认为环境不过是确立某个问题的舞台。与之相反,前面章节的论述全部将环境描绘成一种丰富的主动资源——适应性行动产生的伙伴。与此相关的担忧包括:模拟物理特性的相对匮乏(常常无法包含重要的真实世界的参数,如摩擦和重力)、对"世界"和传感器之间完美信息流的幻想,以及对完美设计的、统一的组件的幻想[12](如,在大多数进化论情境中,对所有个体使用同一身体)。这样的例子不胜枚举,但道理很清楚:模拟顶多就是真实世界舞台的简化版,且是以某种危险的方式被简化的版本:通过模糊环境特征和真实物理身体的作用,可能会使我们关于施动者运作的印象失真。

尽管如此,在研究进化变化过程中,恰当地运用模拟却能够使我们受益匪浅。大量模拟种群容易制造且易于监控。在虚拟环境中,相关于行动的适应度评价能够自动化,并且能够完全绕开真实世界中的工程问题。而且,与不断重复真实世界运行和评价相比,大规模的模拟进化能够为我们节省大量的时间。

于是,为了达到实际效果,人们采用了一种混合策略。诺尔菲、米科利诺、帕瑞希(Nolfi, Miglino, and Parisi 1994)和山口、比尔(Yamuchi and Beer 1994)等理论家先将模拟应用于最初的研究和发展,然后将前期成果转移到真正的移动机器人研究上来。当然,如果没有真实世界系统中存在的问题,进化从而对模拟机器人进行引导的神经网络控制器也将无法传输。但是我们至少可以根据模拟的不同阶段来粗略设置各种参数,而这些参数可以进一步在真实-世界设置中得到协调和适应。[13]

II 解释延展的心灵

最后，我们还应该注意，即便是纯粹基于模拟的研究也是非常有价值的，因为它使得关于个体学习和进化变化之间相互作用（Ackley and Littman 1992; Nolfi and Parisi 1991）和大量很简单的施动者的属性（Resnick 1994）的一般性问题研究成为可能。但是，作为真正施动者-环境间交互的详细动力学的一种理解方法，我们必须一直对模拟保持谨慎。

5.6 理解进化的、具身的、嵌入的施动者

自然设计的过程似乎常常超越人类理论学家的想象。生物进化尤其如此，它并不关注我们仅对物理和计算或信息之间所划的整齐界限。除我们所熟悉的计算策略（如神经网络学习）之外，它还会利用整体物理特征（比如机械和电子损耗、摩擦和噪音）来生成解决生存和响应问题的稳健方案。另外，正如前面章节所反复强调的，我们可以积极利用环境来转变我们所面临问题的本质。并且如本书 5.2 节中所提到的，生物进化必须经常修补旧的资源才能产生新的能力：因此认知创新极少来自完整的、理想设计的素材。这些因素凑在一起使得生物性设计变得非常难以理解。如果将一台录像机拆开，你会发现里面有很多界限清楚的模块和线路板，其中每一块都在出色的表现中发挥着特定的作用。因为这是人类设计师（毋庸置疑）选择了对连续的、有意识的反思最合理的整体构成性设计。人类的大脑中包含着许多不那么透明的构成结构和线路，其中包括使许多区域之间的交互和迭代修正成为可能的大量循环回路。并

5 进化中的机器人

且在任何情况下,大脑的作用就只是使身体能够坚持完成正确的运动。适应性成功最终不是归于大脑,而是嵌入生态学上真实环境中大脑-身体的结盟。于是,一个大而未决的问题就显现出来了:我们要如何研究和理解(不只是复制)生物的适应性成功,其中这些生物的设计原则并不遵守认知、身体和世界之间的直观界限?

目前取得一些进展的一种可行性方案就是用动态系统理论(Dynamical Systems theory)的话语来取代计算理论化和表征说法的标准认知-科学工具。这里的论证是这样的:将认知看作产生内部表征计算转换的观点本质上(据说)等于退回到将大脑看作根本上非具身智能之所在。说这是一种倒退,是因为如此设想的表征应当是用于替代真实世界中的事物和事件的,并且推理也应当产生于某种内部符号的环境中。但我们已经知道,真正的具身性智能根本上是与世界互动(engaging)的方式——以强健而灵活的方式,使用(省去世界中许多信息的)主动策略并灵活运用身体-世界交互的迭代的实时序列来解决问题的方式。这里的观点关于两个耦合的复杂系统(施动者和环境),它们的共同活动能够解决问题。在这些情况下说一种系统表征另一种系统毫无意义。

这个观点可能有些难懂,举个例子可能有所帮助。就此而论,在前文5.5节中,蒂姆·范·盖尔德让我们讨论的是瓦特调速器的例子。回忆一下,调速器通过使用可以外摆的两个承重臂来维持飞轮的恒速,从而转速增加时关闭节流阀,转速下降时打开节流阀。范·盖尔德(van Gelder 1995, p. 348)将瓦

II 解释延展的心灵

特调速器与一个虚构"计算调速器"的运作相比较,这个计算调速器是这样运作的:

> 测量飞轮的速度。
> 将实际速度与期望速度进行比较。
> 如果两者存在差异,那么
> 测量当前的蒸汽压力,
> 计算蒸汽压力的期望改变,
> 计算所需的节流阀调整。
> 对节流阀进行调整。回到第 1 步。

由此,计算调速器对速度和蒸汽压力进行显性测量,这些测量会被送入计算所需调整的进一步处理中。而瓦特调速器将测量、计算和控制的步骤合在一起变成一个单一过程,其中涉及手臂速度和角度以及引擎速度的交互影响。范·盖尔德认为,理解瓦特调速器运作的最好方法不是根据表征和计算,而是根据反馈环路和紧密耦合的物理系统来思考。这些现象正是标准的动力系统理论所关注的领域。所以我们先暂停,来认识一下它。

动力系统理论是对复杂系统的行为进行描述和理解的完善框架[14](另见,如 Abraham and Shaw 1992),动力系统视角背后的核心理念有:状态空间概念、轨迹或空间中可能轨迹组的概念、以及运用(连续的或离散的)数学来描述决定这些轨迹形态的法则。

5 进化中的机器人

因此,动力系统观念根植于这样一种观点,即将随时间推移的系统状态的进化看作分析的一个基本特征。作为一种通用的形式体系,它适用于所有现存的计算系统(联结主义和古典主义的),当然它更广泛,并且可以应用于非认知的和非计算的物理系统的分析中。

动力系统分析的目标在于呈现一幅任意维度(取决于相关系统参数的数量)的状态空间图景,并促进对抽象几何空间中关于位置和运动的系统行为的理解。为确保获得这种理解,我们常常会用到更多构想,这些构想将空间中一些点或区(点的集合)的独特属性体现为由控制的数学运算所确定,这种数学运算详细说明确定一组状态变量的值如何随着时间改变的动力学法则。(例如,这一法则可能存在于一组微分方程中。)给出一个初始的状态,动力学法则所决定的状态时间序列构成空间中的一条轨迹。通过每一个点的所有轨迹集合叫做流(flow),而它的形态就是动力系统所研究的典型对象。为了帮助我们更好地理解流的形态,需要使用几个构想,包括空间中的吸引子(一个点或一个区域)的构想,这样穿过空间的运动法则可以确保任何靠近那个区域的轨迹能够被"吸进去"。相关的概念还包括"吸引子区"(吸引子发挥其影响的区域)和"分岔"(在这些情况中,参数值的细微变化都会重塑流,进而产生一个新的"相图"——即对盆整体结构以及盆间界限的一种全新描述)。

因此动力系统进路提供了一套数学和概念的工具,帮助我们对可能系统行为的空间形成本质上几何性的理解。要了解这些工具的使用,请再次思考本书 5.4 节中讨论过的关于昆虫腿

II 解释延展的心灵

部控制器的工作。为理解单一腿部控制器的运行,[15] 比尔（Beer 1995b）强调两个定点吸引子之间系统翻转的作用。脚刚被放下,"起步相"刚开始,第一个吸引子就开始起作用了,这种状态的发展使得系统类似于一个定点的吸引子。但当腿继续移动时,这个吸引子消失,并被状态空间别处的第二个吸引子所替代,随后系统状态会向其发展。这第二个吸引子与"摆动相"相符。当腿部以一定的角度移动时会有一系列分岔产生,从而引发这些定点之间的转换,而前者的作用就是要转换两个定点吸引子之间控制器的相位图。如果腿部-角度传感器被禁用,动力系统会崩溃至一个固定点,从而将昆虫冻结在一个永久的起步相。请特别注意,比尔所描述的动力系统并不属于神经网络控制器本身,而是属于组成控制器和昆虫身体（腿）的耦合系统。正是控制器和腿部之间（通过腿部传感器的角度探测能力进行调节的）的交互作用产生了刚才描述的状态-空间轨迹。

这种几何的、基于状态空间的理解无疑是有价值的,也是有意义的。但同时它却留下了一个开放性问题:这种解释在何种程度上可以取代,而不仅仅是补充用计算转换和内部表征状态来表达的更为传统的理解。这种激进的观点（预言几何学动力系统话语将会大规模取代计算和表征话语）面临两个重大挑战。

第一个挑战是关于扩大规模和易处理性的。即便是30个神经元的腿部控制器构成的一个动力系统的复杂度,也足以使我们的直观几何理解失灵。而且,随着参数数量的增加和状态空间规模的扩大,动力系统理论的具体数学运算会变得越来越不

5 进化中的机器人

易处理。所以，比尔的分析实际上只在更简单的、控制一条单腿的 5 个神经元系统中实施。因此，动力系统理论在超复杂的高维度耦合系统（如人脑）中的实用性非常值得怀疑。

第二个更基本的挑战关于这些分析所提供的理解类型，这种理解类型将会构成抽象描述而非完整解释。我们知道系统做什么和什么时候做，以及它的行为表现出什么时间演化模式；这种理解虽有价值，却不够详尽。特别是留给我们的（我会在后面作详细讨论）常常是关于组成部分的适应性作用，以及系统内部功能性组织的贫乏理解。

我认为，动力学分析最大的长处在于它们有固有的对时间的关注，并且它们有能力轻松应对大脑/身体/环境之间界限的纵横交错。我会在下一章重点关注时间性问题。界限问题应该已经很清楚了：通过将大脑看作一个动力系统，我们本质上以看待身体运作方式和环境过程一样的方式来看待大脑。所以，根据大脑、身体和环境之间的复杂耦合来刻画适应性行为就变得特别简单和自然。

因此，我要为一个有些普世性的立场辩护。动力系统理论的工具对理解我所强调的各种环境上高度耦合的行为是宝贵的。但是，我们只能将它们看作对搜索计算和表征理解的一种互补。在接下来的几章中我们都将谈到互补性的情况。

6 突现与解释

6.1 不同的尝试？

需要什么样的工具才能使实时的、具身的、嵌入的认知变得有意义？特别是，是否存在一系列突现现象，它们高度依赖大脑、身体和世界的耦合，而势必使传统分析失败？接下来我将论证，尽管突现现象的确需要某些新的解释和研究模式，但我们最好将这些新的模式看作我们更为熟悉的分析进路的互补（而非竞争）。当然，我们会发现，研究者们对所谓的关于各种内部状态和过程的作用的生态确定[1]（即由有机体在更广阔环境中的位置及其与环境的互动来告知需要内部表征和计算的是什么方式）敏感性越来越高。并且当然，我们也会发现这一相同的敏感性的另一方面：对整个有机体／环境系统的整体动力学的注意有所增加。但是，这两种发展都无法减少我们的理解需要，即理解神经生理学真正组成部分对施动者的心理学特征能力的作用——这个项目似乎仍然需要运用一些传统分析工具。因此，我将会论证，成功的认知科学研究既包括施动者／环境系统更大的动力学,也包括真实神经环路的计算和表征的微观动力学。

6.2 从部分到整体

在本节中,我将区分认知科学解释的三种样式。这些样式比较笼统,并且对特定的编程样式(如,联结主义的 vs. 古典主义的)交叉分类。

成分解释

使用成分[2]解释就是通过详述个体的作用及其各部分的整体结构来解释一个复杂整体的运作。比如,我们在解释一辆汽车、一台电视机或一台洗衣机的运作时会采用的很自然的解释方法。我们通过谈论其组成部分的功能和作用以及它们相互关联的方式来解释整个系统的功能。

如此解释的成分解释,其实是优良的老式还原主义解释的当代相似物。但我会刻意回避"还原"这个词,其原因有二。第一,对于还原的大多数哲学讨论认为,还原所说的是理论间的一种关系,并且认为理论是语言形式的、涉及法则的构念。但是在很多情况中(特别是在生物学和人工智能中),我们自然地看作还原解释的东西并不采用这种形式,但它们涉及局部模型的发展,这些局部模型规定构成部分及其交互模式,并通过谈论较低层组成部分和交互的描述来解释一些高层现象(例如作为一个电视的接收器)。[3] 这是更为广义上的还原主义解

II 解释延展的心灵

释——"成分解释"所充分体现的意思。我的第二个原因是，对比突现解释和还原主义解释可能会造成对突现概念的常见误解，即认为突现主义解释包含神秘主义色彩，且无法解释更高层的属性如何从基本的结构和互动中产生。最新的突现主义假设绝不会对这些问题保持沉默，差异在于较低层属性和特点所共同产生目标现象的方式。至少凭直观解释，这种突现主义解释真的是还原主义解释的一个特例，因为解释旨在参照大量较低层的组织事实为更高层属性的出现去神秘化。[4] 由于这些原因，将突现解释同成分解释进行对比，要比同一般的还原主义理论进行对比，要更准确和清晰。

经典人工智能[5]中的模块程序化设计法颇为适合解释的成分形式。为理解这一程序的成功，将不同的子程序、模块等独立出来，并发挥它们的作用，把目标问题分割为一系列可操作的子问题，这通常是富有成果的（Dennett 1978a）。

正如惠勒（Wheeler 1994）所说，最近的"联结主义"工作也经得起成分解释的检验。诸如识别手写邮政编码（Le Cun et al. 1989）的复杂问题的解决，需要用到高度结构化的多层网络（或者网络的网络）。在这些情况中，通过探究这些整体构成部分（层次或子网络）的作用，我们有可能加深对系统如何成功的理解。当构成部分容许直接的表征解释时，也就是说，当目标系统具有可靠的可识别的部分内部配置时，可以被有效解释为"表征了域的各方面"以及"……对这些表征进行算法转换"，这种方法最具说服力（Beer 1995a, p.225）。简而言之，对智能系统进行成分分析与将这些系统看作在内部表征中进行交

6　突现与解释

换的观点有关联，因为假定的构成部分的独特作用，通常是通过指涉它们所处理的内部表征的形式或者内容来定义的。

"接和扔"解释

这是我为一个进路所取的昵称，这一进路重视具身的、嵌入认知的大多观点，但也仍旧从传统的分析视角来看它们。"接和扔"模式的主要特征是：环境仍然被看作真实思维系统（大脑）的输入源。对具身视角的让步涉及这些输入能够引起简化随后计算的行动。输入-思维-行动循环的传统观念仍然保持，但同时真实世界行动的实施和内部计算之间复杂而相互的影响也得以认同。仿生视觉研究在对以下的描述中体现了这方面的特征：低分辨率视觉输入如何能够导向真实世界的行动，使其反过来又会产生更多适合更高分辨率处理的输入（如，移动头部或中央凹），我们在这里所遇到的描述认同多重的复杂方法，通过真实世界的结构、身体动力学和在世界中的主动干预的方式来改变和简化内部工作。但同时我们也发现对内部处理、内部表征和计算等领域（例如，为如"我的咖啡杯是黄色的"的特殊目的"索引"表征编码的最小规模内部数据库的构建；见 Ballard 1991，pp. 71-80）传统的重视和关注。（主动的、嵌入的系统以及以内部处理经济上的优先）这两种观点的和平共处由于对大脑和世界之间界限的严格坚持而得以维系。世界将输入抛给大脑，然后又将这些输入接住，并且将行动扔回去。通过使世界扔回更易于使用的输入等，行动可能会改变或简化随后的计算。简而言之，这种方法坚定地承诺解释的交互模式，但

II 解释延展的心灵

同时也尊重对个体大脑中表征和计算的传统关注。这其中的一个原因已经隐含在"接和扔"观念本身之中，就是在这些情况中关注大多集中在简单的反馈链上，在这些反馈链中，系统的行动改变其下一个输入，而这又会控制下一个行动，等等。在这些情况中，较低维度的交互通过运用非常传统的工具使我们理解系统的行为；相比之下，随着重要交互的复杂性和维度的提升，只是通过在我们的标准理解上简单叠加一个反馈回路概念来使情况概念化，就变得困难（也许不可能）。当反馈过程的数量增加，以及当不同过程的时间分段"不同步"，使得反馈随着多个渠道、在多个不同步的时间尺度上发生时，这种临界的复杂性就出现了。[6]

突现解释

突现解释是三种解释样式中最激进也最难以捉摸的一种。鉴于"接和扔"解释真的只是成分解释的敏锐、精明的版本，突现解释则旨在为适应性成功提供一个全新视角。当然，这种新视角的核心是"突现"这一微妙的概念本身。接下来，我们将通过一些事例来谨慎处理这一概念。

斯科特·凯尔索（J. A. Scott Kelso）在他优秀的著作《动力模式》（*Dynamic Patterns*）（1995）中论述了一个从底部加热液体的经典事例。具体来讲，他描述了在平底锅中加热食用油的行为。刚开始加热时，油上部和下部几乎没有什么温差，我们也没有观察到有液体移动。但是，当温度升高时，油开始以一种协调的方式运动——我们观察到凯尔索（同上，p.7）所述的

6 突现与解释

"一种有序的翻滚运动",这种运动的来源是上部凉一些的油和下部热一些的油之间的温差。热一些且密度较小的油上升,而凉一些且密度较大的油下降——原来凉的油现在到了底部,慢慢变热并升高,温度却再下降等等不停重复的一个循环,结果就是被称作对流卷(convection rolls)的持续不断的翻滚运动。对流卷的出现是分子集合的突现自组织属性的例子,与第四章中所论述的黏液菌细胞的自组织并没有什么不同。凯尔索评价道(同上,pp.7-8):

> 产生的对流卷就是物理学家所说的集体或协同效应,其出现没有任何外部指令。在动力系统的语言中,这种温度梯度被叫作控制参数。请注意这种控制参数并不规定或包含突现模式的编码,它仅通过种种可能的模式或状态来引导系统……这些自发的模式形成恰恰是我们所说的自组织所包含的意思:系统自我组织,但是在进行组织的系统中不存在"自我"、不存在施动者。

当然,这个概念并不是说突现模式是无前因的——显然其直接原因就是对平底锅进行加热。更确切地说,是观察到的模式主要由大量简单组成部分(分子)(在特定条件下)的集体行为解释,其中没有哪一个组成部分在控制或协调模式形成的过程中扮演特殊或主要角色。实际上,一旦这种翻滚运动开始了,它使得自身以"自组织"系统所特有的一种方式维持并自立,对于这些系统来说,组成部分的行动引发整体行为,而整

II　解释延展的心灵

体行为又引导组成部分的行动，这两条是同时成立的。举个简单例子（有时也叫做"循环因果"）：思考一下人群中个体的行动结合在一起而发起向某个方向快速移动的方式，以及这种活动又吸收和影响那些还没有决定的个体的活动，并维持和强化集体运动方向的方式。这些现象能够帮助我们用集体变量的概念去理解，这些变量集中于更高阶特征，它们对解释某些现象至关重要，但不追踪简单构成部分的属性。相反，这些变量可能会追踪那些依赖不同组成部分互动的属性——如气体的温度和压力、慌乱人群的加速度，或加热液体中形成的对流卷的波幅。通过标记系统随时间变化的这些集体变量值，我们能理解那些更大系统中实际或可能行为的重要事实；而通过标记集体变量值和控制参数（比如温度梯度）之间关系，我们能理解这些较高阶模式在何种情况下会突现、何时某一较高阶模式会让位于另一个等等重要事实。

由此，"突现"这个难以捉摸术语的一个基本含义就近在眼前了。当有意义的、不由中央控制的行为作为系统中多个简单组成部分之间相互作用的结果而发生时，就会有突现。但我们也已经接触到了突现的第二个含义——主要植根于有机体-环境相互作用观点的含义，这种突现是前面章节中所描述的真实世界机器人技术中许多工作的特点，它可以用斯蒂尔斯（Steels 1994）所描述的一个简单例子阐明。斯蒂尔斯让我们想象一个机器人，它需要在两极中找到一个位置为自己充电，充电站的位置由光源指示。一个（非突现论的）解决方案就是为机器人装上传感器，以此测量自身相对应于两极的位置，并装一个子

6 突现与解释

程序来计算两极间的轨迹。另一种（突现论的）解决方案则依赖两个简单的行为系统，它们的环境互动能够产生一种副作用，即两极之间的定位。这两个行为系统就是：（1）对任何光源都形成之字形进路的一个趋光性系统，以及（2）使机器人在撞到某物时能够避让的一个障碍-躲避系统。这两个简单系统就位时，目标行为就会流畅而强健地突现。机器人受到灯光的吸引，曲折地向它行进。它接触到一极就会后退，但接着他又会受到光线吸引并再次尝试，而这一次是从一个新的角度。通过几次尝试，它发现它的行为系统处于平衡的唯一位置——靠近光源而又不会碰触到任何一极的一个位置。这种以极定向的行为被看作突现的，这是由于没有实际的组成部分对以极定中心（pole-centering）的轨迹进行计算——相反，趋光性、障碍躲避和局部环境结构（光源的位置）共同产生所需的结果。我们从而面对突现的第二个含义，这个含义打开了新思路，是异质组成部分的交互引起了功能上有价值的副作用的想法，并且强调行为系统和局部环境结构之间交互的概念。因此，突现的这两个含义与我对直接和间接的突现形式的区分（在 4.2 节中）基本相符。

现在让我们尝试更进一步，阐明结合各种案例的共同主题。简要来讲，是否有对突现特征之总体概念有一个足够准确和有用的说明？

有时候，突现的一般性概念被等同于不可预期的行为概念。（斯蒂尔斯对"副作用"的强调中也有这一痕迹，尽管他已经意识到其中的危险并试图避免。）这里的问题是：一件对某个人来

II 解释延展的心灵

说是不可预期的事情，可能恰恰是另一个人意料之中的，一个精明的工程师能够精确地设计出一个以极定中心的机器人，并利用其基本组成部分和世界之间的交互作为解决充电问题的办法。即便从一开始就可以预期到结果，这种解决方案本身仍具有突现的特有味道。由此我们需要的是一种独立于观察者的标准——或者，至少是不容易被个体期望的模糊性所左右的标准。

斯蒂尔斯还提到了一种更有希望的观点，将突现现象等同于那些需要用新词汇来描述的现象：这一词汇与我们用来描述组成部分自身能力及属性的词汇大不相同。斯蒂尔斯以温度和压力这样的化学属性为例，它们并不在对单个分子运动的描述中出现，但在对这些项目集合的行为描述中却需要。这一观点看上去有希望，但仍然不太能行。因为词汇转换也能刻画那些直观上来讲不是真正突现的案例。包含扩音器、调谐器和扬声器的高保真音响系统，它所展示的一些行为，最好用不适用于任何个体组成部分的词汇来描述，但这个系统看起来像老式成分解释法的最佳候选。[7]

对斯蒂尔斯（同上）所称（追踪简单、直接操作的行为或属性的）控制变量和（追踪从不同参数的交互中产生的行为或属性，从而倾向于抵制直接、简单操作的）非控制变量之间区别的归纳是对突现（对我们的目的来说，无论如何）更好的解释。考虑一下道格拉斯·霍夫施塔特（Douglas Hofstadter）对某一操作系统的叙述，一旦有约 35 名使用者在线，这个系统就开始"颠簸"。霍夫施塔特认为，在这种情况下，让系统程序员将"颠簸数"增加到比如 60 是错误的，因为 35 这个数字

6 突现与解释

不是一个可以由程序员直接操作的简单内部变量所决定的；相反，"那个数字 35 是从由操作系统的设计者和计算机硬件等所做出的许多战略性决定中动态突现的，它不是可供参数优化的小改动的。"（Hofstadter 1985，p. 642）举一个非控制变量的系统-内部版本的例子。在其他的情况中，改变变量可能需要调节大量内、外部（环境的）参数，因为变量值由这些参数的集体行为决定。由于这个原因，突现现象是指其根源涉及非控制变量（从广义上说）的任何现象，也因而是集体活动而非单一组成部分或专用控制系统的产物。由此理解，突现现象既不稀有也不惊人：但是，使目标行为作为非控制变量的功能而产生的策略，在人工智能中却不常用，并且当这些行为产生时，需要超越前面提到过的成分模型和互动模型的理解和解释。

还有最后两个例子能够帮助我们更好地理解突现概念。第一个例子来自雷斯尼克（Resnick 1994b），是让模拟白蚁收集木片并堆成堆的策略。一个解决方案是为白蚁编程，使其把木片搬到预先设定的位置。相对于这个方法，堆木片的行为就是一个控制变量，因为堆木片的行为受到直接控制并且完全"可通过小改动而参数优化的（twiddleable）"。但突现论的解决方案是通过两条简单规则和一个受限环境的联合效应间接产生行为。这两条规则是这样的："如果你没背任何东西，而你遇到另一块木片，那么，把它捡起来；如果你正背着一块木片，而遇到另一块木片，那么，将你正背着的那块木片放下。"（同上，p. 234）这种方法是否真的能起作用还不清楚，因为这两条规则看上去使木片堆的减少和增加一样容易！然而，在 20,000 次的迭

II 解释延展的心灵

代以后，2,000块散乱的木片被组织成了34堆！最终，堆砌行为战胜了卸垛行为，因为每当（碰巧）最后一块木片从开始的木片堆上移开时，那个位置实际上就被有效阻塞了；在这两条规则的引导下，不会产生新的木片堆。一段时间后，人工网格中的可能被堆上木片的位置数就减少了，迫使木片在剩下的位置上堆积了起来。正是这种"位置阻塞"非编程的、环境决定的特征使得堆砌行为战胜了卸垛行为。显然，在这个例子中，堆砌行为没有受到直接控制，而是从简单规则和受限环境之间的交互中突现。

第二个例子：哈勒姆和马尔科姆（Hallam and Malcolm, 1994）描述了让机器人沿着墙面行走的一个简单解决方案。为机器人培养向右转向的偏好，并在他的右边装一个传感器，这个传感器经接触即可激活，并使这个装置稍稍向左转一点。一旦这个机器人碰到右面的墙，它首先会移开（由于传感器），但很快又会转回来再次碰到墙（因为偏好的作用）。这种循环会一直重复，机器人实际上会通过反复跳开而沿着墙面走。实际上，蒂姆·史密瑟斯已有益地提出，在个人交流中，这种解决方案要求在"向右偏"和"左转弯"的度之间保持极其微妙的平衡。史密瑟斯还指出，这种运用"反向力来获得稳定常规的行为"的总体思路可以在早期的水钟技术（water-clock technology）中得见——突现计时的一个绝佳例子！需要注意的是，在任何情况中，前面提到的沿着墙走的行为是从机器人和环境的交互中突现的，它并非由为沿着墙走的目标编码的任何内部状态所推动。我们，作为外部理论学家，将沿着墙走的描述精心安排成对设备的整体嵌入行为的粉饰。在上述两个例子中，斯蒂尔斯对控制和非控制变量的区分看起来提供了我们所需的。我们还可以成功地将这一描述应用于以极定中心，以及，我认为是，其他任何间接突现的例子中。但是，对无法通过改变单一参数值来控制或操作的现象的强调，也无法包括那些直观上突现的现象，比如加热液体中对流卷的出现，因为对流卷受一个简单参数（温度梯度或者——移至近因——所施加的热）的控制，并且因此能够被有效"参数优化"（用霍夫施塔德的这个易记的短语）。事实上，正是因为引起运动的温度梯度以这样一种有力的方式控制着系统的集体行为，因此它被称作控制参数。

基于上述事例的这一重要划分，我认为突现可以更好地解释（对非控制变量观点的一种弱的概括）为：当一种现象最佳的理解是通过对集体变量变化值的关注，这种现象是突现的。这个定义涉及以下几个要点：

○ 集体变量是追踪系统中多元素间交互所产生的某一模式的变量（上文 6.2 节；Kelso 1995，pp. 7，8，44）。因此，所有的非控制变量都是集体变量。

○ 为了包容非直接突现的例子，我们将"系统"的相关概念延展到包括（有时候）外部环境的各方面，如以极定中心的机器人的例子中那样。

○ 根据所涉及的交互复杂性，我们现在可以对突现的不同程度进行辨别。多重的、非线性的[8]、时间上不同步的交互产生最强形式的突现；那些只展示与非常有限的反馈进行简单

II 解释延展的心灵

线性交互的系统，通常根本不需要根据集体变量和突现特征来理解。

○ 即便受到一些简单参数的控制，现象仍可能是突现的，只要参数的作用仅为了引导系统通过一系列状态，这些状态本身最好诉诸集体变量来描述。（例如，引导液体通过一系列状态的温度梯度由标记对流卷不同幅值的集体变量所描述——见 Kelso 1995，p. 8。）

○ 如此定义的突现相关于这样的概念，即什么变量在一个系统的行为的恰当解释中起作用。这是一个对观察者依赖弱的概念，因为它激发了一个好的理论解释的想法，并且因此同人类科学家的心灵建立起了某种关系。但至少，它不取决于个体对系统行为期望的变幻无常。

6.3 动力系统和突现解释

对于理解突现现象来说，哪种解释框架最有效？一种普遍存在的消极的直觉是，经典的成分解释至少在这些例子中往往运气不佳（Steels 1994；Maes 1994；Wheeler 1994）。这一失利有两个明显的原因。

一个原因取决于这样一个事实，即许多（并非所有的）突现的认知现象植根于遍及有机体及其环境的因素。在这些情况中（我们在上文中看到一些例子），我们理想地要求这样的一个解释框架，即（1）非常适合对有机体的和环境的参数建模，以及（2）在统一的词汇和框架下对它们建模，从而促进两者间复

6 突现与解释

杂交互的理解。显然，运用计算特征的、信息处理矮人理论的框架，乍看起来，并不是满足这些要求的理想工具。

第二个原因取决于组成部分的本质。当每一个组成部分，为一个系统展示某种目标特征的能力作出独特贡献时，成分分析法就是一个有力的工具。但是，有些系统在组成部分层面高度同质，并且大多数有意义的特征仅依赖于组成部分之间简单交互的总量效应。简单的联结主义网络就是一个例子（van Gelder 1991；Bechtel and Richardson 1992），其处理单元都有明显相似性，且有意义的能力主要可归因于这些组成部分的组织结构（通过加权的、密集的连接）。当一个系统高度非同质时，会发生更复杂的情况，但组成部分的作用在很大程度上是相互定义的——也就是说，组成部分 C 在某个时刻 t_1 所发挥的作用是由其他组成部分在 t_1 的作用所决定（也帮助决定）的，并且由于复杂的（且常常是非线性的——见注释 8）反馈以及链接其他子系统的前馈，甚至可能在某一时刻 t_2 会发挥不同的作用。因此，即便是内部非同质性和在线功能专用化也无法保证成分分析会构成最具启发性的描述。

维姆萨特（Wimsatt 1986）在对"聚合系统"（aggregate system）的出色描述中讨论了这些复杂性。成分解释最适用于聚合系统，我们将这样的系统定义为，即便同其他组成部分之间相互分离，这些部分仍然会表现出解释性的相关行为；并且在这样的系统中，一小部分子系统的特征能够被用来解释有意义的系统现象。[9] 随着部分之间交互性复杂度的增加，解释的重担愈发落在对部分的组织结构（而非单独的部分）上。在这

II 解释延展的心灵

样的时刻，我们不得不寻求新的解释框架。正如我们在下文中会发现的，高级的生物性认知有可能正是处于这种连续统一体的中间，这些系统具有独特的、专门功能的神经元组成部分，但组成部分之间复杂且常常是非线性的交互（反馈和前馈关系）可能才是对最直观的"心理学"现象重要的决定因素。在这些例子中，除传统的成分解释外，恰当的解释还需要另外一些东西。可另外一些是什么呢？

出于两个迫切的愿望（即我们适应有机体-环境之间的交互以及组成部分之间的复杂交互），我们很自然会考虑动力系统理论的框架（在前面第 5 章中简要介绍过）——为描述系统状态随着时间的演化而提供一系列工具的理论进路（Abraham and Shaw 1992）。在这样的描述中，理论者规定了其群体演化受到一组（通常是）微分方程控制的一组参数，这种解释的一个关键特征就是它们很容易就能跨越有机体和环境。在这样的例子中，变化的两个来源（有机体和环境）被看作耦合系统，其共同演化由具体的一套联锁方程描述。一个壁挂式钟摆放在第二个这类钟摆的环境设定中，其行为就提供了一个简单的例子。单个钟摆的行为可以用简单方程和理论概念（如，吸引子和极限环）[10]来描述，但令人惊讶的是，物理上接近的两个钟摆随着时间变化会变得同步摇摆。这种同步容许动力系统的简洁解释，即将两个钟摆看作一个耦合系统，其中每个钟摆的动力方程包含表征另外一个钟摆当前状态影响的术语，并且耦合是通过穿过墙面的震动实现的。[11]在当前语境中，最重要的是，动力系统理论还为我们提供了一种新的解释框架。这种解释框架

6 突现与解释

的核心观念是：通过分离和呈现一套变量（集体变量、控制参数以及诸如此类）来解释系统行为并描述其所支撑的现行和潜在模式，其中，这些变量是系统随时间推移而突现的独特模式的基础，而这些模式在吸引子、分支点、相位图等独特的、数学上精确的术语中呈现。（见 5.6 节。）

典型的动力系统解释与传统的、以组成部分为中心的理解在很多方面存在差异。初看起来，最令人困惑的不同就是动力系统理论似乎想通过描述行为来解释行为。然而（至少，是在直觉上），即便是提供丰富和详细的描述也远算不上是提供一种解释，充其量只是通过揭示引起某一行为的隐藏机制来减少我们的困惑。并且许多科学家和哲学家认为，某些物理系统（如大脑）依赖特定的组织原则，因而需要某种与那些曾经解释钟摆的协调或龙头的滴水很不一样的词汇和解释方法。动力系统理论通过运用同样的基本进路处理了许多表面上看很不一样的真实世界现象，这再次让我们感到惊喜。这也解释了为什么许多认知科学家，在接触了这种解释方式后，会失望地发现总体行为中模式的详细描述并且几乎没有经过"真正的机制"。如果你还在期待关注隐藏的内部事件的特殊解释，那你的确会感到惊喜，但认知动机的动力系统论者们认为，神经动力学和整体身体动力学都来自复杂系统中相同的深层的自组织基本原则。从这样一个视角出发来研究，就很自然地以相似的方式看待这两种类型的模式——正如凯尔索（Kelso 1928, p. 28）所说："基本观点在于外显行为和大脑行为，正确地说来，都遵循同样的原则。"[12]

II 解释延展的心灵

要想真正理解这里所讨论的解释,让我们一起看看凯尔索等所研究的真实案例(Kelso 1981),这个案例在《动力模式》的第 2 章中有很好的总结。这项研究关注的是有节奏的行为现象,特别是有节奏的手指运动的产生。试着将你的两个食指左右摇动,使它们能够按照同样的频率移动,你可能会发现这种行为的实现要么通过移动两个手指从而每只手的对等肌肉同时收缩,要么通过确保这些对等肌肉完全异相(当一块肌肉收缩时,另一块伸展)。同样的两种稳定策略也适用于描述汽车的雨刮行为:通常来说雨刮器做同相运动。但有一些模型可以用来展示那些令人不安的反相协调(anti-phase coordination)。重要区别在于,人类主体可以根据他们如何开始动作序列来适应模式之一,而且反相策略仅在振荡频率较低时才是稳定的。如果一个物体是以反相模式开始的,后来因为需要稳步增加振荡速度,那么,在某一个临界频率附近,就会发生突然的转变或相变。在自发模式转变的突出例子中,反相参数调整让位于相位参数调整。(这种自发改变还发生在当一匹马以一定速度从小跑转成慢跑时,这两种类型的运动涉及很不相同的肢体间协调策略——见 Kelso 1995,pp. 42-43。)

那么,我们要如何解释这种结果模式?凯尔索的方法是首先探究哪些变量和控制参数能够最好地描述行为。他发现,关键变量就是追踪手指间相位关系的那个变量。正如我们所知,这个变量对单个手指的各种振荡频率来说都是恒定的,但是当频率到达一个临界值时就会突然改变。这是一个集体变量,因为它不能为单一的组成部分(手指)定义,而只能为更大的系统定义。因此，运动的频率就是被划分为集体变量的相位关系的控制参数。从而这种分析的实质就在于，对如此描述的系统提供详细的数学描述——一组方程显示相对相位的可能时间演化空间，这些方程由控制参数所支配。这样一种描述有效地描述系统的状态空间，显示了空间中其他因素外，哪些区域作为吸引子（系统将从空间的其他某些位置趋向它的变量值）行动（见第5章）。黑肯等（Haken et al. 1985）只发现了这样一种描述，并且他们能够根据控制参数的不同值展现具体的协调模式。这种模型的重要特征，不仅包括它能够不假定集体动力学之上的任何"切换机制"描述观察到的相位转变，而且还能够复制系统细微干预的结果，如手指被迫暂时改变稳定的相位关系时该能力就会出现。黑肯等人所提出的模型也能够对一些特征，如确定从异相转换到同相所需要的时间，作出精细预测。[13]

现在，我们应该更清楚为什么这种动力学解释不仅仅对已观察到现象来说是好的描述了。它的益处还应归功于它能够阐明哲学家所称的反事实：不仅告诉我们系统中实际被观察到的行为，还告诉我们在其他不同的环境中它会如何行为。然而，这些解释仍然缺少传统解释方法所具有的一个重要特征，它们并不局限于组建它们所描述和解释的那些设备的详细方法。由此，它们与那种我们所熟知的模式很不相同，后者通过表明一种行为如何从我们所了解的各种组成部分的特征中产生，从而对行为做出解释。例如，传统的计算模型的一个优点就是能够将复杂的任务解构成越来越简单的序列，直到我们知道如何仅考虑逻辑门、存储板等基本资源就可以来执行它们。

II 解释延展的心灵

从积极的方面来看，动力系统解释及其集体变量和耦合行为装置，能够自然适用于跨越多个交互的组成部分，甚至整个施动者-环境系统。尽管标准的框架看起来适合描述施动者端处理中的计算和表征，然而动力系统的构念也很容易适用于环境特征（例如，水龙头滴水的节奏），就像其容易适用于内部信息处理事件一样。正是因为它具有这种描述更大的整合系统的强大能力，在解释突现的且常常涉及环境的行为时，比尔和加拉格尔（Beer and Gallagher 1992）以及惠勒（Wheeler 1994）等理论学家更偏爱动力系统理论，而不是经典的成分解释进路。目前研究的行为是那些相对基础的，诸如腿部运动（见上文第 5 章）以及视觉引导运动。但是很多理论学家的直觉是，大多数日常的生物智能源于有机体和特定任务环境之间的精密耦合，因而这种类型的解释可能会延伸到相对"低层次"现象的解释之外。实际上，波特和范·盖尔德（Port and van Gelder 1995）已经举过几个将动力系统理论应用于规划、做决定、语言生成和事件识别等高层次任务中的例子。

但是，很重要的一点是，这些动力系统解释中所追踪的系统参数，能够任意远离那些关于施动者真实的内部结构和处理的事实。范·盖尔德（1991）认为，追踪一个汽车引擎随时间变化的行为的动力系统解释可能需要确定一个参数，如温度，其不与任何内部组成部分或任何直接控制变量相符。范·盖尔德认为这是可能发生的，因为"在它的纯粹形式中，动力学解释没有提及正在解释的行为的实际机制结构。它告诉我们的是系统中的参数值是如何随时间而变，而非这一系统自身构成的

6 突现与解释

方式使这些参数以一种特定方式改变是什么意思。这关乎系统动力学拓扑结构的探索，但是这是一种与系统自身结构完全不同的结构。"（同上，p.500）

显然，还有中间选择。萨尔兹曼（Salzman 1995）对我们如何在言语生成中协调诸多肌肉提出了一种动力系统的解释，他认为这种协调性动力学必须通过抽象的信息术语具体说明，并且这种信息术语并不直接追踪生物机械结构或神经解剖学结构。相反，"这种抽象的动力学是通过表征不同收缩类型结构的坐标进行定义的，例如在生成 /b/、/p/ 或 /m/ 过程中双唇的收缩，还有生成 /d/、/t/ 或 /n/ 等过程中齿龈的收缩"（同上，p.274）。这些收缩类型是通过涉及例如唇孔和唇突等物理术语来定义的。但是动力系统解释是通过上文中所提到的更抽象的类型来定义的，只要能弄清动力系统分析中所引用的更为抽象的参数是如何与系统的物理结构和组成部分相连的，这就是一种中间案例。

这种中间分析很重要。我在后面会分析，如果没有上述不同的解释类型，认知科学将无法继续，因此，我们要保证各种解释在某种程度上相互关联并共享信息，这很关键。接下来，我将论证这种解释的自由主义，并表明解释关联的要求如何构成我们理论化的强大的额外约束。

6.4 属于数学家和工程师的

那么纯粹的动力系统类型的解释和分析到底多有力量呢？

II 解释延展的心灵

我认为（这种观点会在后面几章的阐述中变得更清晰）它为我们所需要的理解提供了至关重要的部分，但（至少在目前看来）不总能满足我们。要探明其中原因，我们首先要明晰我所说的纯粹动力系统类型的解释是什么意思。

在纯粹的动力系统解释中，理论家探求的只是独立出一些参数和集体变量等，他们最能表现系统随时间而展开的方式——包括（很重要地）它在全新的、尚未遇到的环境中的回应方式。因此，纯粹的动力系统理论家正在寻找一种数学或几何模型，对可观察现象进行有效解释。这是一种好的科学，也是一种解释的科学（不仅仅是描述）。而且，正如我们所知，这些进路的许多独特力量和引人之处在于它们确定集体变量的方式——这些变量的物理来源涉及多个系统（通常遍布大脑、身体和世界）之间的交互，但是这种独特的力量是有代价的：这些"纯粹"的模型并不直接面向工程师的兴趣；工程师想知道的是：如何建立能展示类大脑特征的系统，以及特别是，整体动力学如此精细地通过纯粹解释而呈现，它如何作为不同组成部分和子系统的微观动力学结果而出现？此人可能还会坚称，一个工作系统的完整理解肯定要求如上文所述的纯粹动力学解释。但他／她不会认为这些解释就足以说明系统如何工作，因为它们与为人所熟悉且容易理解的物理组成部分的能力的相关事实还相去甚远。相反，标准的计算性说明（联结主义或经典的）反倒更接近实际制造体现目标行为的设备的方法。这是因为，说明中的所有基本状态转换被限定为可以通过基本操作组合来复制的，这些操作通过逻辑门、联结主义处理单元等等来

6 突现与解释

执行。

从某种意义上说，纯粹动力学讨论完成的与其说是完整制定出来的计算解释，不如说是一种精细的任务分析。但这种任务分析既在反事实上是意味深长的（见6.3），同时又是潜在广泛的。说它应用广泛是因为它能够把问题空间的各方面"合拢在一起"，无论其是依赖外部环境还是依赖个体有机体特征。于是，有很多可以实现上述动力学的方法，其中的一些甚至会在身体、大脑和世界中对子任务进行不同划分。例如，身体脂肪对于婴儿A的作用可能是人工重量对婴儿B的作用，而复杂的计算之于生物C可能是弹性肌肉的柔性之于生物D的作用。因此，同一的总动力学就从非常不同的"分工"中突现出来。

那么问题就在于，掌握对纯粹动力学系统的准确描述，远谈不上提供了建造可呈现相关行为系统的方案。对这个问题的一种回应（我常常从动力系统理论的忠实拥护者那里听到这种回应）就是对标准本身的质疑。为什么我们要坚持认为真正的理解需要"知道如何建立一个系统"？爱斯特·西伦（个人沟通中）认为"通过这种标准，我们需要抛弃几乎所有的生物学"——更不用说经济学、天文学、地质学以及我们所不知道的什么学科。认知科学为什么要相信这种比几乎每一门科学的标准要求更高的解释标准呢？

尽管从表面上看似有理，但这种回应确实不得要领。这种关于可建造性的断言有点太表面化了。这里真正表明的不是事实上我们应该能够建立体现所需特征的系统（尽管值得赞扬的是，AI常常打算就这么做），而是我们应该理解更大规模的特征如何来源于各部分互动的一些事情。或许我们无法建造我们自己的火山，但我们的确理解地下力量如何合力创造火山。而且，我们可以为火山活动随时间推移而发生的起伏寻求有力解释，甚至我们可以通过独立控制参数、界定集体变量等方式来这样做。毫无疑问，对火山活动本质的完全理解，取决于对两种类型解释的不懈追求以及巧妙关联。那么在相关意义上，我们的确是知道如何建造火山、旋风、太阳系以及其他等等！我们在实际实施构建时的问题源自（规模、材料等的）实践困难，而非来自缺乏必要程度的理解。

因此，可建造性标准需要软化，来包容那些存在着其他问题的大量事例。典型的障碍，正如弗雷德·德雷斯克（Fred Dretske）在其题目贴切的一篇文章中[14]所说的，可能是："得不到原材料。你买不起。要么是你太笨拙或是不够强壮，要么是警察不让你这样做。"（Dretske 1994，p. 468）相反，德雷斯克认为，能够建造某样东西的事实并不保证你能真正理解它——我们都能组装成套工具却仍一无所知。因此，这里的核心（且我认为是正确的）观点在于，要真正理解一种复杂现象，我们至少必须了解它如何源自生物或物理特有部分的更基础的属性。我认为，终极的要求是我们不断探索，超越集体变量等层面的东西，从而理解集体动力学自身更深层的根源。

值得高兴的是，撇开偶尔的说辞不谈，大多数动力学进路的支持者都意识并回应了这一需要。西伦和史密斯（Thelen and Smith 1994）曾非常细致地描述了婴儿具身的、嵌入的行为，进而探讨了关于潜在神经元组织的动力学问题。正如他们自己所说，他们对婴儿不断变化的动力学图景（改变的吸引子）的描述使他们"完全不了解变化的吸引子稳定性的更为精确的机制"（同上，p. 129）。为了满足这种需求，他们在神经元组织层面的研究中诉诸一种动力系统进路。凯尔索（Kelso 1995，p.66）倒是更清晰，他强调我们需要那种最少涉及三个层面（任务或目标层面、集体变量层面，以及组成部分层面）的"三重图式"来提供完整的理解。重要的是，凯尔索还认为，哪些是组成部分或集体变量实际上部分取决于我们具体的解释兴趣。用他自己的例子来说，出于某些目的可以将非线性的振荡看作组成部分，然而非线性的振荡行为本身就是一种集体效应，由其他更基本部分间的交互而产生。

兰德尔·比尔为理解简单模型施动者的神经网络控制器运行，进行了循序渐进的细致尝试，强调需要理解单个神经元、耦合神经元组，以及与简单物体耦合的耦合神经元组的详细的动力学的重要性。简而言之，比尔试图寻找一种动力系统理解，这种理解一直深入下去，而且相对于它，一种关于更大、更复杂系统的特殊特征应该会变得更有意义。（见，例如，Beer 1995。）几乎所有这些理论家都已经认识到：认知科学的解释愿望超越了对具身的嵌入行为进行细致描述，甚至超越了依据集体变量对这些行为进行真正解释，尽管这些集体变量对理解整体可观察行为至关重要。最终将这些进路和更为传统的研究区分开来的是对这样一种观点的坚持（凯尔索等）或怀疑（比尔），即认为我们所熟悉的内部表征、信息处理以及（可能）计算，并不能为理解神经组织的遗留问题提供最佳的词汇或框

II 解释延展的心灵

架。相反，这些学者把赌注押在运用一种动力系统的词汇来描述和解释生物组织的所有层次。我认为（这个观点会在后面的章节中说清楚）我们不仅仅需要混合不同层次的分析（有点像凯尔索的"三重图式"），还需要混合解释工具，使得动力系统概念能够与不同子部分的表征、计算和信息处理作用的概念相结合。要更好地理解这种混合进路，我们还需要思考一个具体的例子。

6.5 决定、决定

成分解释和"接和扔"解释都适用于通过解释特定施动者侧组成部分的作用来解释适应性行为。但"接和扔"解释又很不一样，因为它清楚认识到对于我们关乎所需的内部信息处理组织，对环境机会的关注以及对实时行为的需求会产生巨大影响。而对突现现象进行解释的纯粹动力系统进路，看起来是引入一种全新的视角，这种视角关注整个系统参数的变化并且尤其适合对多重的施动者侧的参数和环境参数之间的复杂交互进行建模。如此描述，很显然这两种解释样式（信息处理、组成部分式的分析，以及全局动力学式的分析）我们都需要，并且需要它们巧妙地联系起来。但是，近来的一些著作中出现了更为霸道的另一种观点。它们认为，动力系统理论应该优先于信息处理分解和在表征中通行的内部组成部分的讨论。这种激进的观点只能通过采用一种过于贫乏的认知科学的目标才能得到支撑。

6 突现与解释

想想解释不同类型的局部损坏和混乱的系统效应这一目标。强调总体系统参数帮助我们理解在运行良好的有机体-环境系统中通用的动力学,而这可能常常使得我们很难理解各种内部系统是如何促成那种耦合的,以及这些系统的失败是如何影响整体行为的细节。然而,认知神经科学的一个重要部分恰恰就是要准确描述内部组织,对局部损坏后的故障模式进行解释(Farah 1990;Damasio and Damasio 1994)。一般来说这些解释是从模块／组成部分的视角和表征调用的视角出发的,这种理解对全局动力学较为笼统的理解做了有益补充。每一种解释类型都有助于我们理解一类特定的现象,并提供不同类型的归纳和预测。

例如,比斯米亚和汤森(Busemeyer and Townsend,1995)提出了一个方案,将动力系统理论应用于理解决策。他们提出的这个框架叫"决定领域理论"(Decision Field Theory),它描述了偏好状态随时间变化。他们描述的动力学方程标记各种粗略因素(例如不同选择的长期和短期的预计值)的相互作用,并预测和解释慎思过程中可能发生的选择之间的振荡。这些被解释为变化决策者当前对不同因素关注度的结果。这种解释充分体现并说明了一些有趣现象,包括对选择衡量的与售价衡量的偏好顺序之间显而易见的不一致性。[15] 因此,一整套的归纳、解释和预测都放弃了那些用于对已选参数和历时变量的改变进行建模的特定方程式。

但是,其他类型的解释和归纳却不能被归入这一描述层面。让我们来考查一下19世纪中期著名的菲尼亚斯·盖奇(Phineas

Gage）案。盖奇是一名铁路工程工头，因为一根铁夯穿过了他的脸、头骨和大脑而受伤严重。令人惊讶的是，盖奇活了下来，并重新获得了他所有的逻辑、空间和身体技能，他的记忆和智力没有受到影响，但是生活和性格却发生了巨大的变化。他不再值得信赖、关心他人，也无法履行他的任务和承诺，似乎他大脑的损伤造成了一种非常特殊但又非常奇怪的影响，就好像是他的"道德中心"被破坏了（Damasio et al. 1994）。更确切地说，他"在个人和社会事务中做出理性决定的能力"（同上）被有选择地破坏了，而他的智力和技能的其他部分却是完好无损的。

近年来，一批专门从事脑成像研究的神经科学家对盖奇的头盖骨进行了分析，并使用计算机辅助模拟确定了神经损伤的可能位置。把具体的神经结构确定为受伤位置后，达马西奥等（同上）能够开始理解盖奇的选择性障碍（及其他人的障碍——见 Damasio et al. 1990 中 E.V.R 的例子）。受到损伤的是双侧大脑额叶的腹内侧区域——在情感处理中看起来发挥主要作用的区域。这个发现使得达马西奥团队去考虑情绪反应对社会性决策所发挥的特殊作用。[16] 受到这些案例研究的一些启发，达马西奥夫妇还对选择性心理缺陷的解释提出了一个更具普遍性的框架，这就是下一章将会相当详细介绍的"辐合区假说"。我们会发现，这一假说既关注基本的大脑功能的区室化，又承认更大规模整合的环路作用，二者结合是它的一个显著特征。因此，要完整解释诸如盖奇和 E.V.R 的缺陷看起来也需要进行结合，既要定位熟悉的几类信息处理（将不同的任务分配给不同的知

6　突现与解释

觉和运动皮层区域），又要更大规模分析来关联由反馈和前馈的复杂连通网络联系起来的多个区域。

在我们把注意力更多集中在当代神经科学时（第7章）关于这一解释的细节会变得更清晰。为了当前目的，我们现在无需对任何这种提议的细节进行评估。我们只需要知道达马西奥等人的提议为的是这样一种类型的理解，它不出现在由决定领域理论提供的全局描述中，而决定领域理论也很明显并不是为了预测或阐明这些神经解剖学动机的研究所强调的决策过程中不可预期的选择性干扰。这不是对决定领域理论的指摘，它本身为我们提供了达马西奥理论无法提供的理解、预测和解释。因为决定领域理论可以任意将完好无损的、良好运作的整体系统的突现特征当作集体变量，并由此提供一种词汇与分析层次，很适合理解完好的、良好运作的施动者的时间演化行为之模式。而且，如果我们想理解整个系统及其环境之间的耦合，这些更为抽象的描述是最恰当不过的了。我们应该欣然承认，阐明这种耦合的描述时，全局突现的特征常常有重要作用。由于这两种解释是自然互补的，因此其实动力系统分析的一些拥趸无需夸大两者的不同。相反，我们仍需要对两种解释方案做出清晰的区分，因为它们各有其相关联的概括类别。一种方案旨在理解完好无损的施动者和环境相连的方式，并在这个过程中可能会调用抽象的、整体突现的参数。而另一种方案则是寻求对行为产生过程中不同的内部子系统所发挥的特定信息处理作用的理解，从而能够帮助我们理解另一种解释所未强调的整个类别的现象（比如局部损坏的效应）。

II 解释延展的心灵

的确，考虑上述这两种方案的一种自然方法就是将成分分析看作（部分地）提供关于更整体的、更抽象的动力系统解释的详细实施的解释。范·盖尔德（van Gelder 1991）对这种实施解释的价值表示怀疑，至少就复杂神经网络的理解而言；他认为（p. 502）成分（或者，如他所说"系统的"）解释在那些"结构的'部分'又多又相似，并且关键参数……根本不涉及系统的部分"的情况下并没有什么用处。这适用于理解单个的、相对同质的联结主义网络行为，但对大多数生物有机体大脑明显没用。我认为，更现实的想法可能是认同三种同样重要且相互联系的解释和描述：

（1）对环境中良好运作的有机体的总体行为的说明——可能会调用集体变量的一种说明，其成分根源遍及大脑、身体和世界。

（2）能够识别不同组成部分的说明，其集体属性以适合于（1）的解释为目标。这里的两个重要子任务就是识别相关神经的组成部分和解释这些部分之间是如何进行交互的。

（3）对（2）中所识别的（内部的和外部的）组成部分所发挥的不同信息处理作用的说明——将特定的计算作用和表征能力指定给不同的神经子系统的说明。

我认为关于具身的嵌入适应性，一种成功的令人满意的解释必须要包含全部这三个基础，而且每一种类型的解释对其他的解释有限制和要求。（2）中缺少微动力学实行细节（1），中就不可能有合法的集体变量，并且如果没有对（3）所提供的对不同组成部分作用在系统层面的整体评论，这一细节就无法被完全理解。看起来，要达到这个目的的最佳方法就是追求我前面讨论中的孤立的全部三种解释样式：成分分析，可以将广义的信息处理功能指定给神经结构；"接和扔"分析，用以追踪有机体向环境施加的行动以及由环境引起行动；还有突现主义分析，旨在描述那些极大地依赖集体变量和有机体-环境交互的那类适应性行为。

6.6 大脑反咬一口

看起来，要充分说明具身的、嵌入的以及充满突现的认知，就必须公平对待不同类型的数据。其中的一部分数据是关于随时间变化的系统总体行为，另一部分则是关于如局部、内部的损伤对系统产生的特定影响。要对这些同质的现象进行解释，理论家应当利用各种解释工具，从纵横交错的有机体和环境的分析，到对多种内部组成部分和复杂连接进行量化，再到分隔组成部分并对其基本作用提供功能性和表征性的评论。

突现特征将在以下两个层面参与解释活动。首先这些特征将会在内部突现：追踪这些特征的集体变量由变化的多个内部来源交互构成。第二这些特征将会在行为上突现：追踪这些特征的集体变量由完整的功能性有机体与局部环境交互构成。理解这两类突现特征是必要的，并且动力系统理论提供了在每个层面都对我们有帮助的工具。但这些多重解释尝试不是自发的。集体变量只有在真实的（神经的和环境的）变化来源中才

128 能产生。并且基本的成分专门化必须能被识别并被考虑进我们的理解和模型中，如果做不到就会导致彻底的解释失败——例如，当我们遇到由于局部大脑损伤而造成选择性障碍的那些数据时。下一章中，我们将通过更细致地考查最新的神经科学研究，开始充实这一大致框架。

7 神经科学的图景

7.1 大脑：何必麻烦？

认知科学家真的需要为生物性大脑花心思吗？对于一个随意的观察者来说，答案显而易见：当然需要——我们还能如何更加理解心灵呢？另外，这些随意的观察者是对的！更令人诧异的是，认知科学中有影响力的研究项目常常淡化或忽略神经科学研究对心理现象进行的模拟和解释。对这一疏忽的原因的一种常见说法是，（心理学目的的）物理装置的正确描述层次要与神经元结构和过程的描述区分开来，这一说法在符号人工智能的早期研究者间很常见。相反，人们认为需要某种更为抽象的描述层次，例如，根据一个计算系统中信息-处理的作用而进行的描述。[1] 对如何实际建构满足抽象计算解释的装置这一问题，神经元组织的细节曾被认为构成了具体的解决方案——但也是仅此而已。[2]

随着联结主义模型的出现（或重生），所有那些都开始改变。这些模型被有意地详细规定，这种方式缩短了计算解释和神经元实现广泛性质的距离。联结主义工作与真正的大脑理论之间的精细拟合常常没有人们希望的周密。但随着联结主义的日益成熟，要进一步填补这个鸿沟[3]的尝试越来越多，并且计算视角和神经科学视角的真正综合看来也注定会发生。

但联结主义者的研究也被推向另一个方向：就是本书一直强调的对具身的和环境嵌入的认知细节的关注。我认为，出现的这一重点不应淹没对发展神经上愈发可行的模式的尝试。实际上，这两种视角应该共同继续，我们的确应当将大脑看作一个复杂系统，只有在与身体和环境的结构和过程的关键背景相关时，其适应性特征才会突现。但是要全面理解这些延展过程，我们必须详细了解特定神经系统的作用以及它们之间复杂的交互。因此，对有机体-环境交互的关注不能被看作认知科学回避与生物性大脑交锋的另一个借口。

那么，真正的问题就不是"我们是否应该研究大脑？"，而是"我们要如何理解大脑？"哪些种类的神经科学模型最符合我们对具身行动和实时成功的强调？并且，如果这些模型存在，那么它们在多大程度上受到神经解剖学和认知神经科学数据和实验的支撑？我认为最有前途的一类神经科学模型应当具有以下三种主要特征：

（1）对多重的、部分的表征的运用

（2）对知觉和运动技能的主要强调

（3）对总体上神经经济的去中心化构想

在后面几节中，我将对这一广义的神经科学猜测中的一些例子进行描述和讨论，并指出其与具身的、嵌入的认知研究的一些连续性。

7.2 猴子的手指

下面来考虑一个听上去很简单的问题：猴子的大脑如何指挥猴子的手指？多年来，神经科学家都认同一种简单而又直观的解释，认为猴子大脑的一部分就是躯体位置图之所在：在这个区域中，空间集群的神经元群组专门控制单个手指。某一群组中的活动能够引起相应的手指移动。若要立即移动几根手指则需要若干个神经元群组的同时活动。这种关于猴子的大脑是如何控制它们的手指的观点，在大脑 M1 区域（运动区1）空间细分的"矮人"（homuncular）描绘中是经久不衰的，它描述了按照外内序排列的每个单个手指进行控制的不同的神经元群组。

这种模型是有效且直观的，并且为需要单个手指相互独立运动（例如在熟练的钢琴演奏中）的问题提供很好的解决方法。但是正如较新的研究显示，这并不是自然的解决方法。要理解这一点，请看一种简单矮人模型的预测。这个模型预测，涉及多个手指运动与只涉及单个手指的运动相比，需要激活更多、分布更广泛的神经元。另外，这个模型还预测大拇指的运动需要伴随比在 M1 手部区更外侧区域的活动，其他手指有序地跟着运动直到达到（对应小手指运动的）最内侧区域。这两种预测都没有被证实。华盛顿大学医学院的马克·席贝尔（Marc Schieber）和林登·希巴德（Lyndon Hibbard）发现，每个单个手指运动都伴随有遍布 M1 手部区的活动。而且，根据观察，

II 解释延展的心灵

相比更基本的整个手部的运动,精确运动需要更多的运动皮层活动,并且当一个目标手指必须单独活动时,一些运动-皮层神经元似乎被用来抑制其他手指的运动。

席贝尔(Schieber 1990,p. 444)建议我们将单独的手指运动看作复杂的情况,将"更多的基础协作,如那些用来打开和合上整只手的协作"看作是基本适应,从而对全部有所了解。这种适应有助于我们更好地理解某种以抓握树枝和摆动为基本需求的生物,而且这种全局性的判断与我们关于T的自然认知设计的进化论视角相符。基本的问题就是要创造敏捷的、流畅的和适应环境的行动。我们选择神经元编码策略来促进一系列特定的对时序要求严格的抓握行为。这种基本的、由历史决定的需求影响了包括独立的手指运动(如在弹奏钢琴时)在内的较新问题的解决方案。为实现这些更新的目标,席贝尔(同上)认为,"运动皮层可能会部分地将控制叠加在系统发生上更早的皮层下中枢,并会部分地直接叠加在……脊髓运动神经元,以便能够调节所有不同手指的运动"。进化就这样对整只手的协作进行小修小补,通过将神经元资源用于运动的抑制和产生,使得精确运动成为可能。

其中的寓意是:生物进化能够对内部的编码图式作出选择,尽管这些图式乍看起来有些奇怪和笨拙,但对满足基本需求、为最大限度地利用现有资源的组合问题,提供了极其优质的解决方案。更普遍地来讲,神经科学的文献中有大量有些出人意料的神经编码的例子。例如,研究发现老鼠后顶叶皮层的一些神经元会对(在放射状迷宫运行背景下)头部方位和局部地标或特征出现的特定组合作出最大化的反应（McNaughton and Nadel 1990, pp. 49-50），另外一些神经元会对老鼠所做的特定转弯运动作出最大化反应（在前面章节中有过描述的施动者导向的、以运动为中心的表征的另一个例子）。

席贝尔的模型还表明在自然认知中分布式内部表征的作用。这个论题在人工神经网络的近期研究中受到重视。[4] 分布式表征是一种内部编码，它的目标内容不是由某个单独资源（例如，单个神经元）携带的，也并不一定是由空间局部化的一组单位或神经元携带的。相反，它的内容（涉及例如单个手指的运动）由一种遍布大量神经元或单位的激活模式携带。分布式编码有不少优势和先机，例如，这种模式本身能够对重要的结构信息进行编码，这使模式中的细微变化能够反映出当前所表征的一些细小但有时却重要的不同，而且这使得我们能够运用重叠存储的方法，从而每个独立神经元都能够在对不同事物的编码中发挥作用（就好像数字2能够出现在许多不同的数值模式中："2、4、6""2、3、4""2、4、8"等）。当我们系统地使用这种重叠存储方法，以便在语义上相关的项能够通过重叠但不同一的模式得到表征时，概括（基于新的项和老的项的相似度，可以对新的项或事件进行非任意性编码）和适度退化（有限的物理破坏会少些麻烦，因为多重元素会参与每一大类项目或事件的编码，并且只要留出一些元素表现就还合乎情理）的更大优势就会接着出现。这些优势的详细论述另行说明（Clark 1989, 1993）；现在的重点是，正如M1运动区域[5]的例子所表明的，即便在我们可能已经直观地期待一种简单、空间局部化的编码策略的情况下，大脑可能还是运用非常复杂的、重叠的、空间分布式的表征图式。但是，自然之道就是运用空间上重叠的分布式编码来支配相关（却不相同的）类型的手指运动。因此，最终的图景就是：特定的皮质神经元在对几个手指肌肉的控制中发挥作用，并通过参与空间上广泛延展的活动模式来实现，它对应手指运动的不同类型和方向。

7.3 灵长类的视觉：从特征检测到调谐滤波器[6]

要想更了解当前的神经科学研究，我们需要简单探讨一下现在越来越被人们所了解的灵长类的视觉。我们已经知道，在仿生视觉的计算工作中，为将内部计算负荷最小化，节俭的习惯可能会在多大程度上依赖于廉价的线索和局部环境状态。但是，即便我们能够考虑到这一点，真正视觉机制的复杂性仍然令人惊愕。以下讨论基于一位研究灵长类视觉的主要研究者，华盛顿大学医学院的戴维·范·艾森（David Van Essen）近期的工作，我做了必要简化。[7]

神经解剖学的研究发现，多个解剖部分和通路在视觉处理过程中发挥着特殊作用。认知神经科学运用各种实验的和理论的工具，旨在区分参与的神经元和神经元集群不同的反应特征。从解剖学上说，猕猴具有至少 32 个视觉脑区和超过 300 条连接通路。主要的区域包括比如 V1 和 V2 的早期皮质处理位置、比如 V4 和 MT 的中介站，以及比如 IT（下颞叶皮层）和 PP（后顶叶皮层）（附图 1）的更高位置。连接通路倾向于向两个方向前进——例如从 V1 到 V2，然后再回过来。而且还有一些"侧向"连接——例如 V1 中的子区之间。

费里曼和范·艾森（Felleman and Van Essen，1991）将整个系统描述成由 10 个层面的皮质处理组成的。现在我们来讨论一下其中最重要的一些活动。在皮层下，系统从三个细胞群中接收输入，包括所谓的大细胞和小细胞群。一种后续的处理路径基本上与大细胞的输入相关，另一种与小细胞的输入相关。这种划分在每一个细胞群所"专攻"的不同类型低层次信息的观点中有意义，小（P）细胞具有高度空间的和低时间的分辨率；大（M）细胞具有高时间分辨率。因而，M 细胞使得对快速运动的知觉成为可能，而 P 细胞却支持（此外）对颜色的分辨。对 P 细胞有选择性的破坏会令猴子无法对颜色进行区分，但运动识别却未受损。

特别是在 MT 区域中，以大（细胞）为单位的处理流包括许多对刺激运动的方向很敏感的神经元群。当目标物体事实上向右移动的时候，对部分 MT 区域的电刺激会使猴子"感知到"左边运动（Salzman and Newsome 1994）。在处理等级的更高阶段（如 MSDT）中，有证据表明细胞对非常复杂的运动刺激具有敏感性，如螺旋运动模式（Graziano et al. 1994）。MD 流最终会与后顶叶皮层相连，它看起来是用空间信息进行控制，如决定对象在哪里以及策划眼睛的运动等高阶功能。

并且，事物是什么的问题（目标识别）是由一个不同的处理流来决定的：它特别来源于大细胞的输入，通过 V1、V4 和 PIT（后下颞叶区）继续，并通向中央和前面的下颞叶区，这种通路专攻形状和颜色。到了 V4 层面，有证据表明细胞对很复杂的形式如同心的、半径的、螺旋状的和双曲线的刺激具有敏感性（附图 2）。再高一个层次，在下颞叶皮层中的单个细胞最大程度地对复杂几何刺激（如脸和手），做出反应，但是（这点非常重要）这些最大化的反应并没有详尽说明一个细胞的信息-处理作用，尽管一个细胞可能会对（例如）一个螺旋形的模式做出最大化反应，但是同样一个细胞也会对很多其他模式做出一定程度的反应。通常一个细胞对整套刺激所进行的调谐是最有意味的，这种整体调谐使得一个细胞能够进入大量分布式编码模式中，并通过自身的激活和活动的程度提供信息。这种考虑使得范·艾森等人并不只是将细胞看作标记某一固定参数出现或缺失的简单特征检测器，而是能够随着若干个刺激维度进行调整的过滤器，从而激发频率的不同可以使一个细胞能够对多种不同类型的信息进行编码。[8] 另外，有力证据表明，在处理等级中处于中间和上层的细胞反应取决于注意力以及其他的变化参数（Motter 1994），并且即便是 V1 中细胞的反应特点也会受到局部环境影响的调节（Knierim and Van Essen 1992）。将神经元看作可调节、可修改的过滤器，为表述和理解这些复杂的描述提供了强有力的框架。这里所提出的基本想法与蒂姆·史密瑟斯（见上文第 5.5 节）所主张的设计观点也是一致的，其中他将非常简单的感觉系统本身看作调谐过滤器，而非简单的特征探测渠道。

由此，近年来对灵长类视觉的研究表明，研究者们已经愈发意识到生物性编码图式及其处理通路的复杂性和精密性。但增加这种对复杂性和交互式动力学的认识并不会导致灵长类视觉系统在分析上的不透明。相反，我们知道了系统是如何慢慢地分离、过滤以及发送信息，从而使得不同组成部分（例如，下颞叶皮层和后顶叶皮层）能够获得各种不同类型的信息，以及低层次和更高层次的视觉线索都能在需要时对行为进行引导。因此要完整地理解（比如）仿生视觉策略（回忆一下第1章的内容），不仅需要我们理解许多种复杂的内部动力，而且需要我们理解具身嵌入认知者如何运用这些资源来开发环境的特征以及利用局部有效线索来为适应性成功服务。

7.4 神经控制假说

近年来认知神经科学的一个重要进步就是愈发认识到神经控制结构所发挥的作用，我所指的神经控制结构就是以调节其他神经环路、结构或过程的活动为主要作用的所有神经环路、结构或过程——也就是说，作用是控制内部经济活动，而非追踪外部事态或直接控制身体活动的任何事项或过程。范·艾森等人（1994）曾提出过一个有用的类比，即现代工厂中的步骤分配，其中很多步骤并非用于产品的实际生产，而是用于材料的内部运输。同样，现在很多神经科学家认为，许多神经能力都是用于交流和处理信息的，按照这种说法，某些神经元群组的作用就是调节其他群组之间的活动流，从而促进某些注意效应、多模式回忆，等等。

按照这种方式，范·艾森等人（1994）假定神经机制是用来调节皮层区域之间的信息流的。他们认为，这种调节使我们能够（比如）引导视觉注意的内部窗口指向特定目标（例如，在视域的某个随机位置出现的字母表中的一个字母），或者向许多不同身体部分中的任意一部分发出相同的动作指令。每个例子中，为之产生一个独特信号的计算成本可能会过高。通过开发在不同位置都能被灵活"瞄准"的单一资源，则会实现大量的计算结余。艾森等人认为，这种灵活定向的关键是运用大脑周围动态发送信息的"控制神经元"集群。他们并没有让提出的设想只是停留在上述直观勾画的层面，而是开发了一个操作这种控制器的具体神经网络式模型，并将这种模型与许多已知的神经基质和机制关联起来。某些皮层的神经元（上述 7.3 节）高度依赖环境的反应，这种描述本身就能够通过运行传入信息的路径以及重新规划路径的机制得以解释。

另一种神经控制假说则是基于"可再入处理"观点（Edelman and Mountcastleo 1978; Edelman 1987）。众所周知，大脑包含许多通路，他们连接远距离皮层区域，并从较高的大脑区域带回到较低大脑区域。而可再入处理的想法是说，这些"侧向和下行"通路是用来在多重（通常是更低层次的）位置中控制和协调活动的，这些通路携带"可再入信号"，引发接受位置的激活。设想有两组神经元，每一组会回应不同类型的外部刺激（例如，从视觉到触觉），但两组神经元都会通过这种可再入通路相互相连，一段时间以后，这种反复通路会使一个位置中进行的活动与另一个位置的活动有效关联，这种相关能够对更高层次的特征进行编码，例如某特定种类物体所特有的材质

7 神经科学的图景

和颜色的组合。

让我们看看神经控制假说的最后一个例子,达马西奥夫妇(Damasio and Damasio 1994)为解释选择性心理缺陷制定整体框架所做的最新尝试。选择性缺陷产生,通常由于脑损伤或创伤,某一个体丧失了某些特定类型的认知能力而其他认知能力仍然健全。例如,有一位名叫博斯韦尔的患者,对关于一些特殊事物(例如,特定个体)和事件(例如,自传的特定情节、特殊的地方、特殊的物体)的知识提取受到选择性损坏(Damasio et al. 1989)。然而他对于一些更一般性的范畴性知识却未受损伤,他能够认出汽车、房子、人物等事项,在注意力或知觉方面,博斯韦尔也没有表现出任何缺陷,而且他获得和运用身体技能的能力也没有受到影响。

达马西奥夫妇(Damasio and Damasio 1994)对能够解释这种缺陷模式的框架进行了描述,他们所提出方案的关键特征在于大脑利用"辐合区"——"引导那些结合起来定义某一实体的解剖学上独立的区域同时被激活"的区域(同上,p.65)。因此,我们可以将辐合区定义为一个神经组群,其中的多重反馈和前馈环路是接通的,在这个区域中,许多远距离的皮质-丘脑反馈和前馈之间的连接在这里辐合。因此,辐合区的功能是使系统(通过将信号发送回早期处理中所涉及的多重皮质区)产生跨越广泛分离的神经群组的活动模式。达马西奥夫妇认为,当我们获得关于概念、实体和事件的知识的时候,我们正是利用这种较高层次的信号,来对讨论中内容所特有的广泛活动模式进行再创造。假设不同类别和类型的知识需要不同的共

II 解释延展的心灵

激活的复合体，它们由不同辐合区所组织，那么我们就能够知道局部的大脑损伤是如何有选择地破坏不同类型知识的提取。但是，要对特殊和非特殊事件知识的区分作出解释，我们需要额外引入辐合区层级的概念。请大家回忆一下达马西奥夫妇所设想的辐合区，能够同时向后（对早期的皮层表征进行再激活）和向前（对更高层次的辐合区）进行投射。通过利用辐合区层级中与之前连接的反馈联结，更高层次的区域能够低成本地促进广泛的较低层次的活动。由此，其基本假设如下：

……知识在何种层次中被提取（例如，上级的、基本对象、下级的）取决于对多重区域激活的范围。反过来，这又取决于被激活的辐合区的层次。低层次辐合区与和实体分类相关的信号相结合……较高层次的辐合区与和更复杂的组合相关的信号相结合……能将实体与事件相结合的辐合区……位于层次流的顶端，在颞区和额区的最前端区域。（同上，p.73）

这里的观点就是，对特殊实体和事件的知识进行提取，比非特殊实体和事件知识需要更多基本位点的联合激活（前者包含了后者，但反之则不亦然）。同样，关于概念的知识会需要若干不同区域的联合激活，而关于简单特征（如，颜色）的知识则可能局限于一个区域。假设，一个的辐合区的层级在神经空间中延伸，这就能够解释为什么早期视觉皮层的损伤会对关于简单特征（如，颜色）的知识造成选择性破坏，而中间皮层的

7 神经科学的图景

损伤却对非特殊实体和事件的知识造成影响，前额皮层的损伤会破坏关于特殊个体和事件的反应。

按照这种说法，独立但相互重叠的神经系统帮助我们获得了不同类型的知识。确定一类知识所需要的信息联合越复杂，就越需要这种协调性的活动。反过来，这也影响了辐合区层级中相对更高的位置，它对应颞区皮层中更前的位点。达马西奥夫妇强调，他们并不是将受损区域描述成不同类别知识的物理位置，而是说受损区域是能够促进若干个相距甚远区域的联合激活的控制区，它们是典型的早期知觉和运动皮层，能够通过可再入信号，重新创建它们对某些外部刺激的专有响应。综上，达马西奥夫妇论述道：

> 我们所认同的（图景）隐含了对一个正常大脑进行相应功能性的划分。在早期的知觉皮层和运动皮层中一大组的系统能够成为"知觉"和"行动"知识的基础……更高级皮层中的另外一组系统能够协调前面的时间锁定的活动，即能够促进和建立独立区域之间的时间对应。（同上，p. 70）

按照这种说法，几种类型的知觉和运动信息及不同层次的辐合区调节控制都有局部神经区域，但是，较高层次的能力（如，抓的各种概念）却被描述成建立在多个辐合区的活动所调节的多重基本区域（知觉和运动皮层）之上的活动。因此，对

II 解释延展的心灵

诸如概念占有等现象进行解释的大多数解释工具，都需要超过第6章中所介绍的简单的成分分析的资源。我们需要一些模型，特别适合揭示这样一些现象背后的原理的模型，它们由多重反馈和前馈通路相连的多重组成部分的复杂的、暂时时间锁定下的以及协同演化的活动中突现出来。传统的成分分析在这些案例中进展并不顺利，因此这为辐合区假说具体应用的动力系统解释留下了空间。同时，理论的解释力显然与先前分解为（实施可辨认的认知任务的）基本处理区域以及一套明确界定的辐合区有联系，其不同的切换活动同样也映射到不同类型的知识检索中。只有通过这种分解和功能性解释，模型才能够对局部脑损伤对特殊实体和事件的知识检索所产生的选择性影响进行预测和解释。在这种情况下，基于成分的分析的出现变得非常重要，作为缩小需要解释的现象（也就是影响特定种类知识的缺陷）与我们所创建的模型之间差距的一种方法。如果不谈早期知觉皮层的认知功能的，不谈专门用于对认知活动的特定复合体进行再创造的更高层次的皮层结构，我们将无法理解为什么组成部分之间相互作用的详细动力学的附加描述事实上能够对心理现象进行解释。

最后，请注意，神经控制假说并没有将大脑描述成一个中心化的消息传递设备，因为想象某一内部控制系统可以利用不同子系统中被编码的所有信息，和想象能够打开和关闭连接不同子系统之间通道的一个系统之间有重要差别。[9] 上文描述的神经控制假说所需要的全部是后者，即通道控制的能力，因此它们与传统的"中枢执行"系统的传统观点很不相同。达马西

7 神经科学的图景

奥夫妇提出的"较高层次的中心"并不充当由较低层次中介文件传输来的知识存储室。相反,它们"仅仅是最远辐合点,从那里可以触发发散的逆向激活"(Damasio and Damasio 1994, p.70)。我认为,很多对信息处理进路的反对意见更适合被看作反对那种丰富的"消息传递"的心灵观(如,见 Brooks 1991)。由此,梅斯(Maes 1994, p.141)认为关于适应性自治施动者的研究并没有运用那种"依赖'中央表征'作为接口手段"的经典模块,相反,这些研究者提出的模块,是通过非常简单的信息接口,其内容极少超出激活、阻止和抑制的信号。因此,模块无需共享任何表征格式——每一种形式可能会以很专门的和任务特定的方式来对信息进行编码(同上,p.142)。这种去中心化的控制和多种表征格式的观点,既在生物学上是现实的,也在计算上是有吸引力的。但也正如我们所见,在一定程度上,它与内部模块某种程度的分解,以及对(部分)解释的信息处理类型的运用是完全相容的。

因此,神经控制假说实际上很好地融合了激进主义和传统主义。说它们是激进的,因为它们为较高层次的认知提供了一种去中心化的、非消息传递的模型,因为它们常常认为更高层次的认知是从多元的、更基本类型的知觉运动处理区域的时间锁定的活动中产生的,并且因为它们识别了神经处理的复杂的、循环动力学。

但是,它们也保留了较传统进路的要素,例如对信息处理类型的、组成部分基础的分解的运用,在这一分解中,不同的神经组成部分和特定的内容承载作用相联系。

7.5　提炼表征

即便是这一简短而粗略的样本也表明：当代神经科学体现了激进和传统的有趣融合。它保留了神经计算对成分的和基于信息分析的传统的强调，但是在对系统性理解得更广阔语境内进行的，这种系统性理解既是越来越去中心化的，同时关注复杂的循环动力学作用。内部表征的概念仍然起到关键作用，但是这些表征的概念却经历着一些基础性的改变。首先因为被内部表征的是什么的问题再次开启，它不仅是对特定神经组群反应属性进行"自下而上"研究的结果（例如，席贝尔关于猴子运动皮层表征的研究），而且是对有机体在其自然环境中生态嵌入的重要性日益关注的结果（例如前面报告过的仿生视觉的研究）。其次是因为事物如何被内部表征的问题由于以下两个因素改变：对分布式表征的联结主义研究，以及对单个神经元最宜被看作随多重刺激维度而调谐的过滤器的承认。这种对去中心化、循环、生态敏感性和分散的多维度表征的结合，构成了与传统中单一的、符号的内部编码（或《思维的语言》(*Language of Thought*)——见 Fodor 1975 和 Fodor 1986）非常、非常不同的表征大脑的观点。这使得表征主义和计算主义去除了所有的累赘，并合理改进，从而对前面章节所强调的对更大的有机体-环境动力学的研究进行补充。为了完成这个整合和调节的任务，接下来我们需要更仔细地考查计算和表征这两个基础概念本身。

8　存在、计算、表征

8.1　百分之九十的（人工）生命？

按照伍迪·艾伦（Woody Allen）的说法，百分之九十的生命就是在此；我们也已经讨论过解释我们适应性成功的很多方法，具身性和环境位置的事实在其中发挥实质性作用。但前面两章也给了我们一些重要警告。特别是，我们不应该操之过急地拒斥这种更为传统的计算和表征的解释工具。心灵可能从本质上说是具身的和嵌入的，且仍然主要依赖于进行计算和表征的大脑。但要坚持这种普遍性的观点，我们则需要具体讨论关于计算和表征的直接挑战（它们具有与新框架相兼容的重要定义吗？）以及系统中实际应用这些概念的所涉及问题，这些系统显示了突现属性对复杂的、连续的、相互的因果关系过程的依赖。[1]

II 解释延展的心灵

8.2 这个叫"表征"的东西到底是什么?

认知科学家常常会把大脑和计算机模型都说成是容纳了"内部表征",这种基本观点甚至为相反阵营的联结主义和经典人工智能提供了共同基础。[2] 联结主义者和经典论者的不同仅涉及内部表征系统的具体本质,而非它的存在。经典论者相信"大量符号的"内部经济,其中心理内容被标记为能够被某种内部中央处理单元读取、复制和移动的符号串;联结主义者则笃信一种更为隐性的内部表征:用复杂的数值向量以及模式识别和模式转换的基本运行来替代大量可操作的符号串。

尽管如此,显性的、大块符号表征和分布式的向量联结主义表征都被看作内部表征的一种。有学者认为,每当系统遇到某种直观需求时,这一包罗万象的种类就出现了。豪奇兰德(Haugeland 1991)对此的剖析是通过将系统描述成如下(内部)表征作为备用:

(1)它必须将它的行为与并不总是"可靠地呈现给系统"的环境特征相协调。

(2)它通过使其他东西(代替从环境中直接接收的信号)来"替代",并代替它引导行为,从而应对这些情况。

(3)这种"其他东西"是更一般性的表征方案的一部分,这种方案使得这种替代能够系统地发生,并考虑各种相关的表征状态(见 Haugeland 1991, p.62)。

第一点排除了那些完全不存在"替代物"以及环境特征

(通过某种"可觉察的信号")而直接对行为进行控制的情况。因此,"那些叶子追踪太阳移动的植物并不需要表征太阳或其位置,因为太阳本身就可以直接引导这种追踪"(同上,p. 62)。第二点将所有"替代"相关环境特征的事物都看作表征。但是第三点却将这个类别缩小到只包括那些在更大的替代方案中起作用的替代物,因而排除(例如)胃液作为对未来食物的完全表征(同上)。这些条件都找对了方向,但我认为,这种解耦性(在环境特征缺失时使用内部状态引导行为的能力)的作用多少有些夸张了。

想想老鼠后顶叶皮层的神经元群组,这些神经元承载着动物头部的朝向(左、右和前方)信息,它们通过使用一种编码方案来达到这个目的,这种方案在豪奇兰德第三个条件所要求的意义上是"一般性的"。至少在我看来,这种一般性表征方案的概念是很自由的,且并不要求在其中词项才得以自由并列和串联的传统组合句法的出现。它仅需要我们能够处理某种编码系统,而这可能会有很多变体。例如,如果一个系统中以类似方式处理的项目,可以由在某一适合的高维度状态空间中贴近的编码(例如在神经元群组或人工神经元网络中的激活模式)表征,那就足够了。[3] 实际上,这种表征方案具有前面提到的很多联结主义研究的特征,并且至少也描述了在生物性大脑中发现的一些编码系统的特征,老鼠的后顶叶神经元群组就是一个很好的例子。但是,目前为止我们并不认为在没有来自老鼠身体持续的本体感受信号流的情况下,这些神经元也能够发挥作用。如果这种"解耦"是不可能的,那么我们就遇到了一个

II　解释延展的心灵

案例，很好地满足了豪奇兰德第三个条件（存在某种系统性编码方案）却不满足他的另两个条件（编码方案在输入信号缺失时无法替代）。我们要如何解释这种情况？[4]

很明显通过将神经元群组的状态注解成特定头位的编码，我们可以获得有益的解释手段。例如，当我们发现其他神经元群（如运动控制群）使用在目标群组中被编码的信息时，这些注解帮助我们理解系统中的信息流。只是如果严格应用豪奇兰德的标准，我们可能会不考虑将任何这样的（不可解耦的内部状态的）内部系统描述成真正表征性的。就这种表征性注解所提供的非常真实的解释手段而言，这似乎没有什么说服力，而且也与标准的神经科学用法不合拍。

因此，豪奇兰德的标准似乎约束性太强。但找到限制内部表征这一概念的适用范围的方法很重要。我们当然有必要把一些情况排除在外，比如仅有因果联系的情况和环境控制过于简单的情况。在一个系统中呈现某种复杂的内部状态并不足以证明这个系统可以描述成表征性的。正如比尔（Beer 1995a）等人所指出，所有的系统（包括化学分馏塔）都有复杂的内部状态，而且没有人会忍不住将它们看作是表征性的设备，就算某一内部状态和某一身体或环境参数之间存在可靠的甚至是非随机的联系，也不足以建立表征状态。仅仅是有联系的事实并不如联系的本质和复杂性重要，也不如另一事实重要，那就是系统为了特定语义内容而以某种方式耗费[5]或使用所有这些相关性。因此，系统运用相关性的方式表明，内部状态的系统具有承载特定类型信息的功能，这点很重要。

8 存在、计算、表征

潮汐和月亮的位置之间有着微妙的相关性；但是一个并不表征另一个，因为我们认为，（比如）潮汐以承载关于月亮位置信息为目的而被选择、被设计或变化是不合理的。而老鼠的后顶叶皮层中的神经元群组应该（作为习得、进化等等诸如此类的结果——见 Millikan 1984 和 Dretske 1988）承载关于动物头部朝向的信息却貌似合理，并且当我们知道老鼠的其他神经系统消耗这一信息以帮助老鼠走出放射状迷宫时，就进一步支持了这种假设。[6]

因此，内部状态要作为表征，这一情况相对于其详细本质（例如，在一种内部语言或图像或完全不同的事物中，它是否像一个词）来说，更多地取决于其在系统中所发挥的作用。它可能是一种静态结构抑或是在时间上延展的过程；可能是局部的抑或是高度分散的；可能是非常精确的抑或是严重不准确的。关键在于它应该承载某个类型的信息，并且相对于其他内部系统以及行为的产生，它的作用就是准确地承载这种信息。米勒和弗雷德（Miller and Freyd）精细论证了这种观点，他们补充道："表征主义的优势在于基本的标准概念，比如内部的表征应该如何准确记录重要的外部状态和过程"，并且"其弱点……是由过于狭隘的假说造成的，例如何种东西能够作为表征发挥作用、何种东西值得被表征"（1993，p.13）。（以精确配准的不必要强调为模）我当然同意。

记住所有这些要点，如果一个处理解释将可识别内部状态（局部的或分散的）或过程（这种状态的时间序列）的整个系统描述成具有承载关于外部事态状况或身体的特定类型信息的功

II 解释延展的心灵

能，我们就可以称之为表征主义的。表征主义理论由此向一个可能性连续体的上游倾斜，这一连续体的非表征主义下界包括纯粹的因果联系和可能被称为"适应性连接"的非常简单的情况。适应性连接不仅仅是因果联系，因为它要求系统的内部状态应该要（通过进化、设计或学习）将自己的行为与具体环境可能性相协调，但是当这种适应性连接十分简单时（例如，在一个向日葵，或者是一个寻光型机器人中），我们将内部状态看作表征则收获寥寥。但我认为，当我们遇到的内部状态与环境可能性的整体空间呈现出某种系统性协调时，表征话题就取得了一席之地。在这些情况下，将内部状态看作某种编码就有启发意义了，因为这种编码能够表达各种可能性，并能够被需要知晓被追踪特性的其他内部系统有效"读取"。因此，随着其复杂性和系统性的增加，适应性连接逐步引入真正的内部表征。但是在这个连续体的远端，我们发现豪奇兰德式的造物，他们能够在其目标环境特征完全缺失情况下利用内部编码，这些造物是他们所处世界的最显著表征者，并且能够进行复杂的想象、离线的思考以及反事实的推理。需要这些能力作为解决方案的问题是迫切需要表征的，因为它们看起来极其需要用内部系统的特征来替代外部事态。但是，这些造物必须运用内部表征来解决这些问题却不是早已确定的。内部表征的认知科学概念给它带来了进一步的承诺：通过将可识别的内部子状态或过程看作特定内容的承载物，以及通过对它们所参与的更一般性的编码方案进行译解，我们将会获得解释手段。假如这种方案会被阻止（例如，假如我们发现这种存在，能够思考远端和

8 存在、计算、表征

非存在的东西,其推理和思考能力不需要我们努力地将表征性解释归于特定的内部发生),那么我们就要面对那些没有在内部表征中交流的表征性施动者了!

由此,我们所面临的问题是:对特定内部发生的表征性注解,如果有的话,在解释一门成熟的认知学科中会发挥什么作用?对于这个问题有各种各样的回答,其中就包括:

(1)这些注解在解释上并不重要,而是起到了一种启发性作用。

(2)这些注解是极具误导性的。将特定的内部状态或过程与承载内容的作用相关联,从理论上说就是误导。

(3)这些注解是解释工具本身的一部分,并且它们反映了关于各种状态和过程所发挥作用的重要真相。

动力系统理论和自治的施动者研究的一些(尽管绝不是全部)支持者开始逐步转向最令人怀疑的选项,即转向对信息处理观点的彻底拒斥,这一观点把特定的内部状态或过程等同于发挥特定承载内容的作用。他们想要支持的激进论点可以如此概括:

激进的具身认知论点 结构化的、符号的、表征的和计算的认知观点是错误的。具身认知应当通过非计算的和非表征的观点和解释方案(包括如动力系统理论的工具)进行研究。

近来,在发展心理学(上文第 2 章;Thelen and Smith 1994; Thelen 1995)的研究中,在真实世界机器人技术和自治施动

II 解释延展的心灵

者理论（上文第 1 章，Smithers 1994; Brooks 1991）的研究中，在哲学和认知科学研究中（Maturana and Varela 1987; Varela et al. 1991; Wheeler 1994），以及在一些神经科学的研究进路中（Skarda and Freeman 1987）都可以看到这种论点的各种版本。关于计算和内部表征的更慎重却趋向怀疑论色彩的更多讨论包括 Beer and Gallagher 1992，Beer 1995b，Van Gelder 1995 以及 Port and Van Gelder 1995 的研究。这种怀疑论的历史先例也随处可见，尤见 Heidegger 1927，Merleau-Ponty 1942，以及 J. J. 吉布森[7]（J. J. Gibson）和生态心理学家的研究。

因此，这种激进的具身认知的论点看上去是真知灼见，[8]它包括对那种使用内部表征解释的拒斥、对心理学中计算解释的拒斥，以及我们抛弃这些旧的工具而支持动力系统理论中那些新工具会更明智的建议。

我认为，这种激进主义既无法得到辩护也达不到预期目的。当发展要求合作的时候，它却主张竞争。至少，在大多数情况下，对身体和世界作用所显现的重视可以看作与搜索计算和表征的理解互补。在后面几个部分中，我会对表征和计算怀疑主义的各种可能性动机进行讨论，而且我将表明，笼统地说，这种激进的结论是无法得到辩护的——要么是因为所关注的现象一开始就不够"急需表征"，要么是因为这种怀疑的结论建立在对关键词"表征"和"计算"过于狭隘和限制性的解读之上。

8 存在、计算、表征

8.3 行动导向的表征

有一点变得越来越清晰。从某种程度上说，生物性大脑的确是对被有益描述为"内部表征"的东西所处理，这些表征的很大一部分是局部和行动导向的，而不是客观和独立于行动的。在计算上廉价的、局部有效的"个性化"表征，与更接近于表示公共的、客观实在要素的经典符号的内容的结构之间形成了一个对比。回忆一下第1章中讨论过的动物仿生研究，这里同时运用计算和表征性描述的承诺保持不变，但重新设想了计算和表征的本质，从而在形成和简化所要解决的信息处理问题的时候，能够反映（比如）真实身体运动（包括成凹）所发挥的深远作用。这里寻求的策略越来越依赖于巴拉德（Ballard 1991）所说的"个性化的表征"，即用特质的、局部有效的特征的表征来引导行为。例如，你可能很大程度上会根据你咖啡杯的特定颜色来引导你对你咖啡杯的视觉搜索，并且你可能（按照视觉仿生理论）运用内容是（例如）我的咖啡杯是黄色的内部表征，这一描述仅是局部有效的（它无法推而广之帮助你找到其他咖啡杯）并且很大程度上是以施动者为中心的。但是，另一方面，它也包含了那种在计算上很容易被发现的特征——即使在低分辨率的视域外围，颜色也能够被发现。

巴拉德指出，经典的系统容易忽略这种局部有效的特征，因为对象的同一性（其作为一只咖啡杯）并不取决于例如，它的颜色。这些系统反而关注搜索较少偶然性特征，并由此调用

II 解释延展的心灵

其内容反映更深层次的、更独立于施动者的属性（如，形状和容量）的内部表征状态的识别程序，但是，这种关注在我们实际上在线运用来引导我们的实时搜索的知识模型中可能是不恰当的 [9] 知识模式。特别是，这种传统关注忽略了一个普遍倾向：人类施动者能够以降低后续计算量的方式积极建构他们所处的环境。因此，我们可以假设我们中的一些人之所以使用颜色鲜艳的马克杯，部分是因为这使我们能够运用简单、个性化的表征来引导我们对杯子的搜索和识别。这样做可以使我们在环境中加入结构，其方式是用来简化后续的问题解决行为，这非常像某些社会性昆虫使用化学标记物将容易使用的结构加入其局部环境中，从而使到达食物的路径用最小的计算努力即可搜索到。巴拉德很快指出，商业部门对这种"非本质性"建构力量（近乎敬畏地）大加赞赏——柯达胶卷用黄色的包装盒；生态无害产品的外包装总是浅绿色的；某品牌的玉米片是用红纸盒装着的。这些编码中的许多东西不能推广到一个连锁超市或一个品牌之外，但它们的使用令消费者简化了对产品的搜索和识别，从而使得生产商收到实实在在的经济利益。

作为日常在线视觉搜索和识别的基础，计算的动物仿生式解释可能会因此无法调用描述对象类型（人际有效的）关键特征的内部表征。尽管如此，这些解释仍需要调用存储数据库，数据库中特定类型的、局部有效特征与目标项相连。而且，本书第 7 章已经表明，要对视觉处理进行完整的解释还需要包含对（例如）形状、颜色和运动探测的一般机制的描述。而且，我们知道，这些描述通常会将具体的神经路径和位置与具体信

8 存在、计算、表征

息类型的处理和编码关联起来。

此刻,还有很重要的一点需要澄清,动物仿生研究在计算和表征上的承诺并不需要我们接受大脑作为传统的规则和符号系统的形象。联结主义进路(本书第 3 章)提供了可能有其他框架存在的清晰证据,这些框架既是计算的又(常常)是表征的。还有,第 7 章中所搜索的神经科学解释完全不同于那种中央的、符号运算的内部经济的传统观点。我们目睹了在辐合区假说中,较高级的表征功能被描述成本质上是从更基本的、低层次处理区时间锁定的共激活作用中突现出来的;或者是在对灵长类视觉的讨论中,将自然编码方案中的环境敏感性、复杂性、成熟性以及随同的神经元图像,看作是与多个刺激维度相协调的过滤器;或者是在关于猴子手指控制的新模式中那些高度分散的和以基本行动为导向的内部表征(即将整只手协同作用表征为 M1 手部区域中编码的基本主题)形式的作用。在所有这些案例中,我们所面对的神经科学观点是表征的(因为它意识到将具体内容承载的作用分配给内部组成部分和过程的需要),并且体现了对自然利用其内部资源通常是复杂和非直观的方法所表现出来的值得称赞的宽容。

前面几章详细介绍过一个相关的比较,是关于与其说是个性化的或部分的,不如说是行动导向的表征的使用。这些内部状态同时为世界是怎样的编码,并明确规定恰当的行动类型(正如 2.6 节中所描述的那样)。内部对应就是一个恰当的例子,它已经明确规定了需要与不同位置(2.6 节)相连的运动活动。

再举一个例子,请简单回忆一下在第五章中丘奇兰德

II 解释延展的心灵

（Churchland 1989）以及胡克等人（Hooker et al. 1992）描述过的机器螃蟹。这个螃蟹运用两个变形的地形图之间的点对点关联，在简单知觉输入的基础上直接指定抓取行为。在这个例子中，早期的视觉编码自身变形或偏斜以降低使用这一信息来规定抓取所需计算的复杂性。这里也用到了以行动为中心的（或"指示的"——见 Agre 1988）内部表征，其中系统并不是一开始就创建了完整的、客观的世界模型，而后解释造成困难的过程，（比如）将这种模型作为输入并生成食物寻找行动作为输出；相反，这一系统的早期编码已经朝着生成适当行动而调整了。这种对行动导向的偏好可以说至少与吉布森所意指的有关，他在修辞欠妥的有机体话题中，根据世界对行动的功能可见性，将有机体说成对世界的"直接感知"。[10] 看起来知觉概念化不应当（或者，至少是不应当总是）与造物所要执行的行动类型的考虑相分离。

因此，行动导向的表征有利也有弊。正如我们所知，它的优势包括能够使正常生态环境中对恰当行动的指导在计算成本上更低。同样它的缺点也是显而易见的。如果一个生物需要运用同样的信息实体来驱动多个或开放式活动，那么利用一种更加行动中立的编码而输入之后各种更具体的计算程序通常更简洁。例如，如果关于一个对象位置的知识要用于许多不同用途，那么最有效的办法可能就是生成一个单一的、行动独立的内在对映，它可以由多重、有更特殊用途的程序所访问。

但是，我们有理由假设那种更行动导向类型的内部表征至少是在进化和发展方面是最基本的类型。[11] 而且，我们大量高效、流畅的日常问题解决和行动甚至可能都有赖于此。但是就当前目的而言,即便这是真的,也远不足以使彻底的具身认知论题成立,因为通过对行动基础的分析中所蕴含的个人的或以自我为中心空间的具体特征的理解,我们仍然能够获得相当可观的解释力量。因此,对行动导向的表征特定内容的理解发挥了通常的解释性作用,它揭示了某些内部状态或过程的适应性功能,并促进了越来越大的信息处理网的建立。

8.4 程序、力和部分程序

下面思考一下西伦和史密斯的主张,在某种意义上学步和学习抓取不依赖于存储程序(见上文第 2 章)。回忆上文,西伦和史密斯有力地证明了学步和学习抓取都取决于分布于大脑、身体和局部环境之中的多重因素。他们所呈现的图景的确与传统观点十分不同,传统观点是将(例如)学步的不同阶段看作做完在一些基因特定的内部资源中被编码的一套在先指令。不同之处在于,他们认为儿童的行为模式[12]并不受制于某种固定的内部资源,而是从包括神经、身体和环境因素的"持续对话"中突现的。例如,我们知道如果让婴儿在温水中被直立托起,那么她将能够被引导着突破发育期而开始跨步。并且,我们也知道不同婴儿由于力量水平和基本手臂运动技能的不同,她们在学习抓握的过程中会遇到完全不同的问题。(活动力强的孩子必须学会抑制以及控制手臂的挥动,而相对不活跃的孩子则必须学会产生足够的初始力使手臂趋向目标。)通过展现这些运动活动的不同模式，对个体婴儿的一项详细研究支持这一一般性的结论：抓取问题的解决方法"被发现与（孩子的）自身状况有关，具有个人的特色，它不是由大脑或基因提前知晓的某种协同作用所预设的"（Thelen and Smith 1994，p. 260）。当然，这并不是说抓取的解决方案就没有共性了。西伦和史密斯认为，她们的共性在于学习常规，在这种学习常规中，手臂-肌肉系统可以看作弹簧和质量的组合，而中央神经系统的工作就是要学习通过调节参数（如弹簧的初始刚度）来控制这一组合。因此，它是为了要利用系统的内部动力学为当前目标服务。所以，并不存在"手的轨迹、关节转角协调或肌肉触发模式显性的先验的指令或程序"（同上，p. 264）。据说我们反而是通过学习操控一些基本参数（例如对原初刚度条件），从而用丰富而发展着的内部动力学塑造和调制变化中的物理系统的行为。

西伦和史密斯所提出的实验和数据不但有吸引力、重要，而且有说服力。但他们并未明确支持我在 8.2 节中提出的激进论断。相比通过一个清晰案例笼统地反对计算主义和表征主义，我们所面对的另一些大量证据表明，如果我们不能对身体和局部环境的作用予以应有的重视——包括问题界定以及间或问题解决的作用，那么我们将无法认识正确的计算和表征解释。我们看到婴儿肌肉像弹簧那样的特质，和不同程度的婴儿的力量水平如何帮助已知大脑解决其必须解决的具体问题，我们也很容易想到身体和环境的参数可能同样有助于我们的具体解决方式——例如，遵循装有弹簧的四肢能使机器人在不需要

8 存在、计算、表征

大量计算的情况下适应崎岖的地形，否则计算的方法需要通过运用非相容介质中的传感器和反馈回路才能获得同样的结果（同见 Michie and Johnson 1984 以及上文的第 1 章）。而且，一旦我们认识到了身体和环境（回想一下跨步婴儿在水中受到阻碍）在问题和解决方案的建构中所发挥的作用，有一点就变得清晰起来，为了某些解释性目的，大脑、身体和局部环境的整个系统能够构成一个恰当的、统一的研究对象。然而，这个重要观点的整个系统与认知研究的计算[13]和表征进路是完全兼容的。我认为，这些讨论的关键在于构建一种更为合理的计算和表征理论，而非对计算主义和表征主义的全盘否定。

在达成了这样的共识之后，让我们再进一步考查反对计算主义的一些具体论述。一个典型的例子是：

> 发展数据有力地支持了……反计算主义观点。我们需要摒弃皮亚杰关于发展最终状态（end-state）的类似瑞士逻辑学家的观点，以及成熟论（maturationist）所坚信的大脑之中有一个执行者……管理发展过程的观点。（Thelen 1995，p.76）[14]

这里（其他地方也同样）需要注意的是，这种反计算主义的大胆断言所带来的是对目标更精密、更准确的描述。如果我们忽略这些一刀切的论断而聚焦于那些更为精细的描述，那么我们将会发现真正的罪魁祸首不是计算主义（或表征主义）本身而是

II 解释延展的心灵

（1）认为发展是由全面详细的预先计划所驱动的那种观点，以及

（2）认为成人的认知包括对命题性数据结构的内在逻辑运算（例如，皮亚杰关于认知发展终结点的逻辑学观点）的那种观点。

西伦和史密斯认为（很有可能是我个人的观点）可以对上述论题做出如下替换：

（1^{*}）发展（和行动）所展现的顺序仅仅是待执行的。其中的解决方法就是对包括身体力学、神经状态和过程以及环境条件等多重异质组成部分的"软组装"。（1994，p. 311）

（2^{*}）尽管成人的认知看上去很有逻辑性和命题性，但实际上是依赖于在实时活动中得以发展的资源（例如，力、行动和运动的隐喻）并基于身体体验。（同上，p.323；Thelen 1995）。

在上文第2章中，我们已经提出过支持（1）的实验性证据，这里，我不想再重新论证（2），也不想对上述两种论断做更多判定。我只想表明，承认以上两个论断与运用计算解释的实质性承诺完全相容。事实上，提供的证据是对涉及经典的准语言学编码的模型最有力的反对，也是对认为儿童大脑的初始状态完全决定后续发育过程的观点的最好反驳。尽管有益的旧式联结主义一直都反对准语言学编码的专制。而有计算偏好的发展主义者无疑还能接纳部分程序化的解决方案观点（将在下文中进行阐述），即儿童的初始程序由进化精确地设定，从而身体动力学和局部环境突发事件能够协助决定发育进程的过程和结果。由此，部分程序能够共享大多数基因的逻辑特征：它们可

能会缺乏构成最终产物的完整蓝图，还可能将许多决定让与局部环境条件和过程。但是，它们会继续构成在自然环境中具有"典型和重大"影响的可孤立因素。[15]

由此，假如我们承认，至少在前面讨论过的例子中，大脑中并没有取得行为上成功的详尽的秘诀。但这是否意味着在这些情况中谈论内部程序就必然会被误导呢？而即便如此，那么这是否也意味着这些活动的神经性根源无法有效地被看作与计算过程无关呢？我认为对这两个问题的回答都是"否"。简而言之，我质疑那种从"没有详尽的秘诀"到"没有内部程序"，以及从"没有内部程序"到"没有计算"的隐性转换。尽管这些策略提出了一些我还无法完全解决的、深层的、微妙的问题，但它们在我看来仍是漏洞百出的。

考虑一下我们在做某某事的程序概念，例如，计算你的纳税额。这里最基本的形象就是一个秘诀，也就是如果严格遵守的话就能够解决问题的一系列指令。一个秘诀和一旦执行就会产生某种结果的一种力，之间区别在哪里？例如，作用至油锅上的热量：当处于某个临界值时，热就会使锅里的油出现旋涡、涡流和对流。那么，热（处于一定的临界值）是这些结果产生的程序吗？它是旋涡、涡流和对流的秘诀吗？当然不是；只是应用于一个物理系统中的力。这里的对比是明显的，但是要为这种区别给出一种有效的解释却极其困难。我们要从哪里找到带来影响的差异？

一种方案是转向（正如字面意义所表达的）作为一组指令的程序的观点，指令是通过某种语言来表达的，即能够由某种

II 解释延展的心灵

读数装置（负责英语指令的一位听者；或者负责 LISP 指令的一个程序编译器）进行转译的一个符号系统。由此，我们说加热油锅的热量看起来不是使对流卷出现的程序，一个原因可能是我们找不到语言存在的证据，也就是说，没有任何证据表明任何符号或信号需要后续的转译或解码。

另一个相关的理由是：这里的指导参数（产生例如对流卷所需要的热量）似乎过于简单、过于不加以细分了。正如我的一个学生曾评价的那样，这更像是插上一个计算机而非在上面运行一个程序。实际上，我怀疑它是否根本差异（但是这里的问题还不是很清晰），我还怀疑那种需要语言或编码的观点多少有些依样画葫芦。想想计算纳税额的两种推定"程序"。一种程序由 400 条编码组成，并且涵盖你能想到的全部。另一种程序需要在已设定计算税费函数的一种特殊硬件上运行，这个"程序"仅由"计算税费！"这个指令组成，这当然最多是一个程序的边际或极限情况。（假设）这个指令在所需行为开始前必须通过读数器的解码。但这似乎和"仅插入"的情况（以及油锅加热的模型）更加相像，而非成功秘诀的形象。那么，很可能概念基础不是关于符号和解码的简单介入，而是关于施加的力的实际规定，而非仅仅提示目标行为（纳税额的计算、油的对流）的程度。这种判断在直觉上似乎是合理的，而且能够帮助我们解释为什么，例如，在否认热量为锅中油编程的同时，至少将 DNA 看作编程的物理结果是可取的。[16]

因此，部分程序的观点是一种真正的明确规定的观点，尽管转让了很多工作和决策过程给整体因果矩阵的其他部分。从

8 存在、计算、表征

这个意义上说，这一观点和普通的计算程序（例如，写在 LISP 中的）一样，不指定如何或何时达到某个子目标，而是将这些任务让与运行系统的内置特征。（的确，公正地来讲，没有哪个计算程序能够全面地规定如何解决问题——从某种程度上说，规定发出后，事情只是按照操作系统或硬件所决定的方式而发生。）因此，"部分程序"这个短语主要用来划出一类特殊情况，其中的这些决定和过程被让与更远端的结构——身体和外部世界的更广阔因果矩阵中的结构。例如，乔丹等（Jordan et al. 1994）描述的、我们在第一章讨论过的一种运动控制系统（比如仿真器电路），实际上可以被看作学习控制手臂轨迹的一种程序。然而，只有当身体动力学（手臂的质量、肌肉的弹性）以及环境特征（重力）具有具体背景时，它才是能够成功的一种程序。尽管如此，它用某种神经词汇来说明抓取运动，就可以被有效视为一种程序。其所需的规定越不详细（系统的内在动力——长期的或短期的——起到的作用越大），我们就越不需要将它当作一个程序。因此，我们遇到的与其说是程序化和非程序化解决方案的二分，不如说是一个连续体，其解决方案根据预期结果对一系列运动（逻辑的或物理的）的依赖程度而或多或少地被程序化，并且这些运动需要实际规定，而不仅仅是提示。

但是，为了进一步理解这种对比，我们必须谨记计算活动级联（cascade）的可能性，其中简单的非结构化命令通过一系列下级系统被逐步解压成最终能够控制行为的非常详细的规格说明（specification）（见，如 Greene 1972 和 Gallistel 1980）。那么，如果这种逐步解压要在神经活动链中发生，我们可以将更为详尽的特化（specification）阶段看作存储程序。西伦与史密斯、凯尔索和其他学者引发争议的论断是：即使是神经特化最详细的阶段可能也不值得看作存储程序——身体系统的协同[17]动力学已经做了这么多工作，因此所有阶段的神经命令都应被理解为简单的力在复杂的身体-环境系统中的应用，其中大部分的问题解决任务由系统动力学承担。但更委婉地说，这些探究可能实际表明的是，形成抓取运动之类的问题所需的内部指令集没有至今我们所认为的那么详细，因为已经有相当复杂的协同动力学应用于（如）手臂和肌肉本身。可能，正如西伦和史密斯所说，产生某一运动行为所需的这种规定实际上仅相当于指定一些中心参数（在像弹簧一样的肌肉系统的初始刚度）的设置；这些为数不多的规定可能对身体系统的整个动力学产生复杂的影响，因而可以在未直接规定诸如关节转角结构的情况下，产生抓取行为。需要注意的是，缺少了特定类型的规定或指令集（例如，直接规定关节转角结构和肌肉触发模式的那种）并不意味着所有规定或程序就完全不存在了。实际上，只有在极度极限状态中，这种特征才显得最有说服力，这时编码的指定坍缩为简单作用力或单个非结构化命令。因此在两个概念之间还有很多有意义的探索空间，前者是在较低层次（例如，肌肉触发模式的层次）规定问题解决策略的存储程序的概念，后者是其内部动力学使得规定完全没必要，或将其还原到只发挥简单作用的层面的系统概念。介于两个极端之间，我提出了"部分程序"的概念。我认为运动控制中动力系统导向的工作真

8 存在、计算、表征

正的寓意在于，我们能够从这个空间中发现自然自身的程序。

但是假设我们没有，假设没有哪个层面对命令的神经细化值得被定名为"存储程序"。我认为，即便如此，也并不意味着大脑作为计算装置的形象就不成立。哎！这么多年来人们对"计算"这个概念仍存在误解，这是对认知科学的诋毁。由于这种不清晰，因而也就无法在这里提出一个无懈可击的例子了。但是，一种比较有吸引力的选择就是接纳这样一种计算概念，它与自动信息处理和表征的机械转换的观念密切相关。按照这种说法，无论我们何时发现表征之间由机械控制的转换存在，不管这些表征是否参与足以具体到可被视为存储程序的规定方案，我们都能发现计算的存在。而且，这种相对自由的[18]计算概念很容易考虑到数字计算（根据离散的状态来定义）和模拟计算（根据连续的量来定义）中涉及的各种各样的计算类型。按照这种说法，要表明一个系统是计算的，就简化成了要表明它参与自动处理和信息转换。

总之，偏离西伦和史密斯等人所引证的观点和证据，转而得出结论说在我们理解生物性认知的过程中应当抛弃内部表征和计算的概念，这看起来非常不成熟。相反，从这本书和前面讨论过的仿生视觉以及机器人学的成果中，我们可以提炼出一些现在很熟悉却非常重要的注意事项，我将它们概括如下：

（1）注意不要过于重视大脑（或内部表征系统）。被内部表征和/或计算的东西，将由把身体和环境因素纳入问题解决进路中去的、复杂的平衡行为所决定。因此，部分程序化的解决方案和行动导向的或个性化的表征，将会成为生物时代的规则

（order）。

（2）谨慎对待那些关于内部表征形式或神经计算类型的死板的假定。我们没有理由假定经典的（时空上局部的）表征和离散的、连续的计算描绘了表征和计算的解决方案。不管怎样，联结主义的模型已经开始放松这些约束——并且他们仅仅触及了生物系统可能性范围的表面。

8.5 打拍子时间

我们需要谨慎对待表征性进路可能还有其他原因。这些进路近来被认为无法公平地评价真实世界适应性反应的关键时间维度（特别请见 Port and van Gelder 1995 的导言）。例如（请见第三章），早期的联结主义模型没有体现时间或秩序的内在认识，并且依靠各种招数[19]为包含相同成分的序列消除歧义。此外，对这些网络的输入是对世界的即时"快照"，但输出本质上却不是在时间上延展的活动模式。反馈神经网络（Jordan 1986；Elman 1991）的出现标志某种程度的进步，因为这些网络合并了内部反馈环路，从而使新输入的反应能够考虑网络前期的活动。但是，正如波特等（1995）所巧妙指出的，这些网络擅长于顺序而非时序。例如，这些网络能够将一个有序的操作序列指定为输出（例如输出一个指令序列来画一个长方形——见 Jordan 1986）或对那些取决于输入顺序的语法约束表现出敏感性（见 Elman 1991 关于人工语法的研究）。但是顺序和实时性并不是一回事。当你跑着去追赶一辆开动的公车时，仅发出

8 存在、计算、表征

正确序列的运动指令是不够的，你必须要随时间推移（公车加速离开你）而开展一种模式，并采取一系列的补偿行动（在时间上协调的关于腿部、手臂和身体的运动指令序列）。在接触点（如果你足够幸运的话），两个系统（你和公车）在时间上延展的活动之间一定存在某种微妙的耦合。这种行为需要至少一个系统对另一个系统中事件的实时性（而不仅仅是顺序）做出反应。为了对此进行模拟，研究者们已经开始寻找方法运用输入信号的实时属性来"设置"内部资源。这里的技巧在于将一些输入信号真正合节拍的能力作为测量其他此类信号的"记时器"。这样做的一个办法就是开发"自适性振荡器"。这些装置（Torras 1985; McCauley 1994; Port et al. 1995）有两个主要特点。第一，它们自身能够产生周期性的输出（就好像具有激发峰发放频率的神经元一样）。第二，这种周期性活动会受到输入信号的影响。若这种振荡器捕捉到了输入信号，它就会立即启动（或飙升），并改变它的周期性使它能够与输入信息更为协调。一段时间以后，在一定的限度范围内，这种振荡器会完美地与输入同相位启动。当输入信号中断，振荡器也会逐渐"放手"，恢复自己的自然的速率。这些装置的神经网络版本通过使用我们熟悉的梯度下降的学习过程来适应，但在这种情况中，为下降提供动力的信息是常规的（"预期的"）尖峰时序和实时性之间的差异，后者是输入信号被探测到时，由这个装置立即启动倾向性所致。因此这些装置与被探测信号的频率"同步（entrain）"，并在即便信号消失或错过一拍时能够保持一段时间原来的频率。这种同步不是即时的，因而非周期性

II 解释延展的心灵

的信号也就不具有真实效应（它们产生一个非常规的同步尖峰，仅此而已）。但是，常规信号使这种装置"跟上节奏"。一个复杂的系统可能会运用很多个自适性振荡器，每一个振荡器的自然速度不同，从而会对不同的输入信号比率有特别的敏感性。当不同的单个振荡器紧跟时间结构的不同元素时，对包含不同周期性元素的刺激（例如，一段音乐）所进行的全局同步（entrainment）就发生了。[20]

所有这些讨论表明，对目前来说，要解释自适性行为的一个重要子集，具有内在时间特征的内部过程有重要作用。在这些情况中，内部状态和外部环境之间的"磨合"可能的确超越了内部表征的通常概念所能涵盖的。通过将自身活动与产生周期性信号的外部事件节奏相耦合，自适性振荡器完成任务，但它并不通过任意符号的使用来表征周期性，更不通过任意类似文本编码的使用来表征。相反，我们最好把它看作一个通过寄居于它们真正时间属性而暂时与外部系统相融合的内部系统。在尝试对这些能力进行分析和解释的过程中，我们既需要那种将外部系统看作使振荡器同步的输入源的视角，也需要那种关注更大的耦合系统后续属性的视角。但是，尽管有这些复杂因素，将振荡器看作一种自适性作用设备，用来表征一些外部系统或特定外部事件的时间动力学，这很自然，也很有意义。毕竟，外部过程和事件的时间特征从头到尾都和色彩、重量、方向以及神经编码所有更常见的目标一样真实。然而，在这种情况下，很显然这里涉及的是与标准概念所不一样的表征类型：表征的载体是一个过程，具有内在的时间属性。它不是一个随意的矢量或符号结构，也不会成为准语言学的编码系统的组成部分。可能这些会让一些理论家认为这些过程完全被冠以表征的并不合适。而且它也不应该最终为世界而战。但是，明确的是，我们仅通过理解它对外部事件和过程的哪些类型的特征是关键的，并且由此其他神经系统和运动控制系统可能通过运用它所携带的信息而获得什么，来理解振荡器的作用和功能。

8.6 持续的交互因果作用

（据我所知）还有最后一种途径能够为反表征主义理论提供强有力的理由，这一途径诉诸大脑、身体和世界之间持续的、相互调节的影响。我们已经隐约意识到，大脑自身的内部运作中这种相互调节的复杂性（请见 7.3 节中对哺乳类视觉的讨论）。不过，我们能假设具有类似这种交互复杂性的某物可以描述神经环路、物理的身体和局部环境特征之间的联系吗？让我用盖尔德（私人交流中）所提到的类比来逐渐引出我能想到的这些例子。

想想一台无线电接收器，它的输入信号最好可以被看作收音机"行为"（它的声音输出）的连续调制器。现在，设想（在这里我是运用类比来阐述观点的）收音机的输出也是传递输入信号的外部设备（发送器）的连续调制器。在这种情况中，我们观察到两个系统组分之间有一种真正复杂且暂时密集的相互影响——根据其中的精确细节可能产生不同的整体动力学（例如，正反馈或稳定均衡）的互动。关键在于，由于相互调制的

II 解释延展的心灵

连续性本质，普通的分析策略反馈不足。当然，最普遍的策略是第六章中所讨论的成分解释。诚然，我们可以也应该区分这里的不同成分。但如果由于转导（transduction）和行动之间的传统界限，我们接着认为一个有利组成部分（如，接收器）的行为产生隔绝于[21]局部环境一个单元，那么这个策略就失败了，因为鉴于按照连续相互调制的事实，这些界限对于这一具体行为的展开是任意的。如果比如接收器单元表现出了信号接收和后续播报的离散的时间步进式（time-stepped）行为，那么这些界限就不会是任意的。如果真是那样的话，我们可以将周围事件重新概念化为接收世界输入的一个设备，其输出（"行动"）又会影响世界，并因此帮助塑造接下来的输入——例如，我们可以发展一种第六章中所预测的成分解释的交互式"接和扔"版本。

第二个例子（这是兰迪·比尔向我提出的）可以帮助我们修复差异。考虑一下一个简单的双神经元系统，假设这两个独立的神经元都没有对有节律的振荡表现出任何倾向性。但有时候，当这两个神经元通过某一连续传信过程而相联时，它们就会调制彼此的行为以产生振荡动力学。我们可以将神经元1叫做"大脑"，将神经元2叫做"环境"。这种区分对于理解振荡行为有什么实质性价值吗？

当然，这里有两个组成部分，对它们进行区分甚至研究它们各自的动力系统都是有益的。但从解释振荡的目的来说，"大脑"神经元并无特殊之处。我们也可以将另一个组成部分（"环境"神经元）选作基准系统（base-line system），并仅将"大脑"

8 存在、计算、表征

神经元描述为"环境"的扰动源。在这个公认的简单例子中，真相是，鉴于解释节律性振荡的计划，任何一个组成部分都不享有特殊地位。在这种情况中，我们最好将目标属性理解为更大系统的一个突现特征而研究，它通过两个神经元的耦合而产生。同样地，在生物性大脑和局部环境的例子中，正如巴特勒（似乎）所正确坚持的那样，假装我们并没有面对不同的组成部分，实在是不明智的。但是，问题一定是某种目标现象是否能够通过以下方法获得最好解释，即赋予一个组成部分（大脑）以某种特殊的地位，并将另一个组成部分仅仅作为输入源和输出空间。在目标行为涉及组成部分之间连续的互为因果情况中，这种策略似乎动机不良。我承认，在这些情况中，我们面对的不是一个单一的、无差别的系统，但是，目标现象是一种通过两个（完全真实的）组成部分耦合而产生的突现特征，它不应"被指派"给单独的某一方。

在我看来，在人类的问题解决中，连续的互为因果[22]并非小概率事件或例外。在即兴表演的时候，爵士三重奏的演奏者们往往全神贯注于这样一个因果复杂性之网中。每一个乐手的演奏都要对其他乐手的演奏做出连续的反应，同时他们还要发挥自己的调节作用。跳舞、交互体育运动，甚至是集体讨论等，有时都表现出某种交互式的调节动力学，这种调节动力学着眼于更广阔视角的回馈，而非聚焦于一个部分而将所有其他部分仅看作输入和输出。当然，社会环境之类的因素在这些情况中很重要，但密集的双向互动也是我们应对复杂的机器（如汽车和飞机）或者甚至音乐家与乐器之间持续互动的重要特点。

II 解释延展的心灵

这里的关键不在于判断另一个组成部分本身是不是认知系统，而在于判断组成部分之间因果性耦合的本质。在耦合提供连续和相互调制转换的情况下，考查整个系统的突现动力学常常令我们受益。

因此，由于大脑、身体和世界有时是密集交互因果影响片段的共同参与者，我们会面临这种行为的展开，它们抵制使用绝缘的个体认知引擎中的输入和输出进行解释。那么在认知科学的解释中，在这种情况中运用内部表征的概念意味着什么？这里似乎只有两种可能性。

第一种可能性是，我们仍可能会设法为所涉及的施动者端结构的某一特定子集激发表征性注解。设想一下，有一个复杂的神经网络 A，它的环境耦合动力系统包含被其他主板网络用作信息源的一个特定尖峰（放电）频率，这些信息源是关于与 A 密切耦合的某些外部环境过程存在或缺失的。因此，下游网络使用 A 的响应参数文件替代这些环境状况。再设想一下，在没有环境输入的时候，A 的耦合响应参数文件有时受到自上而下的神经影响[23]诱导，这时候施动者会发现自己正在想象参与讨论中的这种复杂交互（例如，在爵士三重奏中演奏）。在这些情况中，尽管有时候它在密集的双向交互片段中会介入外部事件和过程，但将 A 看作内部表征的核心是自然且有益的。

但是，第二种可能性就是，系统从没有表现出如前面所说的那种潜在解耦的内部演化。例如，当某些内部资源仅参与紧密耦合的、连续的环境交互，并且这些可识别的内部状态或过程在交互过程中不发挥承载关于外部事件具体信息项的作用时，这种情况就会发生。相反，内外部是以有适应性意义的方式进行交互的，我们很难以这些方式确定在特定的纯内部的组成部分、状态或过程中所起到的决定性的信息处理作用。在这种情况中，系统表现的是所谓的非表征的自适性平衡。（一个常用例子就是拔河比赛：我们不能将任何一方有益地认为是对另一方所施力的表征，而直到最后的输赢决定之前两对力量以一种刚好平衡的方式影响和维持着彼此。）

我认为，在内部和外部表现出这种连续的相互调节、非解耦的共同进化时，就是信息处理的分解工具最弱的时候。在这种情况中，最重要的是有机体和环境之间持续交互的真实的、暂时丰富的属性。这些情况在理论上是非常有意义的，但是它们并不能构成对认知科学中表征基础理解的一般性作用的严峻挑战。的确，它们无法构成这样的挑战，因为正如我们现在所看到的，它们明显不属于表征进路最有效的情况。

8.7 渴求表征的问题

我们看到，对表征基础的理解最有力的挑战来自这种情况，其因果影响非常广泛和复杂，因此几乎不可能区别看待任何"特权因素"（privileged elements），将特定的信息承载的自适性作用归于它。这些情况通常涉及多个紧密相连的系统之间连续的交互发展，它们的累积（"突现"）效应就在于促进某种有用行为或反应。但是，要正确地理解这些有疑问的情况，我们或许不应该忘记同样有说服力的那些情况，表征性理解与之最

II 解释延展的心灵

相称。它们涉及我在别处称为[24]"渴求表征的问题"的例子。

回忆一下（上文 8.2 节）豪奇兰德所提出的运用内部表征系统的第一个强烈要求：系统必须将自身行为与那些并不总是"可靠地呈现给系统的"环境特征相协调。我认为，我们可能在以下两类情况下遭遇这种约束。第（1）种情况包含关于事件缺失的、不存在的或反事实事态的推理并且/或者第（2）种情况包括对物理表现是复杂和不规则的事态的有选择的敏感性。

第一类情况（已在上文 8.2 节中谈到）包含关于时间或空间上较远的事件的想法，以及关于想象行为的潜在结果的想法。在这些情况中，很难不给出这样的结论：成功的推理包括为缺失的现象创造某种在先的和可识别的替代品——在没有连续外部输入提供指引的情况下，做出行动协调的、可能的内部替代。

第二种类型（这是豪奇兰德没有考虑到的）尽管更难进行描述，却也是为人所熟知的。在这些情况中，认知系统必须对那些物理表现千差万别的事态（在一些相当抽象层面进行整合的事态）有选择地回应，但它们物理关联的共同之处并不多。例如，在一个房间内挑出所有贵重物品的能力，以及推理所有属于且仅属于教皇的物品的能力。我们不知道如何让一个系统在没有相关设置的情况下推理这些事情，从而使那些表面上各不相同的输入首先变成相同的一种内部状态或过程，继而使得我们能够根据内部关联（其内容接着会对应抽象属性的一个内部项、模式或过程）明确进一步的处理（推理）。在这些情况下，行为成功似乎依赖于我们对一种感知输入空间进行压缩或

8 存在、计算、表征

扩张的能力。成功的施动者必须要学会将那些与早期编码（在感觉外围的）很不相同的输入视为需要同样的分类，或者反之，将早期编码很相近的输入看成需要不同的分类。一些可识别的内部状态逐渐发展而满足这种需求，它们正是以我们所讨论的目标（难以捉摸的）事态为内容的那些内部表征。[25]（如果这是真的，那么我们将很难不得出这样的结论：即便是基本的视觉识别有时候也会涉及根据真正的内部表征状态进行定义的计算。）

在这两种类型的情况（缺失的和不规则的）中，共同特征需要产生一种额外的内部状态，这种内部状态的信息处理自适性作用在于引导行为，而不用理会周围环境信号的实际不利（要么不存在，要么需要大量的计算对行为进行有益引导）。在这些渴求表征的情况中，系统必须要产生用于替代难以实现事态的内部项、模式或过程。因此，在这些情况中，很自然地会想要找到可以视作纯种的（full-blooded）内部表征的系统状态。

在这些情况中，似乎所有行为成功的背后必定存在内部表征。但是，这种结论太激进了，因为必定会有重要的实用因素驳倒我们，证明用表征性术语来理解系统没用。因此，尽管渴求表征的情况明确要求用某种系统属性来弥补可靠的或容易使用的环境输入的缺失，但这并不意味着相关属性是有效可区分的（usefully individuable）。再次声明，如果有时涉及到许多子系统之间时间上非常复杂的、相互影响的活动，使得"替代"最好被视为系统整体运行中的突现特征的，那么这种就并非是有效可区分的。在这种情况下（如果的确存在的话），据说整个系

II 解释延展的心灵

统就正当地表征了其世界,但是它不会通过交换我们有效地看作内部表征的事物来这么做。因此,只有当我们可以为内部载体赋予相对精细地分配信息承载的(information-carrying)自适性作用时,才能真正理解内部表征的概念。这些载体可能是空间分布式的(就像是在辐合区假设中的那样),也可能在时间上是复杂的,并且可能涉及模拟性质和连续的数值。但是,它们必须是整个系统结构或活动中截然不同的子集。我认为(与当代神经科学的状况一致)这种识别将被证明是有可能的,而且它将有助于我们理解自适性成功的某些方面。起码,我们现在可以更清楚怎样才能破坏表征基础的进路:即便是在渴求表征的情况中,要区别对待任何有着具体信息承载的自适性作用的精细载体的系统,这在实际上是不可能的。而且,我们也已经知道许多方式,在其中具身的、嵌入的进路(关于以行动为导向的编码、涉及环境的问题解决,以及多个元素之间协作性耦合)的本质性认识,不管怎样都能与关于运用计算和表征的理解相容。

归根结底,要调解这场争论就必须启动未来的经验研究。毫无疑问,内部状态和过程的复杂性程度有一定上限[26],超出这个限制仍将它们称作内部表征就没有什么信息量和解释力了。但至于上限到底在哪里这样的问题,恐怕只有诉诸实践经验,问题的答案可能需要反复试验才能获得,因为实验主义者对越来越复杂和表面上"渴求表征的"问题提出真正的动力学解决方案并进行分析。这种交锋可能会导致一个相互适应的过程,在这个过程中,动力系统过程的方法将会因为理解与分析的计算和表征形式而得到改变和丰富，反之亦然。[27]或者说，所涉及的动力模式和过程的纯粹复杂性，以及内部和外部元素之间深入的交互都使我们相信，将复杂和变换的因果网中任何具体的方面看作具体环境特征存在的标志是徒劳的，并且由此，追寻任何系统结构和运作的表征性理解也是徒劳的。在我看来，最有可能的结果与其说是要全盘否定计算和表征的观念，不如说是要对它们进行部分地重新构想，这种重新构想在对更为渴求表征的问题（例如做确定、计划[28]）进行动力学的分析中已被预想到，同时也是联结主义和计算神经科学研究目标的自然延续。

但是，这种重新构想可能不仅仅意味着能够识别发挥表征作用的一系列新内部载体。从积极方面来看，表征载体将不再局限于内部状态和过程之中。通过赋予（例如）集体变量的值以表征意义，动力学理论者可以使系统的一些内容承载的状态内在范围宽泛——取决于那些仅在更大的系统中定义的状态，包含施动者和精选的大块局部环境。[29]从消极方面来看，随着表征载体被允许自由浮动到愈发高于基本的系统变量和参数的层面之上，[30]我们会目睹有力的、熟悉的解释计划的部分破裂。这里的担忧（在上文的 6.4 节中我们已经知道）在于，我们因而会将对一个系统的表征性描述（并且，更宽泛地说，是它的信息处理特征）从那种直接说明实际建立或构建这一系统目标的描述中脱离出来。而较标准的计算模型的主要优点之一在于，它们展现了信息和表征影响系统的方式，其所用方法必须在实际物理设备中生成这种行为。通过使得表征性注解忠于复杂的动力学实体（极限周期、状态-空间轨迹、集体变量的值等），学者们将信息处理过程看作对基本系统组成和变量细节的高度抽象，并由此隔断表征性描述和内部运作的具体细节之间的联结。现在看来，最佳的表征性解释可能比之前所设想的更远离物理实现的事实真相[31]。

8.8 根源

前面讨论过的反表征主义和反计算主义直观有着或近或远的前因。我将简略地介绍其中的一些[32]根源，表明它们在侧重点和范围中的一些不同之处，来结束当前的讨论。

海德格尔（1927）曾论述过此在（Dasein）的重要性，作为存在于世的一种形式，在这种形式中我们不是独立的、被动的观察者，而是积极的参与者，他还强调我们实际应对世界的方式（例如，钉钉子、开门等等）并不包括那些分离的表征（例如，锤子作为一个有一定重量和形状的刚性物体），而是包括功能性耦合。当我们用锤子来敲钉子时，在海德格尔看来，正是这种技能性地与世界实际交往才是所有思维和意向性的核心。[33]这种分析的一个核心概念就是器具——那些在我们周围的、成为我们处理问题和获得成功的日常能力背后的多种技能性活动中一部分的事物。

因此，海德格尔的研究预示了对那种被称为内部表征的"行动中立"的怀疑，并且这种怀疑与我们对工具运用，以及对有机体和世界之间行动导向的耦合的重视是一致的。但是，

8 存在、计算、表征

海德格尔的一些担忧与当前的一些理论完全不同。特别是，海德格尔反对知识涉及心灵和独立世界之间的某种关系的观点（Dreyfus 1991, pp. 48-51），对这一有些形而上学的问题，我不表态。而且，海德格尔关于具身行动的环境概念是完全社会性的。我关于在此的观点显然要宽泛得多，并涵盖了身体和局部环境作为元素在延展的问题解决活动中的所有情况。[34]

现象学家莫里斯·梅洛-庞蒂[35]的研究可能与我们当前研究在宗旨和操作上都更为相近，他关注将日常的智能活动看作整个有机体-身体-世界协同作用的结果。他特别强调了我称之为"连续互为因果"的重要性，即我们必须要超越有机体感知世界的这种被动观点，并认识到我们的行动连续响应世间事件的方式，后者又同时对我们的行动有连续响应。想想这个有趣的例子，我称之为"仓鼠和钳"：

> 当我拿着工具捕捉动物时，我的手会随着挣扎着的动物而动，显然我的每一个动作都是对外部刺激的回应；但也显然如果我通过这种动作将感受器置于它们的影响之下，离开了这种动作，这些刺激就无法被接收……对象的特性以及主体的意图不仅仅是混合的；而且构成一个新的整体。（Merleau-Ponty 1942, p.13）

在这个例子中，我手部的运动不断对挣扎着的仓鼠的动作做出回应，但同时仓鼠的挣扎又不断地受到我手部运动的塑造。正如戴夫·希尔迪奇（Hilditch 1995）指出的，这里的行动

II 解释延展的心灵

和知觉联合,就好像是"感知者和被感知事物之间自由的互动舞蹈"。我们发现,近年来,在对计算基础的仿生视觉研究中发现的正是这种迭代互动舞蹈。

而且梅洛-庞蒂也强调了知觉与实时的、真实世界行为的控制相协调的方式。就这一点来讲,他的发现与吉布森的"功能可见性"概念很相近[36]——这个概念又是受到了上文第二章和 8.3 节中所讨论过的行动导向内部表征概念的直接启发。功能可见性是某个对象或事态呈现给某种施动者的使用或交互的机会,例如,对于人来说,凳子可见的功能是坐,但是对于一只啄木鸟来说凳子可见的功能可能很不相同。

吉布森特别关注视知觉可能被调整到不变特征的方式,这些特征已直接选中可能的行动类别,出现在入射光信号中,例如,光的图案可能会指出一块平坦的地面的可见功能是供人行走。正是在这种意义上,说人类的知觉系统可能会与这种功能可见性相协调,吉布森想要表明没有必要将内部表征作为协调知觉和行动之间的额外实体。在 8.3 节中,我曾说过这种全盘否定通常源于对两个完全不同概念的不必要的合并。一个就是将内部表征作为内部状态、结构或过程的完全一般性的概念,其自适性作用要承载神经的与行动引导的其他系统所用的特定类型的信息;另外一种则是更为具体的观念,它将内部表征看作外部事态丰富的、行动中立的编码。只有在后面这种更严格的意义上说,吉布森的观点和内部表征的理论建构之间才存在矛盾。[37]

最后,瓦雷拉等(Verela et al. 1991)在近来对"具身心灵"

8 存在、计算、表征

的讨论中提出了同样是当前研究焦点的三个主要关注。[38] 首先，瓦雷拉等关注公正对待知觉的能动本质以及我们的认知结构反应我们物理参与世界的方式。第二，他们对简单系统中突现行为提供了有力例证。[39] 第三，他们一直很重视互为（或"循环"）因果的概念，及其对基于组成部分还原计划的消极意义。这些主题汇聚在将认知观念看作生成（enaction）的理念发展中。瓦雷拉等认为，生成认知科学并不是把认知定义为描述客观外部世界的内部镜像的心灵研究，而是将施动者和世界之间不断重复的知觉运动交互分隔出来，作为科学和解释的基本兴趣所在。[40]

因此，瓦雷拉等所做的工作与我们的紧密相关，但在关注点和兴趣点上也存在着一些重要的差异。首先，瓦雷拉等将他们的反思作为反对实在论者和客观主义者对世界看法的证据。但我却刻意回避了这种延伸，因为这种延伸由于与有问题的观点（而非依赖于心灵的对象）相连，模糊了具身、嵌入进路的科学价值。[41] 但我认为，生物性大脑所表征的真实世界结构的方面，通常与我们具体的需要和知觉运动能力十分协调。因此，当前很多批评的对象不是那种认为大脑表征一个真实独立世界的方面的观点，而是那种将这些表征看作行动中立的并由此看作需要大量辅助的计算来激发智能反应的观点。第二，瓦雷拉等（同上，p.9）反对那种认为"认知从根本上说是表征的"观点。我们的进路对表征主义者和信息处理过程分析更为赞同，这一进路主张要对各种不同的内部状态和过程的内容和形式的观点进行部分重新概念化，而非要抛弃内部表征和信息处理本身的观念。最后，我们所重视的是认知科学研究的不同部分（也就是，对真实世界机器人技术和自治的施动者理论的研究），并试图表明来自最新研究的这些想法和分析如何与作为这两种讨论共同基础的心理学、心理物理学和发展学研究更广阔的联系相吻合。

8.9 最低限度的表征主义

我认为，近年来对计算和表征在认知科学中作用的怀疑有些过分了，其中的大多数讨论其实可以更好地被看作以下两派之间的论辩：一派热衷于最大化的、具体的、行动中立的内部世界模型，另一派（包括本人）认为很多智能行为更多的是对最低限度资源的依赖，如多重的、部分的、个性化的以及／或者行动导向的内部编码。同样，对将大脑看作计算设备观点的大多反驳，应该更好地被看作反对把大脑看作对发育和行动进行"完全程序化规格说明"的编码的观念。我已论证过，每当我们成功地打开复杂的影响因果网络，从而能够揭示出某一状态或过程系统的信息处理的自适性作用，就能获得最低限度条件，其下内部表征的对话就将是有用的，它是这样一个系统，可能涉及尽可能多的空间分布或时间复杂性，相容于成功地识别的物理配置，它们替代了指定的事态。这种自由主义可能会令那些认为这些事物是在对语言、文本和人工语法更具限制性的思考熔炉中锻造出来的人感到不快，[42] 但在我看来，所有学者都会认同神经科学和动力系统这两个理论所正在进行的研究中

8 存在、计算、表征

会得出的一个重要结论,即在帮助我们解释行为成功的内部事件本质的问题上,我们不应该太过狭隘。这些内部事件可能包含了建立在大量动力特征之上的所有类型的复杂神经过程,包括在状态空间中的混沌吸引子、极限环、势阱和轨迹,以及集体或系统变量值等。[43]同样,那种使用内部表征的方法可能会将高度复杂的、非局部的、动力学过程增补为特定种类信息和知识的载体。如果这样,那么内部表征的概念本身可能就要发生巧妙的转换,而丧失特别是那些经典内涵,使得我们将相对简单的、空间以及/或时间局部化的结构看作典型表征的载体。

当然,有一些案例给我们提出了很大挑战。这些案例包括内部和外部因素之间连续交互因果的过程,但是,这种连续的相互作用似乎无法表现表征进路在任何情况下最有说服力的一系列情况,即包含对遥远的、不存在的或高度抽象的东西的推理的情况。在这种情况下,关注点转移到了所研究系统的内部动力学上,这里至关重要且仍悬而未决的问题是,这些内部动力学本身是否会回馈更自由化却仍可被识别成表征基础的理解。也有人提出消极意见,认为内部动力学变得越来越复杂,或者随着假定内容变得越来越最小化(个性化的、行动导向的),由表征注解所提供的解释力一定会变小,最终消失在某种还未确定的阈值之下。而那些积极意见认为,我们应该注意到对真正渴求表征的问题解决方法是不存在可供选择的理解的,而且如果不对复杂的信息处理和对承载内容的内部状态的观点进行彻底改造,我们还真的很难对我们的大多自适性成功给出有力的、一般性的明晰解释。

II 解释延展的心灵

因而对这些问题的进一步探究可能还需要对更大范围的实际范例进行归纳和分析：在更复杂和抽象的领域中，以推理和行动为目标的动力系统模型。我认为，随着这些研究的展开，我们会发现不同类型的分析和观点之间所具有的相当微妙的共同进化。我们会看到关于表征以及关于计算的新观念出现——融合行动导向的内部状态和连续模拟处理的简约，并认识到变量的各种内外部来源间复杂的合作关系的观念。我们会重视加强我们自适性成功的交互的复杂性，学习关注内部状态和过程所起到的信息处理自适性作用。但总的说来，我们会发现自己正在往认知科学的工具箱中添加新工具，对我们已有的东西进行提炼和重构而不是抛弃。毕竟，如果这个大脑简单到单一进路就能解开它的奥秘的话，我们就会简单到无法完成我们的工作了！[44]

Ⅲ　向前

希罗尼穆斯·波希的巴士离开了凯西的地方,巴士前方到站显示"向前",后面显示"注意:奇怪的货物"。
——汤姆·沃尔夫(Tom Wolfe),《令人振奋的兴奋剂实验》(*The Electric Kool-Aid Acid Test*)。

在我们生活的世界里,语言就是一种制度。
——莫里斯·梅洛-庞蒂,《知觉现象学》(1945/1962),第184页。

9 心灵与市场

9.1 不受控的大脑，脚手架式的心灵

我们已经注意到生物学理性常常包含一系列"临时应急的"即时策略——在某种程度上，策略可得是由于我们具有参与各种集体或利用环境解决问题的能力。但是，我们很自然地想知道这一进路[1]对于人类认知中那些最高级的且最独特的方面的理解——不是行走、抓取、沿着墙角走和视觉搜索，而是投票、做出消费选择、制定两周度假计划、管理一个国家，等等——能提供多大帮助（如果有的话）？这些更具独特性的领域最终能够展现出逻辑的、经典的、符号处理的、内部思考的娇嫩花朵吗？这里是否就是我们最终定位到的超然的人类理性与其他动物的认知属性之间巨大的分水岭呢？[2]

在接下来几章，我将尝试表明：我们不需要这样一条分水岭；个体理性（多重神经系统中的快速模式完备）的基本形式遍布自然界；人类的真正优势在于创造和维持各种特殊外部结构（符号的和社会制度的）的惊人能力。这些外部结构行使职

III 向前

责而使我们的个体认知能力更完美,并将人类理性散播到越来越广阔的社会和物理网络中,其集体算法体现了自身特殊的动力学和特征。

从我们的基础框架发展到更高级框架包含三个主要步骤。首先,个人推理再次被视为某种快速的、模式完成的计算类型。其次,大量解决问题工作被转移到外部结构和过程中,只是这些结构和过程现在更趋于社会的和制度的,而非纯粹物理的。第三,公共语言(既是社会协调的手段,也是个体思考的工具)的作用现在变成最重要的。

简言之,高级的认知极大地取决于我们消散(dissipate)推理的能力:在复杂的社会结构中传播获得的知识和实践智慧;在由语言的、社会的、政治的以及制度性的约束条件形成的复杂网络中安置大脑,以减轻个体大脑的负担。因此,我们开始理解我们面对高级认知现象的方式,他们至少从广义上来讲与简单情况中所采用的基本进路是连续的。如果这离目标很近,人类大脑与其他动物以及自治的机器人所拥有的碎片化的、特殊用途的、行动导向的器官之间没有显著的不同。但在这个重要方面,我们具有明显优势:我们擅长组织我们物理的和社会的世界,以便从这些不易控制的资源中坚持复杂的连续行为。我们用智慧组织我们的环境,从而能用较少的智慧获得成功。我们的大脑让世界变得智能(smart),以享受由此带来的安宁!或者,用另一种方式看,其实是人类大脑加上大量的外部脚手架,最终构成我们称之为心灵的智能的、理性的推理引擎。由此看来,我们仍然是智能的,但智能的边界在世界中的延展比我们所预想的要远[3]。

9.2 迷失超市

你去超市买罐豆子，面对一排让人望而生畏的标签和价格，你必须做出决定。在这种情况中，根据经典经济理论，理性的施动者大体会这样做：他有一套预先存在的、综合性的、用以反映质量、价格或许还有其他因素（原产地等等）的偏好。这些期望特性的等级排序是和重量或价值相联系的，从而产生一个其期待特性的等级排序。然后，将这种复杂的（并且一致的）偏好顺序应用于关于世界（超市）所提供选择的最佳知识状态。而买豆的人会以使预期效用最大化为目标而行动；也就是说，这个施动者会买排序偏好所列出的最满足要求的那个商品（Friedman 1953）。近来，这种理性的经济选择观念被看作实质理性（substantive rationality）的范式（Denzau and North 1995）。

但是，作为日常个体选择的心理机制理论，这种实质理性模型存在很大的缺陷。就像赫伯特·西蒙（Herbert Simon 1982）所说，主要问题是人类大脑充其量只是局部的或有边界[4]理性的场所。正如前几章所反复强调的，我们的大脑没有被设计成具有从容的、充分知情的理性装置，它们不是为了在完美信息的假设下产生完美回应而设计的。

按照生物认知具有"临时应急的"、有限的、受制于时间的本质的观点，经典经济理论竟然获得与之相媲美的成就，因为它具有充分知情的、逻辑一致的、冷静的、从容的推理者视

III 向前

角,这可能令人惊讶。鉴于人类选择模型的总体心理非实在论(irrealism),为什么传统经济理论能够形成至少是比较成功且能做出预测的模型,比如(竞争的明码标价市场中的)公司和政治党派的行为模型,并产生如"双向拍卖"的实验操作结果呢(Satz and Ferejohn 1994; Denzau and North 1995)? 以一种不那么乐观的态度来看,为什么传统经济理论没能说明一整套其他经济和社会现象呢? 其中最值得注意的缺陷在于,它无法随着时间对大规模经济变化进行建模,也无法在极不确定的情况下,例如在那些不存在能够根据意愿而进行等级排序的、预先存在的一套结果的情况中(Denzau and North 1995; North 1993)为选择建模。这些基本缺陷体现在各种更为具体的情况中,例如,无法为投票人的行为建模、无法预测社会和经济制度发展,以及无法处理公共政策制定者所面临的众多选择。[5]

成功抑或是失败的模型既引人入胜,又增长见识,因为对模型的最好解释似乎蕴含了两种情况的分离,一种情况被称为高度脚手架式的选择(highly scaffolded choice),另一种情况则不太受个人思考限制。正如一些作者最近所指出的[6],实质理性的范式似乎在高度脚手架式的情况中最为奏效,而随着不太受个人思考限制作用的增加,逐渐失效。

萨茨和费内中(Satz and Ferejohn 1994)以及登造和诺思(Denzau and North 1995)将高度脚手架式的选择视为其重要的最新理论的核心,他们都认同:在个体理性选择受到(限制政策和制度实践二者的)准进化选择极大限制的情况中,新古典经济理论效果最好。这一讽刺在萨茨和费内中的论述中被明确

9 心灵与市场

指出:"在选择有限的语境中,理性选择的[传统]理论是最有效的。"(p.72)为什么会这样呢?萨茨和费内中认为原因很简单:在这些情况中发挥作用的东西与其说是个体思维,倒不如说是个体所嵌入的更大的社会和制度结构。通过促成相对于一套固定的目标确实回报最大化的集体行为的选择,这些结构获得了自身的发展和成功(在经济理论起作用的情况下)。例如,资本市场的竞争环境基本确保只有其利益最大化的公司才能生存。正是这一事实确保了实质理性模型在预测公司行为时能够屡屡成功,而非关于所涉及个体的信念、欲望或其他心理特点。由更大市场结构施加的强约束条件导致公司层面的策略和政策利益最大化。处于这种强有力的脚手架中,个人的特定理论和世界观有时很难对全部的公司层面行为产生影响。如果政策、基础设施和习惯的外部脚手架是强大的并且(重要的是)是竞争选择的结果,个体成员则实际上成为了更大机器上可被替换的齿轮。这个更大的机器延展到了个体之外,融合大规模的社会、物理,甚至地缘政治学的结构。传统的经济理论常常能够成功建模,正是由于这一更大的机器扩散的推理(diffused reasoning)和行为。不同个人心理属性与这个更大的机器中特定的功能性作用是完全相容的。正如萨茨和费内中(同上 p. 79)所评论的:"许多套不同的个人动机能够与竞争性市场环境施加给公司行为的限制相容。在解释公司行为时,我们经常遇到一些因果模型,它们在加尔文主义的英格兰和德克萨斯州的储贷团体中所发现的最大化活动的多种实现方式中保持不变。"

相反,消费者行为理论相对无力且不太奏效。这是因为个体的世界观和观念在消费者选择中显得突出，而外部脚手架却是相当微弱的。同样地，在选举竞争中，与政党行为理论相比，投票行为理论就较弱了。再次说明，只有经受实施选票最大化活动的强大选举压力的政党才能胜出。相比之下，个人选择就不那么受限制了（同上，pp.79-80）。

萨茨和费内中认为，区分（应用新古典主义的实质理性假设理论的）成功与不成功情况的关键性因素是结构决定的利益理论的可用性。整体结构环境的运作是为了选择支持那些行动，这些行动受到限制继而符合某种特定偏好模型，在这种情况下，新古典主义理论会起作用。并且它起作用的原因是个体心理学不再重要："偏好"是由更广泛情况所施加的，并且不需要与个体心理学相同。例如，在一个民主的、两政党选举体系中，总体情况会选择选票最大化的政党。这种外部结构力量使我们能够在这一更大机器中将"偏好"的产生归因于对成功约束的基础。对个体投票者的约束就弱多了。由此，真正的心理特征描述开始崭露头角，而新古典理论则开始瓦解（Satz and Ferejohn 1994，pp. 79-80；North 1993，p.7）。登造和诺思（Denzan and North 1995）的分析支持了这种一般性结论，他们认为，传统经济理论能很好地为竞争性的明码标价市场以及某些限制性实验研究中的选择建模，他们认为，在这些情况中，某些制度性特征在促成"最大化类型的"经济活动中起着主要作用。通过例证，登造和诺思引用了戈德和森德（Gode and Sunder 1992）所做的一些引人入胜的计算研究，他们在其中运用"零智力"交易者，即不积极建立理论、回忆事件，也不尝试最大化收益的模拟施动者。只要限制这些简单的交易者只能以不会产生直接损失的方法去竞标时，就已经获得了75%的效益（同计算"潜在购买者和销售者的租金占总和的百分比"的算法一样，同上，p.5）。用人类来代替零智力（ZI）交易者仅增加了1%的效益。但是如果改变制度性脚手架（比如，在双向竞价中，从在签合同前收集双向拍卖中所有的出价，到允许竞标和签合同的同时进行），则带来了6%的效益提升。这里所能得出的一个强结论是"在一些资源分配情况中，最多的效率收益可能要归因于制度细节，而与它们对理性交易者的影响无关"（同上，p.5）。

ZI交易者实验的结果清楚表明了制度性背景和外部约束的影响力，即可以促进与实质理性模型相符的集体行为。这些结果与下面两条令人不安的消息高度契合：如果我们假定个体选择是随机的而非根据偏好最大化（Alchian 1950，引用在Satz and Ferejohn 1994），那么大多数传统经济学不会受到影响；以及鸽子和老鼠总能根据与实质理性理论相一致的方式活动（Kagel 1987，引自Satz and Ferejohn 1994）。如果大规模约束结构所选的脚手架有时是最大化力量的最强承载者，那么这些结果就有意义了。在这种约束极端的极限情况中，个体选择者的确仅仅是一个齿轮——这个约束功能性角色，同样可以由零智力交易者、鸽子、老鼠、人类交易者，甚至在最糟的情况下，由硬币投掷机来扮演。[7]

III 向前

9.3 智能办公室？

我们到目前为止所得到的启示是脚手架发挥了重要作用：制度和组织所提供的外部结构，在解释当前的经济模式中承担了很多解释性责任。为了弄清楚人类心理学适用于哪些方面，先让我们来问这样一个问题：什么样的个体心灵需要外部脚手架？

我们可能已经发现，个体认知的新近研究已经能很好地预测外部结构和脚手架的重要作用。西蒙（Simon 1982）的有限理性（bounded rationality）的观点可能是往这个方向迈出的第一步。

但是，尽管西蒙正确地拒斥了将人类施动者看作完美逻辑推理者的观点，他仍然坚持承诺，将基本经典主义计算模型（见导论和第 3 章）看作包含明确规则和准语言学数据结构。主要区别在于对启发式方法的运用，目标是追求最低要求的满意结果而不是最优化，即使用"经验法则"寻找时间和处理能力消耗最小的可行性解决方案。

通过挑战内部表征和计算过程的传统模型，联结主义（人工神经元网络，并行分布处理）观点（见前文第三章）的再次出现让我们走得更远。

在本书 3.3 节中，我们了解了这些系统实际如何用快速模式识别取代按部就班的推论和推理，这种取代产生成了关于优点（运动技能、面部识别等）和缺点（长期计划、逻辑）的特

9 心灵与市场

定轮廓——帮我们确定了外部结构可能会补充和提高仅仅是个体认知的特定方法。研究者认为，外部结构使我们能够对那些需要对基本模式完成能力的连续和系统运用，并对中间结果进行呈现和再利用的问题域进行调整。在第3章中，我们曾描述过用纸和笔把简单的算数知识（如 $7 \times 7=49$）增强到更复杂问题（如 777×777）的简单例子。简单地说，我们现在已经知道在这个例子中，机构、公司和组织如何共享笔、纸和算数练习等的关键属性。笔和纸为我们提供了外部媒介，通过这一外部媒介，我们按照长乘法计算的一般性原则或实践所规定的方式行事（运用基本上即时的资源）。尽管大多数人都不知道这个过程的数学证明，但我们使用它，并且它行得通。同样，公司和组织也提供了一种外部资源，借助这种外部资源，个体根据由规则、政策和实践所规定的方式行事。在这些范围内，日常问题的解决方案常常包含局部有效的模型-识别策略，这种策略作为一些外部起源的提示（例如一个放在"收"文件的托盘中的一个绿色纸条，以预先设定的方式发出）的结果而被利用，并作为公司贯穿性机制内未来操作可用的更多痕迹（纸条、电子邮件信息等）留下它们的记号。在这些情境中，至少在短期内，个体理性所发挥的作用就不那么大了。如果以利益最大化为目标来选择总体机制和策略，那么个体是运用有限的模式完成的理性方式的齿轮这一事实将变得不再重要。（如果你愿意，个体神经元是受到更多限制的齿轮，但是一旦通过自然选择被组织进大脑，它们也会对更大的理性进行支持。）

因此，有些令人惊讶的是，在复杂的人类世界中所发生的事情可以用类似于4.3节中所介绍的"共识主动性算法"理解。回想一下,共识主动性工作涉及应用控制、推动和协调个体行动的外部结构,不仅我们能按照这些外部结构行事,它们也能够对后续行为进行塑造。在白蚁筑巢的案例中,个体白蚁的行动受到局部巢穴结构的控制,也常常涉及促成这只或其他个体白蚁后续行动的结构调整。人类,即使沉浸在宏大的社会政治或经济制度的约束性环境中时,也当然不是白蚁!和白蚁不一样,我们不会仅因为外部提示似乎需要它就采取某一行动,但是,我们集体成功(有时是集体失败)的最佳理解,常常是将个体看作只是在行动的更广阔的社会和制度环境施加的强大约束中选择自己的回应。而一旦我们认识到个体认知的计算本质不像理想的那样适合某些类型复杂领域的协调,那么这就是我们所能期盼的了。在这些情况中,我们貌似只是间接地解决问题(例如,制造一架喷气式客机或管理一个国家),通过建立更大的物理和社会的外部结构,而沿途推动和协调问题解决、保存和传递部分解决方案的一长串个体易处理的片断。

9.4 在机器内部

组织、工厂、办公室、机构等是我们特有的认知成功的大规模脚手架。但是,和更大的整体影响并支撑个体思维一样,它们自身也通过个体的交流行为和独力解决问题的片段得到建构和体现。具身心灵认知科学的一个重要使命就是开始理解和分析这一复杂交互关系的艰巨任务,需要应用运行于多重时间

9 心灵与市场

维度和组织层面的模拟的艰巨任务。理想上,这种模拟应该包含遗传进化的变化、个体学习和问题解决、文化的和人造进化的过程,以及从交流中的施动者群体中突现的解决问题能力。遗憾的是,就目前而言,想追问的东西实在太多。但至少,我们可以先从探讨问题的表面入手。

在为遗传进化和个体学习相互作用的建模方面,已经有了一些不错的尝试(Ackley and Littman 1992, Nolfi and Parisi 1991,见于 Clark 1933 与其即将出版的讨论)。但就目前讨论而言,我们更关心为个体学习、文化的和人造进化以及群体间交流模式之间相互作用的建模。在这方面,哈钦森(Hutchins 1995)着手探究不同的交流模式如何影响小群体的简单人工"施动者"的集体问题-解决能力。在这一模拟中,每个施动者都是组成相连加工单元的一个小神经元网络,每个单元对一些特定的环境特征进行编码。兴奋性链接与支持性特征相互连结;抑制性链接与不一致特征相互连结。例如,像"是一只狗"的特征会通过具有与(如)"吠叫"与"有皮毛"单元相连的兴奋性链接,以及与(如)"喵"与"是一只猫"单元(后者自身也与某一激发性链接相连)相连的抑制性链接的独立单元进行编码。这样的网络被称为约束满足网络(constraint-satisfaction networks)。

约束满足网络一旦被建立(无论通过学习还是通过手动编码),就会表现出模式完成式的(pattern-completion-style)推理的良好性能。因此,假设不同的单元从环境中接收输入信号,在兴奋性连接的链接网中起作用的一些单元的激活将会引发遍布所有其他连接单元的活动。所以输入"吠叫"将会产生一个

III　向前

188　与"狗"这个类别相适应的全局激活属性，以此类推。通过对来自不同渠道的输入信息进行加总，并将结果与一些阈值相比较，个体单元通常会"选择"是否作出回应（变得活跃）。所以，一个约束满足网络一旦适应某种对输入的解释（如通过使所有的狗-特征单元变得活跃），去除它就很难了，因为这些单元之间有大量的相互支持。哈钦森指出，这些网络的这种特征很好地回应了确认偏误的心理影响，即那种容易忽视、低估、或创造性地再解释那些与现存的假说或模型不一致的证据（如独立输入"喵"）的趋势。（见比如 Wason 1968）

现在假设有一个约束满足网络的社区，其中每一个网络有着不同的初始活动水平（"倾向"）以及获得环境数据的不同方法。哈钦森指出在这些情况中，建构网络间交流所使用的具体方法会深远影响所展示的集体问题解决方法。但令人吃惊的是，哈钦森（Hutchins 1995, p. 252）也发现在这些情况中，更多的交流并不总是比更少要好。尤其是如果从一开始就允许所有网络影响其他网络的（交流）行为，那么整个系统就会显示出极度的确认偏误——比任何一个独立研究的个体网络都要大。原因在于频繁的交流模式会施加一个强大的内驱力，使它们能够迅速发现对数据的共同解释——在所有单元中寻找一个稳定的活动模式。相比对外部输入信息给予足够重视，个体网络将主要精力更多地放在这些内部约束上（寻找一套不会扰乱其他网络的激活模式的需求）。结果，社会团体在仓促之下"得出那种无视证据，而最接近于他们倾向重心的解释"（同上，p. 259）。

9　心灵与市场

但是，如果你对早期交流的层次设限，那么就为每个个体网络提供了时间来协调自身倾向与环境证据。如果随后启用了网络间交流，那么整体的确认偏误就会有效减少，也就是说，团体比普通成员更有可能确定正确的解决方案。这些结果表明，对个体决定进行判定的集体性优势可以成比例地降至成员间早期交流的层次。[8]但更重要的是，这个例子为我们阐明了一种方法，通过这种方法我们能以一种严格的方式开始理解，个体认知和群体层面动力学之间的某些微妙互动。的确，这种理解让我们更好地认识制度和组织结构在确定的集体问题解决中所发挥的作用，以及个体认知及其塑造和占据的外部脚手架之间的协调，这当然是至关重要的。

上述这个简单的例子表明，施动者间交流的模式还有（随着文化进化的时间）进一步改进的空间，以更好地满足某一已知集体的问题解决需要。在有趣的早期模拟中，哈钦斯和黑兹尔赫斯特（Hutchins and Hazelhurst 1991）指出，集体机器内流动的文化人造物（文字和符号）自身也能够"进化"，以更好地满足具体的问题解决需要。在这项研究中，哈钦斯（认知科学家）和黑兹尔赫斯特（文化人类学家）创造了一种简单的计算机模拟，在这种模拟中，连续几代的简单联结主义网络通过创造和传递一套文化人工物（即，关于环境事件中重要关联的简单语言编码信息）而逐渐提高其问题解决能力。这种模拟中有能够从两种环境结构中获益的一组"市民"（联结主义网）："自然结构"（在事件中被发现的关联——在这种情况下，月相和潮汐状态之间的）和"人造结构"（通过接触表征月亮和潮汐状态的符号进行学习)。借助普通的模式完成和学习能力,这些网络能够学习关联符号与事件,并用符号表示事件。因此,它们能够产生反映经验的符号,并运用符号来引发真实世界事件(其本身仅是这一简单模拟中的另一种编码)通常会引起的各种经验。所以,对符号的接触引发了相关事件的某种"替代性体验"。并且,有些模拟加入了"人工选择偏差",在这种偏差的影响下,其他市民会根据部分基于生产文化产品网络的能力(成功度)的可能性来选择文化产品(符号结构)。

哈钦斯-黑兹尔赫斯特的研究观察了许多代网络的相对成功。但与第五章中讨论过的遗传算法相比,随后的几代网络有相同的内部结构——不允许遗传改良。然而,更先进的外部人工物(表征月亮和潮汐状态的符号结构)的逐步积累使得晚期的几代网络能够学习初期无法学习的环境规律。每个个体对后来几代网络都不是遗传性作用,而是由包含月相和潮汐状态条目的符号化人工物构成。随后几代的公民部分根据他们紧接前代的人工物得到训练,这些人工物是或随机(同样可能被使用的所有前一代的人工制品)或根据相关选择偏差被选取的(因此倾向更先进的人工物)。

结果很明显:早期的几代网络无法预测规律。后几代网络与之在产生时相同且运用相同学习程序,因而能解决问题。具有选择偏差的模拟比那些基于随机选择的模拟要更成功。因此,人工物和人为选择策略的存在使多代(multi-generational)学习成为可能,这种学习不受基因改变影响并极大拓展个体学习范围。[9]

在这些简单模拟中，我们发现一些定量的分析细节被加入集体问题解决的观念中，其施动者群体能够创造和利用不同的外部符号结构，而这些符号结构是塑造个体人类思维并赋予其力量的更大社会和制度机制的活力源泉。

9.5　设计师环境

前面章节曾提到，罗德尼·布鲁克斯设计了许多移动机器人，他近来提出了这样一个问题：没有集中控制时，我们如何能从多种自适性过程中获得连贯行为？正如许多机器人专家和神经科学家所怀疑的，如果即便高级的人类认知也依赖于多重内部系统，他们交流有限，利用部分的和行动导向的内部表征形式，那么这个问题就不容忽视了。离开了重要的中央矮人——如丹尼特（Dennett 1991）所说，所有事物"集合在一起"的内部区域——还有什么能不让行为变得无序和弄巧成拙呢？布鲁克斯（Brooks 1994）提出了约束的三种来源：自然连贯性（其中物理世界决定比如动作 A 将先于动作 B 被执行）；设计连贯性（其中系统有比如一个内置的目标等级）；以及各种形式低成本的全局调节（如荷尔蒙的作用）。

现在，我们在此基础上加入共识主动性的自我调节（stigmergic self-modulation）的想法：为了以较少的个体计算促成成功的行动，智能的大脑对其自身外部的（物理的和社会的）世界进行积极建构的过程。似乎大多数人类活动的连贯性和问题解决能力，都可能源于这样一个简单却经常被忽略的事实：

III　向前

我们是地球上最非凡的生物，也是外部脚手架的利用者。我们建构了"设计师环境"，其中人类理性能够远远超过无增强生物性大脑的计算范围。因此，高级的理性首先是脚手架式大脑的王国：身体环境中的大脑与物理的和社会结构的复杂世界相互作用。这些外部结构既约束也增强基础大脑的问题解决活动，其作用在很大程度上是支持一系列迭代的、局部的、模式完成的响应。在这一范式内出现了古典经济学的成功（仅举一个例子），因为它在很大程度上依赖响应的短期动力学，由特殊制度性或组织性结构（由于选择性压力而使自身进化以最大化某种回报的结构）所强决定。

但是，在大多数情况中，这些外部脚手架本身是个体和集体人类思维和活动的产物。因此，我们当前的讨论仅触及一个大且困难的计划的表面：理解我们的大脑建构和栖居于世界的方式，这个世界充满了文化、国家、语言、组织、制度、政党、电子邮件网络，以及引导和影响我们日常行动的所有外部结构和脚手架装置。

192　　正如哈钦斯（Hatchins 1995）尖锐指出的，所有这一切只是为了让我们想起我们已经知道的事情：如果我们的成就超越了祖先的，这并不是因为我们的大脑比他们的更聪明，而是因为我们的大脑是更大社会和文化机器上的齿轮——带着大量前人的研究和努力（既有个人的，也有集体的）印记的机器。毫不夸张地说，这个机制是已有知识财富的不断具身化。正是这一散布理性的利维坦从我们自身简单的努力中争取最大化利益，也由此成为我们独特的认知成功的主要工具。

10 语言：终极人工物

10.1 语词力量

公共语言对我们来说有什么作用呢？对此有一个既普遍又简单的答案，虽然这个答案没有错但却具有误导性。这个简单的答案就是：语言帮助我们交流思想。它使得其他人能够从我们的所知中受益，也使我们能从他人的所知中受益。这当然是对的，并且语言已经成为了人类独特认知成功的一个主要源泉。然而，强调语言作为交流的媒介将会导致我们无视另一个作用，它不易被发觉却同样重要：语言作为一种工具[1]的作用，它改变各种问题解决中所包含的计算任务的本质。

其中所蕴含的基本思想很简单。以一件我们熟悉的工具或人工物为例，例如一把剪子。[2]这件人工物体现了某种双重自适性，即一种对使用者和任务的双向适应。一方面，剪子的形状非常适合人手的形状和操作能力。另一方面（可以这么说），当我们使用这个人工物时，它就赋予这一施动者以人类生来不具有的独特力量和能力：可以在某些纸上或者布上剪出整齐的直线切口，还可以打开泡沫包装，等等。这似乎就够了；我们为什么还要评价这个人工物呢？

在很多方面，公共语言就是一个终极人工物。它不仅使我们更具沟通力，而且使我们能把一些困难但又重要的任务转变成更符合人脑基本计算能力的格式。正如剪刀使我们能够利用自己基本的操作能力实现新目标一样，语言使我们能够通过触及新的行为和智能领域的方式来利用模式识别和转换的基本认知能力。而且，公共语言甚至还体现出前面提到的双向自适性，并由此构成大量语言人工物，其形式本身得到部分进化，以便利用人类学习和记忆中的偶然性和偏见。（人工物对使用者的这种反向自适性表明了关于语言习得和理解的先天技能争论的一种可能角度。）最终，人类思想和公共语言工具间的密切关系留给了我们一个有趣问题。特别是在这种情况下，决定使用者到哪里为止，而工具又从何开始就变成了一个棘手问题！

10.2 超越沟通

认为语言不仅是沟通媒介的观点并不新鲜。发展心理学对此曾有过清晰的表述，如维果茨基（Lev Vygotsky 1962）和劳拉·伯克（Laura Berk，见如 Diaz and Berk 1992）。在如彼得·克鲁瑟斯（Peter Carruthers）和雷·杰肯道夫（Ray Jackendoff）即将发表的哲学猜想和论证中也有过表述。而且曾出现在丹尼尔·丹尼特（Daniel Dennett 1991、1995）更为认知科学导向的猜测中。在提出我们自己的观点之前，对文献中一些核心观点

10 语言：终极人工物

的回顾会使我们受益匪浅，即认为语言是一种计算转换器，可以使模式完成的大脑解决棘手认知问题的观点。

20世纪30年代，心理学家维果茨基首次提出了使用公共语言对于认知发展有着深刻影响的观点。他认为语言、社会经验和学习之间有巨大关联。维果茨基与我们当前目标密切相关的两个观点涉及我们私人话语（private speech）以及脚手架式行动（在"近端发展区"内的行动——见Vygotsky 1962和本书第3章）。根据其对某种外部支持的依赖程度，我们将一种行动看作"脚手架式"的，这些支持可能来自对工具的运用或者对其他知识和技能的运用，也就是说，"脚手架"（如我对这个术语的使用[3]）表示大量的物理的、认知的和社会的增加物——这些增加物能使我们实现否则将超出我们能力的某一目标。例如，用圆规和铅笔画一个完整的圈、其他船员帮助轮船领航员平稳航行的作用，以及婴儿在父母的支撑下悬空迈出第一步的能力。维果茨基所关注的"近端发展区"关注这种情况，即一个孩子暂时只有在另一个人（通常是父母或老师）的引导或帮助下才能成功完成设定任务，而这种想法与维果茨基对私人语言的讨论相吻合，具体解释如下：如果一个孩子能够"通过仔细解释步骤的帮助来完成"一个更有经验的施动者所提出的一个棘手挑战，那么他往往能成功应对在其他情况中无法完成的任务。（回想一下你学习系鞋带的过程。）当那个成年人离开时，这个孩子还是可以进行类似的对话，但这一次是与她自己。但有学者认为，即使在后一种情况中，语言（可以是有声的或"内化的"）会发挥其作用从而引导行为、集中注意力和防范常见错误。在这种情况中，语言的功能是引导和塑造我们自己的行为，它成为了建构和控制行动的工具，而不仅是施动者之间信息传递的媒介。

维果茨基的观点得到了近来发展学研究的支持。伯克和加文（Berk and Garvin 1984）观察和记录了一组年龄在 5 到 10 岁间孩子的对话。他们发现多数孩子的私人话语（不是说给其他听众的语言）在孩子们管理和控制自己行动的过程中起关键作用，而且在孩子独处时或执行某一困难任务时，这种私人语言的发生率增加。研究者们又在后续研究中发现（Bivens and Berk 1990，Berk 1994），那些对自己进行较多自主评论的孩子是随后掌握任务最出色的。伯克总结说，从这些研究中可以看出，自主评论（无论是有声的还是无声的内部叙述）是一种重要的认知工具，它有助于我们将注意力集中于新情况中那些最令人困惑的特征，并更好地引导和掌控我们自己的问题解决行动。

哲学家克里斯托弗·高克（Christopher Gauker）也提出了语言作为工具的主题。但高克主要关心的是根据他所谓的"因果分析"来重新思考语言的个体内部作用。他的想法是将公共语言描述成"影响一个人环境中的变化的工具，而非表征世界或表达个人思想的工具"（Gauker 1990，p. 31）。为了更好地理解这种观点，请让我们思考一下黑猩猩想要吃香蕉时所使用的符号。黑猩猩触摸到键盘上一个特定键（几次测试中这个键的具体物理位置可以不同），并发现使那个符号发亮可以加快香蕉到来。高克认为，根据黑猩猩对局部环境中信号产生和改变间因果关系的理解，黑猩猩的准语言理解力是可解释的。在对

10　语言：终极人工物

大量的信号利用行为进行观察后，高克得出结论：这些行为都能与这种分析相符。由此，他假设：尽管明显更复杂，但人类语言理解同样"在于对语言信号所能进入的因果关系的理解"（同上 p.44）。

高克倾向于将语言作用看作（如果你愿意这样理解的话）一种直接因果关系：作为一种把事情做好的方式，就像伸出你的手去拿一块蛋糕。但原则上来说，认为我们是根据经验获悉具体符号和标志的特殊因果效力的观点更为宽泛。正如在维果茨基的例子中，我们可能甚至发现对语词的自主叙述对我们自身行为有一定影响。[4] 我们还可能学会以各种不那么直接的方式将语言作为改变计算问题空间形态的方法（见10.3节）。

如果将语言看作一种自主工具，那么这一假定作用明显会引发我们的好奇："它如何发挥作用？"例如，使它扮演引导性角色的自主言语到底是什么？毕竟，我们如何能够告诉别人我们自己也不知道的事情，这一点还很不清楚。当然，所有的公共语言所能做的就是一个媒介，表达已通过其他更基础的内部编码阐述和理解的观点，这恰恰是语言的超交流性解释所最终拒斥的观点。要拒斥这种观点，一种方法是将公共语言描述成自身是一种特殊思想的媒介，另一种（绝不是独有的，也并不完全是不同的）方法则是将语言形式的输入描述为对某一内部计算设备有特殊影响。克鲁瑟斯即将出版拥护第一种方法；而丹尼特（Dennett 1991）则提出了第二种方法的一个版本。[5] 克鲁瑟斯认为，至少在这种情况中，我们应该相当重视来自我们内省的证据，我们的思想当然常常看起来是由公共语言的词句构成。并且克鲁瑟斯指出，我们有这种印象的根源在于："……内部思维是通过内部语言逐字实现的"为真。[6] 进而，克鲁瑟斯认为，语言的许多用法已经不是简单的交流，而是他所称的公共思维。这种观点与维果茨基得到伯克支持的观点一致，同时也适用于记录下我们观点的有趣情况。克鲁瑟斯（同上，p. 56）认为，"我们不是先有私人想法然后才把它写下来；相反，思考的过程就是书写的过程"。我将在后文中进一步阐述这种观点（见 10.3 节和后记），因为我认为克鲁瑟斯的观点基本正确，但也认为通过将书写看作为人类大脑转换问题空间的环境操作，我们能够更好地理解克鲁瑟斯所想要表达的情况。

正如我们已经知道的，要想理解超交流（Supra-Communicative）的语言观，就要假设语言输入实际上是重组或改变大脑的高层次计算结构。这种解释是不成熟的（因此也是尝试性的），但是当丹尼特（Dennett 1991，p. 278）似乎认同这一观点，因为他表示"有意识的人类心灵或多或少是串行虚拟机，在由进化提供给我们的并行硬件上低效执行"。但在同一本书的其他章节中，他似乎又认为，（其他事物中的）公共语言文本和句子（备忘录、计划、告诫、问题等）对（有点像）并行处理的、联结主义的、模式完成的大脑的攻击，导致了认知重组，类似于一个计算机系统模拟另一个时所发生的。在这些情况下，新程序的安装可以让使用者将一个串行 LISP 机（例如）看作一个大型的并行联结主义装置。丹尼特告诉我们（同上 p. 218），他所提出的是同样的方法，只是方向相反，即通过运用大规模并行神经网中完全不同的资源来模拟类似串行逻辑引擎的东西,而前者正是生物进化用以正确支持真实世界的实时生存和行动的。

引人注目的是,丹尼特(Dennett 1995, pp. 370-373)认为,正是因为(主要是)语言轰炸导致大脑微妙的重新设定程序产生了人类意识(我们自我的含义)的现象,并使我们能够超于其他大多动物的行为和认知成就。由此,丹尼特并没有将我们高级的认知能力主要归因于我们先天的硬件(也许只是在一些虽小却重要的方面不同于其他动物),而是归因于大脑的各种可塑性(可编程的)特征受文化和语言影响而被修改的特殊方法。正如丹尼特(Dennett 1991, p.219)所说,串行机的安装得益于"在大脑可塑性方面的大量微小设置"。当然,只有文化和语言不足以确保类人的认知。你可以让一只蟑螂接触你所喜欢的所有语言,然而却不会有丹尼特所说的人类所具有的认知转换的痕迹。丹尼特并不是要表明初始的硬件层面不存在差异,他是想要表明那些相对细微的硬件差异(例如人类和黑猩猩间的)使我们能够将认知改变和认知增强(可能会包括在大脑内真的安装某种新的计算设备)的雪球越滚越大,通过这样的方式来创造公共语言和其他文化进步并从中受益。

丹尼特的观点千头万绪但并非完全模棱两可。我想表达的观点显然与他的思想紧密相关,但在一个重要的方面上存在差异(我认为)。丹尼特把公共语言既看作认知工具,又看作大脑的某种深刻又微妙的重组来源,但我更倾向于认为它本质上就只是一种工具,即一种外部资源补充但又不会深刻改变大脑自身基本的表征和计算模式。也就是说,我认为这些改变是相对表面的，它们能让我们充分地利用和开拓各种外部资源。当然，这两种观点并非完全不同。我们常常会在头脑中预演句子并以此引导和改变我们的行为，这一事实意味着我们不能也不应该将语言和文化看作完全外部的资源。但是这种预演所使用的大脑中本质不同的计算工具，不如为在公共语言世界中观察到的特殊类型的行为建模时所用的同样的（本质上是模式完备的）旧资源多。并且如同保罗·丘奇兰德（Paul Churchland 1995，pp. 264-269）所说，的确有一类联结主义网络（"循环网络"——参见上文第 7 章，Elman 1993，在 Clark 1993 中有进一步的讨论）适合支持这种语言行为并为其建模。

联结主义者戴维·鲁梅尔哈特（David Rumelhart）、保罗·斯莫伦斯基（Paul Smolensky）、詹姆斯·麦克莱兰（James McClelland）以及杰弗里·希尔顿（Geoffrey Hilton）很好论证了这种内部预演的观点，他们认为对我们环境中选择性方面的行为进行"心理建模"的总体策略至关重要，因为它使得我们能够想象我们的身体之前与之互动的外部资源，并在头脑中回忆这些互动的动态。因此，画出和使用维恩图（Venn diagrams）的经验训练了我们，使我们随后能在头脑中操作想象的维恩图的神经网。当然，如此富有想象力的操作需要经过特殊训练的神经资源，但是这并不意味着这种训练引起不同类型计算工具的安装。它还是高维度表征空间中老一套的模式完备过程，只是被应用于某一特定外部表征的特殊领域。鲁梅尔哈特等人看到这种观点与维果茨基观点间的明显联系，将其观点总结如下（Rumelhart et al. 1986，p.47）：

10　语言：终极人工物

我们可以被命令以一种特殊的方式行事。我们可以将这种回应指令的方式简单地看作对某一环境事件的回应。我们也可以记住这一指令并"告诉我们自己"该做什么。通过这种方式，我们对指令进行了内化。我们相信无论是我们已经告诉自己做什么还是我们已经被告诉做什么，服从指令的过程在本质上是相同的。由此，在这里我们有了对外部表征格式的一种内化。

以上内容所摘自的段落（pp. 44-48）内容非常丰富，涵盖了我们所关心的几个主要论题。鲁梅尔哈特等人注意到，这种外在的形式体系极难产生、发展缓慢，并且这一进化的产物仅靠（以一种不易被人察觉的、自举的方式）以语言为媒介的、几代人文化存储和逐步提炼。他们还注意到，通过使用真正的外部表征，我们能够运用基本知觉和运动技能将问题划分成几个部分、并关注一系列子问题并在这一过程中存储中间结果——我们在10.3节中还会对这一重要特征进一步讨论。

同样，我所要采用的策略也是将语言看作一种外部人工物，它补充（而非美化）我们和其他动物所共有的基本加工处理特征。这一策略并不将有语言的经验刻画为玄奥的内部重编程的来源。但是，至于是否有时将内部的语言预演看作特定人类认知（如克鲁瑟斯所说）的真实构成，这一点还不是很明确。我认为重要的不是要解决"我们真的是用语言思考吗？"（对这个问题的回答当然是"从某种意义上来说是肯定的，从另一种意义上来说又是否定的！"）这样模棱两可的问题，而是探究模式完成的大脑如何从可操作的外部符号结构的丰富环境中获得计算效益。于是，是时候"入虎穴"，直面语言的难题了。

10.3 交换空间

语言人工物如何补充模式完成的大脑活动？我认为其中的一个关键作用在交换空间的想法中充分体现：利用原本（至多）是时间或者劳动密集的内部计算，运用外部符号结构的自主体换取文化实现的表征，这实际上就和我们在缺乏实际可操作的外部符号时常做的纯粹内部的权衡一样，我们运用这些符号的内部模型从而用符号形式抛出问题，以便解决。就像人们常说的，我们具有对真实外部符号操作的在先经验，正是这种经验为符号简化问题解决的更独立的事件扫清了道路。

这样的例子有很多，例如将阿拉伯数字系统（而不是罗马数字系统）作为算术问题解决中的记法；用维恩图来解决集合理论中的问题；用生物学、物理学等的专业语言来表述并解决复杂问题；以及用列表和计划表来帮助个人规划或团队协调。这些例子中蕴含着一个共同的基本原理，即使解决问题所需的某些知识成为你起初用来表征问题资源的一部分。但是，在不同情况中，公平交换如何实现，以及它如何拓展我们的认知潜能，二者的细节在每种情况中各不相同。因此，区分用个体计算交换文化传播表征的不同方式是有益的。

最简单的例子就是利用外部符号媒介将记忆转移到世界中。这里我们只是简单地将诸如文本、日记、笔记本等诸如此类的人造世界作为系统性存储大量且常常是复杂的数据的方式。我们也可以通过简单的外部操作（例如在镜子上留个便条），在恰当时机从主板生物性记忆中回忆起适当的信息和意图。因此，这种对语言人工物的运用成了更简单环境性操作的完美延续，例如将一个空橄榄油瓶子放在门边，这样在你出门去商店时就一定会看到它（并由此让你想起要买橄榄油）。

还有一个稍微复杂些的例子（Dennett 1993），就是将标签作为环境简化的一个来源。也就是说，我们用符号和标签来提供知觉上简单的提示来帮助我们应对复杂环境。衣帽间、夜总会以及市中心的标志都具有这种功能，它们使少量的个体学习在很长的路上大有帮助，帮助他人在没有预先知道具体要找什么或者甚至确切地要去哪里找时，在陌生的地方找到目标位置。麦克拉姆洛克（McClamrock 1995, p. 88）精彩地将这种策略描述成，我们在其中"把减轻我们的计算压力和推理需求的某种稳定特征施加于环境中"。

通过使用语言标签，为重要概念提供一个极度简化的学习环境与之密切相关，却又不那么显而易见——作用已经在第九章中哈钦斯的"月相和潮汐"理论中进行例示和讨论。对简单标签的使用为学习装置提供重要线索，使它将大量的搜索空间缩减到易控制的大小。[7]

在协调行动中，围绕语言运用而使用语言表征簇有着更为成熟的益处。我们告诉别人我们会在某一时间出现在某一地点。我们甚至会与自己做这个游戏，或许是通过写下在哪些天需要做哪些事的列表。这种显性规划的一个效果就是有助于行动的协调。如果某人记得你说过你将在早上9点到站,那么他们就可以相应地确定他们坐出租车达到车站的时间。或者是在一个人的情况中,如果你在为汽车补漆之前需要先买油漆,而且如果你反正还需要去商店买些别的东西,那么你就能通过遵循一个显性的计划来最小化你要花的力气并实施恰当的排序。随着需求和机会的空间增加,通常你可能需要用笔和纸来记录并不断重新排列需要做的事,并以此作为可用来引导你后续行为的某种外部控制结构来保留这一结果。

尽管这种协调性功能很重要,但却不足以体现(通常是语言基础的)显性规划的全部益处。正如米歇尔·布拉特曼(Michael Bratman 1987)所说,有些施动者像我们一样资源有限,因此制定显性规划对减少在线认知负担有特殊作用。这里的观点是,我们的计划具有某种通过减少在线思考而获益的稳定性,尽管这种思考在我们大多数的日常生活事务中都需涉及。当然,新信息的出现可以且常常会使我们修正计划,但我们不会因为一些细微变化而再评价我们的计划——即使在其他事情不变,我们现在做出略微不同的选择时。布拉特曼认为,这种稳定性可以避免持续的再评价和选择的不必要过程(当然,除非在打破原有计划能带来某种非常重要回报的情况下)。[8] 因此,在协调(在私人间的以及私人自身层面的)活动以及减少我们日常生活的在线思考中,语言交流和表述发挥了关键作用。

与这些控制和协调功能紧密相关的是,在控制我们自己的注意力以及引导我们的认知资源分配过程中,内部语言预演所

10 语言：终极人工物

发挥的有趣却难懂的作用。在10.2节讨论过的发展学结论（关于自主语言增强问题解决的方式）表明：内部语言是能够调节大脑对自身基本认知资源利用的一种备用的控制环路。在我们遵循书面指令时，或者在我们在学习开车或冲浪中回应他人的有声提示时，我们都能够看到这种人际间交流的现象。在我们自己练习时，对这些相同句子的心理预演就像控制信号，以某种方式帮助我们监督和纠正我们自身的行为。

德雷弗斯兄弟（Dreyfus and Dreyfus 1990）认为心理预演只有在新手表现中才会发挥这种作用，真正的专家不需要这些语言维持和支撑。但是，尽管比如一个熟练的驾驶员无需再进行像"镜像–信号–操纵（mirror–signal–maneuver）"这样提示的心理预演，但这并不意味着语言基础的推理在专家层面根本不起作用。基尔希和马格里奥最近的一项有趣研究（见前文第3章）讨论了反应和语言形式的反思对玩俄罗斯方块中的专家表现的作用。回想一下，在俄罗斯方块中，玩家是通过将屏幕顶端落下的几何图形（方块）的紧密拼凑而累积得分的。当一个方块落下来时，玩家可以旋转它在当前轨迹中的静止点来控制它的降落。一个方块落下后，新的方块就会出现在屏幕顶端。下降速度随着分数增加而加快。但（挽救的方法）—满行（这一行的每一个位置都被方块填满了）会全部消失。如果玩家不能及时安置那些移动的方块，那么屏幕就会被填满，新的方块就进不来，这样游戏就结束了。因此玩好这个游戏关键在于快速决策。由此，俄罗斯方块的游戏表明：在这样的领域中，专家表现需要联结主义的、模式完成的推理。如果德雷弗斯兄弟提出的模型是对的，那么种并行的、模式完成的推理应该能详尽解释专家技能。但有趣的是，情况似乎并非如此。相反，专家玩法似乎依靠一种微妙和不易察觉的互动，这种互动出现在迅速的、模式完成的模块和显性的高水平的关注或规范策略之间。这只是初步结论，我们还无法对其中的所有细节进行详述，但关键的观察是，真正的俄罗斯方块专家说他们依赖的不仅仅是（可以说是）充分训练的网络所产生的一组快速自适应性反应，还依赖于他们用来监控熟练的网络输出的一组高水平关注或策略，以"发现对……规范性策略的趋势和偏离"（Krish and Maglio 1991，p.10）。这些策略的例子包括"不要将方块堆在中间，但要尽量保持边界是平的"，还有"不要依赖于某个特定的方块"。（同上，pp. 8-9）现在从表面看来，（按照德雷弗斯兄弟的观点）这些只适用于那些新手玩家的粗浅和现成的准则，而重视这些规范性策略才是真正专家的玩法。当然，我们还是会好奇，如果反应有时间限制，这些策略在专家玩法的层面如何起作用。其实对于一个正在下降的方块来说，玩家并没有时间思考这些策略来推翻即时输出。

　　对此，基尔希和马格里奥提出了一种提示性猜想。他们认为，高水平策略的作用可能是间接性的，它们起到的作用可能在于改变对后续输入的关注点，而非用规则来推翻充分训练的网络输出。这种观点认为，充分训练的网络（或者用基尔希和马格里奥的话说，"反应模块"）有时候会制造出在其中无法思考高水平策略的危险状况。这里的补救措施不是要推翻那个反应模块，而是要对它接收到的输入进行操控，以便在以常规方

10 语言：终极人工物

式处理反应模型时可以呈现能够产生与策略相符输出的特征向量（feature vector）。正如基尔希和马格里奥所描述的，规范性策略因而是一种独特且极度"受语言影响的"资源，它间接地调节更基本的、快速的、流畅的反应施动者的行为。但这种间接调节如何实现，我们仍旧不得而知，但基尔希和马格里奥推测，它的运作可能是通过对某些危险地带给予特别的知觉关注，或增加对特定可视化程序的分辨率。

当然，对思想和观念进行语言编码最显而易见的好处就是，这种编码将我们的观念格式化为简洁和易传递的信号，以便其他人能够提炼、评价和使用。正如我所说，这种交流性作用容易支配我们关于语言的作用和功能的直觉性观点，但是，如果我们无视其在生物性大脑的广义联结主义模型所提供的特定计算环境中的作用，那么我们对即便这种熟悉作用的概念仍是贫乏的，因为这些模型的一个显著特征就是，它们对学习程序有高度的路径依赖。例如，杰夫·埃尔曼（Jeff Elman 1994）等所做的一系列令人叹服的实验表明，联结主义学习（connectionist learning）在很大程度上依赖于训练范例的顺序。如果早期的训练出错了，那网络就通常无法再恢复了。只有当一个特定网络曾经已经练习过强调主谓一致的、更基本的子集范例时，它才能从例句的语料库中学习复杂的语法规则。如果过早接触那些复杂的语法现象（如远距离依赖关系），很可能会导致形成以后很难纠正坏的早期"解答方式"（局部最小值）。[9] 人类的学习，就像在一个人工神经网中学习一样，至少在某种程度上受到路径依赖的限制。对某些观点的理解只有在其他观点就位时才能

III 向前

完成。一个心灵所得到的训练使得它能够对其他心灵所无法理解的观点进行理解和扩展。的确，形式教育的过程就是要把一个年轻的（也可能不那么年轻的）头脑带上一条真正的智慧之旅，这个旅程甚至会始于一些观点，它们现在看来是错误的但后来却能为系统理解更深入的真理做准备。这些世俗之事反映了认知性路径依赖性——世上没有无本之源，你的当前状况在很大程度上限制了你将来智力发展的轨迹。事实上，通过将智力进步看作包含类似在一个大的复杂空间中计算搜索过程的东西，就能很好地解释这种路径依赖。先前的学习使系统倾向于在一个特定的而非其他的空间位置进行尝试。当在先学习恰当时，那么学习新规律的工作就是易于控制的：在先学习就好像是待探索选项空间的一个过滤器。运用梯度下降学习法（见第三章）的人工神经网络受限制的程度尤其高，因为学习程序迫使网络在当前权重分配的边缘进行探索。由于是它们构成了当下的知识，所以这就意味着这些网络不能在假设空间内"跳来跳去"。因此网络在权重空间中的当前位置（它的当下知识）就是对接下来能探索什么新"观念"的主要限制（Elman 1994, p. 94）。

对于具有一定程度路径依赖的设备来说，认为语言使思维得到包装并在个体间迁移的世俗观察有了新意义。我们现在可以理解，这种迁移如何使如此精细而困难的智力轨迹与发展的群体建构成为可能。只有乔（Joe）的在先经验可以使之成为可能，却只有在玛丽（Mary）大脑所提供的智力生态位（niche）中才能得到发展的观点，现在只要一有需要就可以通过乔和玛丽之间的交流来全面实现。通向好观点的路径能够交错于个体的学习历史，从而一个施动者的局部最小值可以成为另一个施动者强大的构建基础。并且，在一个语言连接的集体中可用的智力生态位的数目可以提供惊人的可能的施动者间的轨迹矩阵。因此，一旦我们认识到这种集体努力在超越个体认知的路径依赖本质中所起到的作用，公共语言使得人类认知呈现集体性特征的观察（Churchland 1995，p. 270）就有了新深度。即使盲目而无知地探索存储数据的高效再编码，也会不时产生有影响力的结果。通过对这些结果的个体间迁移，文化脚手架式的理性就能够逐步探索空间，这是路径依赖的个体理性所永不可及的。（关于这一主张的细的、基于统计学的调查，详见 Clark and Thornton，即将发表。）

这一总体情况符合默林·唐纳德（Merlin Donald 1991）关于文化和认知进化的解释性研究。唐纳德清楚地承认了外部脚手架（特别是外部存储系统的）形式在人类思维中的重要作用，但他区分了两种主要类型的脚手架，他称之为虚构式（mythic）脚手架和理论式（theoretic）脚手架。唐纳德认为，在古希腊人之前，各种不同的外部形式体系得到使用，但却只为神话和故事服务。希腊人的主要创新在于开始运用文字媒介记录思维和论证过程，之前的文字记录仅涉及神话或理论成品（大规模地被学习，并在不经修改的情况下得到传承），而希腊人却开始记录一些思想片段、猜测以及对它们支持或反对的证据等。这种新的实践使得部分解决方案和推测能够被其他人传播、修改和完善等。在唐纳德（同上，p. 343）看来，希腊人由此所创造的"不仅仅是一种符号发明，如字母或特定的外部存储介质

III 向前

（如改良的纸或印刷术）"，而是"外部编码的认知改变和发现的过程"。

为完成语言脚手架式思想的认知优势的初始盘点，让我们来思考一下某种特定外部媒介的物理属性。举个例子说，在我写本章内容的时候，我需要不断地对大量文本进行创造、搁置和重组，我的文本（既是纸制的、也是即时的）是经过很长时间积累下来的，其中包含了与论题密切相关的各种线索和片段，我的源文本和论文中标满了记号和注解。当我（字面上地、身体上地）将这些东西搬来搬去时，我让第一个作用于第二个然后第三个，并做新的笔记、标注和计划，由此这个章节的知识框架就慢慢确定和形成了，这个框架并不是完全是内部思考的成果，而是我的大脑和各种外部支撑物之间持续反复交互的产物。我认为，在这些情况中，很多实际思考包含了大脑之外并贯穿局部环境之中的循环和回路。延展的知识论点以及这些几乎总是大脑与多种外部资源合作的产物，这些资源使我们能够处理和并置使大脑对那些未增强的观点和信息感到困惑。[10] 在所有这些情况中，印刷文字和符号的真实物理环境使我们能够以一种不同于生物性大脑即时指令系统的方式搜索、存储、排序和重组数据。[11]

这其中的道理很明确。公共语言、内部预演以及书面和即时文本的使用都是重新配置计算空间结构的有力工具。我们一次又一次地用个体计算换取文化实现的表征，一次又一次地用语言对我们的思维进行关注、阐释、转换、卸载和控制。这也解释了语言不仅仅是我们直观知识的不完美的镜子。[12] 相反，它是理性自身机制必不可少的一部分。

10.4 关于思想的思想：红树林效应

如果在一个岛上看到一棵树生长，你首先会想到什么？我们会很自然地（通常也是正确地）假设这个岛土壤肥沃，一颗幸运的种子栖息在了这片土壤上。但是，红树林[13]可能是对这个一般性规则发人深思的反例。红树林由一颗在水中漂浮的种子发芽长大并扎根在浅泥潭中，小树苗将复杂的垂直根系插入水中，最终看上去实际像是一个踩着高跷的小树。然而这种气生根的复杂系统慢慢地吸收漂浮的泥土、杂草和废弃物，一段时间后，被吸收的物质积累起来形成了一个小岛。随着时间的推移，这个岛越来越大，随着越来越多岛屿的最终合并，海岸线快速地延展和树林连成了一片。在这整个过程中，尽管我们有之前的直觉知识，才是因为树的作用而慢慢形成了这个岛。

我认为，这种类似于"红树林效应"的东西同样存在于人类思维的某些领域中。我们可以很自然地将语言看作一直根植于已有思维这一肥沃土壤之中，但至少有时候，这种影响会反向发生作用。诗歌就是一个简单的例子。作诗时，我们并不简单使用语言来表达思想，确切地说，常常是语言的属性（它们的结构和韵律）决定了这首诗所要表达的思想。在对复杂文本和论证的建构过程中也同样会发生类似的部分逆转，通过写下自己的想法，我们会产生一种具有一系列新可能性的格式痕迹，而后我们能够对那些来自不同角度和不同心灵框架的相同观点进行考查和再考查，在保持最初思想不变的前提下，我们对它们进行判断并对细微变化进行安全的尝试。我们以这些方式存储它们使之能与其他观念的复合物进行比较和结合，而这种方式很快就会击败未经增强的想象。正如前一节中提到的，通过这些方式，物理文本的真正属性改变了可能思维的空间。

这些观点引发了我的如下猜测：也许是公共语言造就了人类思维的一系列特殊属性，即展示二阶认知动力学的能力。我所说的二阶认知动力学包含了自我评估能力、自我批评和熟练的补救式反应等一串能力。[14] 与此相关的例子有：能够意识到我们计划或论证中的缺陷，并通过进一步的认知努力去修正它；反思在某些情况中自己初始判断的不可靠性，并保持特别的谨慎继续进行；理解为什么通过我们自身思维的逻辑转化就能够得到一个特殊的结果；以及思考哪些是令我们达到最佳思维状态的条件，并努力去实现它们。这样的例子不胜枚举，但其中的模式已经很清楚了。在所有这些例子中，我们对自身的认知特征或特定想法进行了有效的思考，这种"关于思考的思考"是人类独特能力（与我们共处地球不使用语言的动物所并不具备的能力）的一个合格的候选对象。由此，我们很自然想知道，这是否是语言发挥生成作用（generative role）的全部思维种类，不仅体现在（或得到延展）我们对语言的使用中，而且还直接依赖于语言特有的存在。按照这种模型，公共语言和对句子的内部预演就像是红树林的气生根，语言就像是能够吸引和定位其他知识问题的定点，它们建立了能够体现智人认知景观特色的二阶思维岛。

10 语言：终极人工物

我们不难理解这是如何产生的。一旦我们用文字（或在纸上）表达了一种思想，对我们和他人而言，它就成了一个对象，作为对象，它就是可以被思考的事物。在对这个对象的创造过程中，我们不需要对思想进行思考；而一旦它在那里了，它就会即刻被作为一个独立的对象受到关注了。因此，语言表述的过程创造了后续思想可依附的稳定结构。

语言学家雷·杰肯道夫（Ray Jackendoff）提出句子内部预演潜在作用的一个意外进展，杰肯道夫认为（即将发表），对句子的心理预演是使我们的思想能变成进一步关注和反思对象的主要方法，他的核心观点是语言表述使预演思想可以用在心理注意过程中，从而反过来，又向它们开放一系列更深层的心理活动。例如，它使我们能够挑出复杂思想中的不同元素，并对它们逐一进行详细检查，它使我们能够在工作记忆中"稳定"非常抽象的想法，它还使我们能够以其他的表征模型所无法做到的方式对我们的推理进行检查和评判。

是什么使以句子为基础的内部预演发挥了如此不同寻常的作用？我认为答案就是：语言作为沟通工具所发挥的更为世俗的（时间上在先的）作用。为了作为一个有效的沟通工具而发挥作用，公共语言将一直被塑造成很适合于在其中陈述、检查并评判观点的人际间交流的一种编码，而这反过来也包含了将最小化情境域（contextuality）（在它们出现的不同句子中大多数单词在本质上仍保留相同意思的那类编码的发展）；这是一种有效的形式中立（通过视觉、听觉或触觉输入引起的，并通过同样的语言形式保存某个观点）；这使得我们能够对简单的

III 向前

字符串进行死记硬背。[15] 通过将我们的想法"冻结"在令人难忘的、受环境耐受的、形态超越的句子格式中，我们创造了一个特殊的心理对象——经受得住多种认知角度的检验，不是在我们每次接触新输入或信息的时候都注定要修改或改变的，并将这些观念固定在从感官输入近端起源的特定细节中高度抽象层面的对象。我认为，这种心理对象非常适合二阶认知所特有的评价性的、批判性的、高度集中的运作。按照这种对我们自己思想关注的准则，这个对象适用于杰肯道夫所强调的严格和反复的检查。因此，正如上文10.2节维果茨基观点所预测的那样，公共语言的编码系统特别容易被增补，由于内部显示、自我检查以及自我批判等更为私人的目的。语言明显是一种重要资源，使我们的思想能够以一种可使用各种新的操作和利用的方式进行有效的重新描述[16]。

我们可以将二阶认知动动力学的出现看作人类文化进化中各种外部脚手架式结构真正激增的一个根本原因。正是因为我们能对自己的思维进行思考，我们才能够以提升、支持和拓展我们自己认知成就的方式，来积极地构建我们的世界。当书面文本和符号的到来令我们开始将更复杂、更延展的连续思考和推理作为后续检验和关注的对象时，这个过程也就圆满了。（回忆一下前一节所提到的默林·唐纳德的猜测。）

一旦句子和文本基础反思的设备（内部的或者外部的）就位，我们就能够期待新型的非语言思想和编码（以更有力和高效的方式对句子进行操作并与之互动的类型）的发展。[17] 因此，我们可以将语言的建构看作引导我们发展新的（不以语言为基础的）应用、识别和操作技能的一类新对象。思维的句子式模型和非句子式模型从而可以共同发展，对彼此特别的认知优势进行补充而非复制。

我想正是因为没有认识到这种深刻的互补性，才令保罗·丘奇兰德（最优秀和最富想象力的神经哲学家之一）把语言形式的表达仅误认为对我们"真正"知识的肤浅反映。丘奇兰德担心，如果没有这种边缘化，我们可能会错误地将所有的思想和认知看作包含类似于句子的符号串的无意识复述，并由此忽视那些从生物学上和进化论上看很根本的以模式-原型为基础的强大编码。但是，现在我们已经发现了富饶的中间领域。[18]通过将在生物学上很基本的模式-识别技能，和语言和文本的特殊"认知固定剂"相结合，我们（像是红树林那样）创造了新的领地——思维海洋中新的定点。作为一种补充性的认知人工物，语言真的能够拓展我们的认知视野，并无需应付概括非语言思想之具体内容的那些不可承受之重。

10.5 语言对大脑的适应

假设有个设计不良的人工物——比如一个很难掌握并且使用起来很笨拙，令人沮丧的早期文字处理程序，一个想象中的基因突变了的神童认为这个程序很简单，那么他的神经资源肯定已经进行特别的预先调整，来促进他对这一能力的迅速习得。

接下来再来假设一个设计精良的人工物：回形针。[19]一个

III 向前

能够快速学会并擅长使用回形针的人，不必是具有一个经过特殊调整大脑的基因突变人，因为回形针自身经过调整以便能够让像我们这样的生物（但不是老鼠或者鸽子）在办公环境中易于轻松使用它。

212 假设（仅仅是假设）语言是这样的工具。也就是说，语言是部分进化的一种人工物，以便像我们这样的生命可以很容易习得并使用它。例如，它可能会展示利用人脑和感知系统特定的天生偏好的语音或语法结构类型。如果真是如此，那么它就会显得我们的大脑是特别适合习得自然语言的，但是事实上是自然语言特别适合被我们习得的，并且是认知上毫无保留的。

毫无疑问，真理存在于两者之间。认知科学家（见比如 Newport 1990）近来提出了这样的猜想：自然语言的某些方面（例如形态结构）适合利用年轻人在记忆力和注意力上特殊局限性所产生的窗口效应。正如克里斯琴森（Christiansen 1994）所明确指出的，从联结主义研究角度看，语言习得是使用者和语言之间的共生关系所赋予的，只有当一种语言能够容易地被人类宿主所学习和使用时，它才能持续存在和获得发展。这种共生关系迫使语言以有利于改变和适应人类学习的方式。

那种使得自然语言在某种程度上适应于人脑的反向适应，在评估我们学习和使用公共语言的能力时具有重要意义。同时，这种能力本身也证明了我们人类在认知方面是非常不同于其他动物的。因为看上去人类确实是有能力获得且充分运用公共语言复杂的、抽象的、开放式的符号系统的唯一动物。[20] 但我们也无需由此认为，我们和其他动物在计算和神经学方面都

10 语言：终极人工物

要有主要和全面的区别。[21] 相反，随着此后产生可以更充分利用预先存在的、语言-独立的认知偏向的（尤其是那些年轻人的）语言形式的反向自适性过程，只需做出相对微小的神经改变，我们的祖先就能获得基本的语言学习。[22] 按照这种模型，人类大脑与其他高级动物的大脑之间无需存在深刻的差异。相反，普通人就能从微小的神经变化中受益，这个过程与愈发有反向自适性的公共语言的难以置信的赋权环境一起，产生人类科学、文化和学习的认知爆炸。

我们可以赋予"反向自适性"这一含糊但有提示性的概念以一定的（被公认是过于简单化的）定量的和计算的意义。黑尔和埃尔曼（Hare and Elman 1995）曾用联结主义网络的"文化系统发展学"对描绘古英语（大约870年）过去时态系统到现代系统演变特征的系列变化进行了相当详细的建模。这表明通过在其中前一代的输出信息用作后一代的训练信息的一系列神经网络，我们能够对历史演进进行具体的建模。这一过程在语言本身中也产生了变化，因为语言为反映其使用者的学习属性而做出了调整。简单说来就是：原始网络接受的是古英语形式的训练。接着，第二个网络接受的是第一个网络所产生形式的训练（尽管并不完美）。之后又用它的输出去训练接下来的网络，以此类推。这里的关键在于，在学习执行映射的过程中，一个网络所犯的任何错误都会成为后一个网络数据集的一部分。难以学习的模型和形式上彼此相近的项对将会消失的项进行不同的改变。正如黑尔和埃尔曼（同上，p. 61）所说："最开始，（动词）的类型在语音连贯性和类型大小方面都是不同的。那些一开始就不太相同或没有被很好定义的模式是最难学习的，并且通过几代网络的学习，它们就会消失了。这种滚雪球的过程就像统治阶级吸收了新的成员，而这个被联合了的阶级就变成一个更有影响力的吸引。"通过研究外部数据集和个体学习过程之间的相互作用，黑尔和埃尔曼对从古英语到现代英语的历史演进成功地做出了一些相当详细的预测（受到语言事实的证实）。对于我们来说，这里的重要寓意在于：在这种情况中，认知的外部脚手架为了在人类大脑所提供的小环境中有更好的发展，自身发生了自适性改变。由此，通过联结使用者和人工物的共同演化力量，生物性大脑与其人工工具和支撑物间的互补性可以在一种相互调节的良性循环中得到加强。

10.6 心灵的终点在哪里，其余世界的起点又在何处？[23]

使用者-人工物动力学的复杂性引发了我们对一个更普遍性论题的思考：如何为智能系统和世界划分界限。正如我们在前面的章节所看到的，这个边界似乎比我们之前所预想的更具可塑性——在很多时候，选定的身体之外的资源构成了延展计算和认知过程的重要组成部分。更极端地说，这种心灵向世界的渗透将我们关于人的观点扩展到有时还包括局部环境的特征，对我们基本自我形象的重构造成了威胁，这种扩展最有可能存在于那些涉及书面文本和口头词语等外部工具的情况中，因为与这些外部媒介的互动是无所不在的（在受教育的现代文化中）、可靠的，并且是发展学上根本性的。在这些文化中，人

10 语言：终极人工物

类大脑对文本和语言这些周围介质的期待，与他们对能够在一个具有重量、力、摩擦力和重力的世界中发挥作用的期待一样坚定。语言是连续的，并且只有这样我们才能安全地依赖它作为神经计算即时过程发展的背景，正如要将手臂移动到空间中一个目标的神经网络控制器，需要定义命令来将肌肉弹性和重力作用等因素考虑在内，所以主板的推理过程会学习将文本卸载和重组、有声重述和交流的潜在作用考虑在内。因此，我们称之为心灵和智力的成熟认知能力可能不是纯粹生物性大脑的能力，而更像是船舶导航（见第 3 章）。船舶导航是从包含了个人、工具和实践活动的一个延展的复杂系统的协调自适性中突现出来的。我认为，那些通常被我们看作心理能量的东西可能同样是更宽阔的、在环境中延展的系统的属性，而人类大脑只是这个系统中（重要的）一个部分。

这是一个大胆的主张，我也不奢望去说服这里持怀疑态度的人。但是我认为，这种主张也并不是乍一看那么不寻常。毕竟，要在使用者和工具之间画上一条清晰的界限的确困难重重。[24] 一个石头，在一个人手里并用来砸碎了一个坚果，它显然是一种工具。但是如果一只鸟从空中扔下一个坚果，而这个坚果在落到地面的时候裂开了，那么地面也是工具么？有些鸟会通过吞咽小石头来帮助消化——这些石头是工具吗？或者这些石头被消化以后，完全是鸟身体的一部分？如果为了逃避捕食者而爬到一棵树上，那这棵树是工具么？那么蜘蛛网呢？

我认为，公共语言和文本、符号标记法这些工具就好像是那些被鸟吞咽下去的石头。在上述两种情况中，"使用者从何

III 向前

结束,而工具又从何开始?"的问题引发了一个需要小心处理的呼吁。基于前文的大量论述,我最少对以下两个主张表示赞同。第一,某些人类行动比它们表面上看起来更像思想,这些行动——基尔希和马格里奥所称为的"认知行动"(epistemic actions)——的真实目标是改变当我们努力解决一个问题时大脑所面对的计算任务。第二,对环境的某些伤害可能具有我们通常与对个人的伤害相联系的道德意义——特别是第三章中讨论的通过把特别密集的外部提示和支撑加入他们日常生活来过活的神经受损患者的案例。在我看来,对这些支撑的破坏,比起侵犯财产罪更像是侵犯人身罪。同样,克拉克和查尔默斯(Clark and Chalmers 1995)也描述过一个神经受损的人极大地依赖于他经常携带的日记本,此人还听从上面关于他各种日常情况的内容。在这种情况中,对笔记本的肆意破坏就会在道德方面特别令人担忧:这当然是对这个人的伤害,正如我们所想象的那样。

将延展的大脑-身体-世界系统作为整合的计算和动力的整体的研究,鉴于它的关注和显著的方法论价值(见上文第3、4、6、8章),我认为这种观点(有时候)是有价值的,那就是将认知过程看作超越了皮肤和头骨狭隘范围。由此,我不禁好奇:我们是否也应该拓展关于心灵的直觉上的概念本身,以包容各种外部支撑和帮助,也就是说,我们通常所指为"心灵"的系统,是否事实上比我们称为"大脑"的系统要更广?这种普遍性结论乍看起来可能有些不太讨巧。这其中的一个原因就是,我们常常容易将心灵与意识混淆。我确信并不是要声

10 语言：终极人工物

称个体的意识延展到了大脑之外，但有一点很明确，那就是并不是发生在大脑中的以及构成（在当前的科学用法中）心理或认知过程的所有事情都与有意识的处理相连。[25]而且看起来更合理的是有人提出，使真正的心理和认知过程保持在头脑中是对便携性的考虑。也就是说，我们被一种可能被称为裸露心灵（Naked Mind）的观点所打动：无论局部环境是否为我们提供进一步的机会，我们总是能够将资源和操作带给认知任务的这样一种观点。

我对这种异议持有好感。显然，大脑（或者也许按照这种观点，大脑和身体）是一个恰当且独特的研究和兴趣对象。准确地说，使之成为这样是因为这样一个事实，即大脑包含了某套核心的、基础的、可移动的认知资源，这些资源能够将身体行动作为某些认知过程的主要部分而被包括进来（如当我们在复杂计算的语境中用手指卸载工作内存时），但是它们不会包含我们外部环境中更加偶发的方面——变化不定的方面，比如一个便携式计算器。然而，基于以下两个理由，我并不认为可移植性考虑最终能够承担起充分的概念方面的重任。首先，存在回避问题实质的危险。如果我们问为什么便携性竟然对特定的心理或者认知过程的构成很重要，那么唯一的答案似乎是我们希望这样的过程能够以一个独特的个体移动程序包出现。但是这将再一次引发皮肤和/或者头骨之间界限的问题——而我们讨论的正是这个界限的合理性本身。其次，我们很容易（尽管对于读者来说有些乏味）就能构造出不同的棘手情况。如果有人总是带着便携式计算器将会怎么样？如果某天我们把这样的

216

III 向前

设备植入大脑会怎么样？如果我们拥有一身各种设备的"身体坞"，并且每天都通过插入适合当天给定的问题解决活动的设备来"打扮"会怎么样？由于生物性大脑同样会因为损伤或创伤而面临丧失特定问题解决能力的危险，同样，这种附加设备对于分散的损坏或故障的易损性也不会是用来区分它们的。

但是，我们担忧的最大根源可能就是那个最令人费解的实体——自我。[26] 将心理和认知过程推定性地扩展到世界，不正隐含着自我向着局部环境的相关（而且肯定是令人不安的）渗透吗？答案现在似乎是（抱歉！）"既是又否"。否，是因为（已承认）意识的内容随附于个体大脑。但是因为这种意识片段最多将自我看成是一种进化的心理属性的简单印象。我认为，仅仅作为对我们有意识心灵活动的简单理解，思想根据大脑的当前状态可以进行充分解释。但是大脑、身体和世界之间密切、复杂和连续的交互，决定和解释了理性和思想流以及观念和态度的时间演化。如果你愿意，作为写出这样一本书的作者，这就是我心理属性的一个真实方面，尽管我所表达的观念流和形态在很大程度上取决于我的生物性大脑和大量外部编码、重新编码和资源建构之间的各种持续互动。

这种对关于认知过程和认知属性的接纳一定得到常识的帮助才能平衡。心灵不能有效地被随意延展到世界中。因为我分期付款购买了《大不列颠百科全书》并将它放置在车库中，就认为自己知道这本书中的所有知识，这样的分析是没有价值的。因为看到我们在公车上聊天，就说我和你的心灵之间没有区别，这也是没有意义的。那么，是什么让我们能够将强健的

10 语言：终极人工物

认知延展的更可行的情况与其余的区分开来的呢？

我们很容易就能将更可行的情况（如神经受损患者的笔记本）的重要特征分离出来，这个笔记本总是在那里——它没有被锁在车库里或很少被查阅，它上面所记录的信息很容易得到或使用。这些信息自动地被认可——与公车上同伴的沉思不同，它们不受制于反思。最终，这些信息被当前的使用者收集和认可（不像百科全书中的词条）。这些条件可能并不都是重要的，也有可能我遗漏了一些其他条件，但总的来说，这是一种很特殊的使用者/人工物之间的关系，在其中，人工物被切实地表征、频繁地使用、"量身定做"并深深地被信任。正如前面章节中大量事例所表明的那样，人类施动者可能会从与（缺少一个或所有这些特征的）人工物的交互中获得各种重要的认知和计算益处，但是只有当像这些条件的东西被满足时，我们才能合理地主张将自我、心灵和施动者等道德共鸣概念延展到肌肤以外的世界的各个方面。因此只有当使用者和人工物的关系像蜘蛛和蜘蛛网[27]的关系那样密切时，自我的边界，不仅仅是那些计算和广阔的认知过程，才有可能推向世界。

在施动者和笔记本的案例中，关键点在于对于施动者的行为来说，笔记本上的条目和长期记忆中的一条编码信息一样，发挥着同样的解释性作用[28]。这种特殊的条件（可获得性、自发的认同等）对这种功能性同构来说是必要的。但是，即便某一条件承认（多数条件不会）这种同构继续存在，也有可能会避免关于分布式施动者身份的激进结论。另一种（我认为能够同样被接受的）结论是这个施动者仍然被局限在肌肤和头骨的边界之内，但信念、知识，或许还有其他心理状态现在依赖物理媒介的帮助（有时）能够延展至局部环境中选定的某些方面。这种观点保存了那种将施动者看作身体和生物性大脑结合体的观点，并由此使我们能够说，我们当然也应该这么说，施动者有时会对那些相同的外部资源，按照为了进一步延展、卸载或转换自己基本的问题解决活动的方式，进行调节和建构。但这也使得我们在"把手伸向"世界的过程中，能够建立更广阔的认知和计算之网：理解和分析这些网需要将认知科学的工具和概念应用于更大的混合实体中，这一混合体包含大脑、身体和大量外部结构和过程。

总之，自我和施动者的概念能够落在它们所希望的位置，我很满意。最后，我仅断言，我们至少有很好的解释性和方法论理由来（有时）接受关于计算和认知过程范围的相当自由的概念，明确允许这些过程扩展到大脑、身体和人工物。在这些人工物中最重要的就是公共语言的各种表现。在很多方面，语言是终极人工物：无形，却无处不在；与使用者的关系如此紧密，却不清楚它是一种工具还是使用者的一个维度。无论分界线在哪里，我们至少处于一个紧密相连的经济之中，生物性大脑被其最神奇、最新的创造赋予了奇妙力量：话语在空气中，符号在纸页上。

11 心灵、大脑和金枪鱼：海洋的概括

许多鱼类（如海豚、蓝鳍金枪鱼）有着令人惊奇的游泳本领，这些水生生物比航海科学迄今为止所生产的任何东西都表现得好。这些鱼类不但是机动性强的特立独行者，看起来也是推进力的悖论。例如，有人估计海豚还没有强壮到[1]能够以它被观察到的速度来驱动自身，为了解开这一奥秘，两名流体动力学领域的专家，迈克尔和乔治·特里安泰弗楼（Michael and George Triantafyllou）兄弟提出了一个有趣的假设：某些鱼类具有非凡的游泳效能，这得益于一种进化能力，在水环境中利用和创造辅助动能资源，这些鱼类利用漩涡、涡流和涡旋来给推进力"增压"并增加可操作性。有时这种流体现象（例如在流水击打一块岩石时）会自然发生。然而，鱼类对这些外在辅助的利用并不止于此；相反，鱼类会积极地创造多种漩涡和压力梯度（例如通过拍打它的尾巴）然后用这些来支持后续快速且敏捷的行动。因此，通过控制和利用这些局部的环境结构，鱼能够实现快速的启动和转向，这使我们的远洋交通工具看起来

III 向前

笨拙、呆板而落后。特里安泰弗楼兄弟（1995，p. 96）指出，"在这种连续的旋涡辅助下，一条鱼的游泳效能甚至有可能超过100%"。船和潜水艇就没有这样的收益：它们将水环境看作要通过的障碍，也不会想要通过监控和改变船体周围的流体动力而破坏它来达到自己的目的。

金枪鱼的故事[2]提醒我们，生物系统极大地受益于局部的环境结构。我们最好不要仅将环境看作需要越过的一个问题域。同样地也非常关键地，它是解决方案中需要纳入的一种重要资源。正如我们所看到的，这一简单的观察有一些意义深远的结果。

第一，也是最重要的是，我们必须认识到大脑是什么。我们的大脑不是随便粘合于可走动的血肉之躯上的非具身的精神。相反，从本质上说，它们是能够在世界中创造和利用结构的具身的施动者的大脑。作为具身行动控制器，大脑有时不会对直接的、一步到位的问题解决方案耗费大量精力，而是聚焦于对环境结构的控制和利用，这种由大脑-世界交互的迭代序列所塑造的结构能够改变和转换初始问题，直到其形成一种能够用模式完成的、以神经网络为类型认知的有限资源来管理的形式。

第二，因此我们要警惕不要将具身的、社会的和嵌入于环境的心灵的问题解决特征错误地赋予基本的大脑。不能仅因人类能够从事逻辑和科学，我们就假定大脑含有完善的逻辑引擎，或认为它用类似于其在词句中规范化表达的科学理论方式为他们编码。[3]相反，逻辑和科学都极大地依赖于外部介质的

11 心灵、大脑和金枪鱼：海洋的概括

使用和操控，尤其是语言和逻辑的形式体系，以及由文化习俗还有由口头和书面文本的使用所提供的存储、传播和提炼能力。正如我曾说过，对于大脑的存储和计算方式而言，最好将这些资源看作与之相异但又互补的。大脑不必浪费时间去复制这些能力，但它必须学会用最大限度发挥其特殊优点的方法与外部介质相连接[4]。

第三，我们必须要开始面对一些相当令人困惑的（我敢说是形而上学的）问题。对于新手而言，有智能的施动者的本质与边界看起来日益模糊。大脑的中央执行系统形象[5]已消逝——大脑开始作为组织和整合多种具有特定目标的子系统活动的真正领导者。同时消逝的还有思考者（无形的智能引擎）及思考者的世界之间那条整齐的界线。取代这一令人欣慰的形象时，我们面对的是这样一种构想，将心灵视为内在的能动性的混杂，对其计算作用最好的描述通常涉及局部环境（既有复杂控制环路中的，又有多种信息转换和处理中的）的各方面。基于所有这些，从某种程度上说，将智能系统看作不局限于皮肤和头骨不确定边界的、在时空中延展的过程，也许是明智的。[6] 说实话，知觉、认知和行动[7]之间的传统界线显得愈发无益，随着中央执行系统形象的消失，要在大脑中区分知觉和认知也愈发困难。一旦我们认识到真实世界行动所起到的各种功能性作用更经常与认知和计算的内部过程相联系，那么思维和行动之间的区分也会渐渐消失。

第四（也是最后一点），无论形而上学的好处都有什么，都存在着直接的和迫切的方法论意义。如果具身的、嵌入的观点

III　向前

即使只达到一半目标，认知科学也不用再背负其最初几十年里表现出来的那些个体主义的和孤立主义的偏见了。我们现在需要一种更广阔的视野，一种能够整合多种生态学和文化进路以及神经科学、语言学和人工智能传统内核的方法，我们也需要新的工具，并用这些新工具去探究那些跨越多重时间维度的、涉及不同个体且包含复杂环境互动的各种影响。目前，可能我们最多能做的就是将动力学系统的方法、真实世界的机器人技术以及大规模的（关于进化和集体性影响的）模拟谨慎地结合起来。但是，我认为这些探究工作必须与真正在发展中的神经科学研究相结合，并且只要有可能，这些探究工作也必须与关于生物学大脑的知识紧密相连。要实现这一互锁关联，并不意味着就要放弃那些来之不易的对认知科学理解（包含内部表征和计算的观点）的基本知识。我们在对具身的、嵌入认知的探究中所真正学到的不是我们未用表征（或者更糟，未用计算）而莫名成功；相反，我们学到的是我们所使用的那些种类的内部表征和计算，是经过选择来完善那些复杂的社会和生态环境的，我们必须在其中采取行动。因此，忽视或轻视这些更广阔的环境对我们来说是有智力风险的。

222　　这些就是一段漫长而无疑未尽的旅程的终点。可以肯定，在旅途中有环路、有弯路，还有一两个需要绕行而非拆毁的路障。我们要做的还很多。我希望我已经整理了一些思绪、搭建了几座桥梁，并强调了一些迫切的问题。就像矮胖子（Humpty Dumpty）那样，大脑、身体和世界又需要做一大堆的重组工作了。但这是值得坚持的，因为只有这些部分豁然开朗了，我们才能正确地看待自己或理解自适性成功的复杂阴谋。

结语：大脑的话[1]

我是约翰的大脑。[2] 在人类的肉体中，我只不过是一堆灰白色的平凡细胞。我表面是高度曲回的，我具有相当有差别的内部结构。约翰和我亲密无间；事实上，人们有时候很难把我们区分开来。但有时候约翰和我亲密得有些过头了，每每这个时候，他就会对我的作用和运作感到很迷惑。他认为我对信息进行组织和处理的方式与他自己关于世界的视角是相同的。简而言之，他认为，从直接的意义上来说，他的想法就是我的想法。当然，这是有一定道理的。但是我想要表明，实际情况要比约翰所猜想的要复杂得多。

首先，约翰天生无视我大量的日常活动，他顶多也就是偶尔瞥一眼，对我的实际工作捕风捉影一番。一般而言，这些短暂的瞥视描绘的仅仅是我大量地下活动的结果，而非产生它们的过程，这些结果包括心理图像的活动以及一连串的逻辑思维过程或观念流中的步骤。

而且，约翰获得这些结果的方式是粗糙的但可以凑合用。

渗入他意识觉知范围内的东西，有些像个人电脑的屏幕所显示的东西。在这两种情况中，所呈现出来的东西仅仅是对内部活动某些片段结果的特殊定制的概括：使用者对它们的结果往往有特殊的用途。毕竟，进化不会浪费时间和金钱（搜索和精力）来向约翰呈现一个关于内部过程的可靠记录，除非它们能够有助于约翰狩猎、生存和繁殖。所以，约翰仅仅知道关于我内部活动的最低限度的知识。他所要知道的全部只是精选出来的少数活动之要点的总体意义：那部分的我处于与危险捕食者的出现相关的状态，因此表示要逃离以及诸如此类的东西。约翰（有意识的施动者）从我这里所获得的就好像一个司机从电子仪表盘的显示中所获得的一样：少量内部和外部参数相关的信息，通过它们，约翰粗略考虑的活动能做出有益的改变。

其中一系列重要的误解围绕思维起源的问题。约翰认为，我就是他自认为是他思想的智力成果的点源。但是，笼统地说，我并不占有约翰的思想。约翰有约翰的思想，而我只不过是使思想得以产生的一系列物理事件和过程中的一项。约翰作为一个施动者，他的本质是由复杂的相互作用所决定的，包括大量内部活动（包括我的活动）、某种特定的物理具身性，以及在世界中的某种嵌入等。具身性和嵌入的结合使得约翰和他所处世界之间持续的信息和物理的耦合成为可能，这种耦合在世界中遗漏了许多约翰的"知识"，并可用于提取、转换以及一有需要就可以使用。

举个简单的例子：几天前，约翰坐在办公桌旁长时间努力地工作。最后，他起身离开了办公室，对当天的工作感到满

结语：大脑的话

意。他想（因为他以自己的物理主义为荣）："我的大脑工作得很出色，它想出了一些好主意。"约翰对当天事件的印象将我描绘成这些主意的点源，他认为他记在了纸上的那些主意，这样是为了方便且防止忘记。当然，我很感谢约翰给我记了这么大的功劳，他将完成的智力产品直接归功于我。但是，至少在这种情况中，我的功劳还不止这些。我在这些智力成果的产生中所发挥的作用当然是非常重要的：如果我受到破坏，智力生产能力自然也要停止了！但是我所发挥的作用要比约翰的简单看法所描述的要精密得多，那些他引以为豪的主意并不完全是从我的活动中形成的。说实话，我的角色更像是包含约翰和他所在的局部环境中所选片段之间一些复杂反馈回路的一个调节因素。坦率地说，我整天处于与大量外界支撑物之间各种紧密和复杂的交互之中，没有这些交互，智力成品就永远无法成形。据我所知，我的作用就是支持约翰重读一堆旧的资料和笔记，并且通过产生一些零碎的观点和评论来对这些材料做出回应，这些细小的回应被作为纸上和页边空白处的进一步的记号而储存。接着，我对在空白的纸上重新组织这些记号发挥了作用，加入对零碎想法的新的即时反应。这个阅读、回应和外部再组织的循环被不断地重复，一天结束时，约翰在仓促之下归功于我的"好主意"突现，它们被看作我与各种外部介质之间的不断重复的细微交互之果。所以，与其说这是我的功劳，倒不如说是我从中发挥作用的时空延展过程的功劳。

经过仔细反思，约翰可能也会同意我对那天我所做工作的描述。但是，我还是要提醒他，即便这样也可能产生误解。目

结语：大脑的话

前为止，我说话的口气就好像自己真是促成这些交互过程的一个统一内部资源，这是当前文学手法所推崇的，并且约翰也有的一种幻觉。但再一次，如果真相大白，那么我不是一个内在的声音，而是许多个。事实上，我是如此多个内在的声音以至于内部声音这个隐喻本身都会令人产生误解，因为它无疑表明有一定成熟度的内部的次施动性（inner subagencies）并可能具有基本的自我意识。实际情况是，我只包含许多高度平行的多重无意识流，以及常常相对独立的计算过程。所以，与其说我是众多小施动者，倒不如说我是众多非施动者，对专有的输入作出调整和回应，并为了在大多日常环境中产生成功的、有目的性的行为，而通过进化巧妙协调。那么，我单一的声音，只不过是一种文学奇喻。

　　从根本上说，约翰所犯的各种错误都是同一个主题的不同版本。他认为我看世界和他一样，我处理事情和他一样，而且我用和他表达思想一样的方式来思考。这些看法都是错误的。我不是约翰概念化的内部回音；相反，我有点像是它们的异质来源。要想知道我有多么异质，约翰只要思考一下对我（大脑）的损伤影响像约翰一样的存在的认知特征，它们以一些非常不寻常和意料之外的方式。例如，对我的损伤可能会导致选择性障碍，约翰无法回忆起细小的可操作物体的名字，他说出较大物体名称的能力却毫发无伤。这是因为，我存储和检索高度视觉导向信息时，以不同于我对那些高度功能性地导向信息的方式；前一种模式是帮助选出大的项，而后者是用来挑选出小的项。问题在于约翰完全不了解我内部组织的这一方面——

结语：大脑的话

它遵守约翰全然不知的需求、原则和机遇。不幸的是，约翰没有用他们的术语来理解我信息储备的模式，而是想象我按照他自己组织知识的方式（受到他语言中特定词汇的极大影响）来组织我的知识。由此，他假设我是用遵循他称之为"概念"（一般说来，在尘世的事件、状态和过程的语言学分类中起作用的名称）的集群来存储信息。这里，像往常一样，约翰过于仓促地认为他自己的视角等同于我的组织。当然我存储和访问信息体——如果我正常运作的话，我们能够共同支持各种对词语的成功运用以及与物理和社会世界的各种交互。但是，这些如此占据约翰想象力的"概念"只是对应于知识和能力之混杂的公共名称，其神经元基础事实上是多种多样的。在我看来，约翰的"概念"并不与任何特别统一的事物相对应。为什么它们应该这样？这个情况就好像一个人能够造船的情况。说一个人有造船的能力，就是用一个简单的短语来对一整套有着十分不同认知和物理基础的技能归因，只有当这种特定的认知和身体技能之混杂对航海者团体有特殊意义时，这个统一才会存在。所以在我看来，约翰的"概念"只不过是：各种技能的复合名称，其统一不仅在于关于我的事实，也在于关于约翰的生活方式的事实。

约翰将他自身视角幻化到我头上，继而又将这种倾向延伸到他对我关于外部世界知识的概念上。约翰四处走动，感觉好像他对即时环境发出了一种稳定的三维图像指令。尽管约翰的感觉如此，但我并没有指挥这样的事。当我最先注视它继而注视视觉场景时，我就会快速连续地记录这些细节的小区域。但

结语：大脑的话

是我不会费心将所有这些细节保存在某个需要不断维护和更新的内部模型中。相反，我擅长对这一场景的部分进行再访问，以便一有需要就能再创造出具体的知识。正是因为这些以及其他的技巧，约翰能够如此流畅地应对他所处的局部环境，从而认为他指挥了关于周围细节持续的内部图像。其实，约翰所看到的与我赋予他实时的、不断交互的能力与丰富的外部信息资源更为相关，而不是与他所设想自己看到的那种被动的、持久的信息的登记相关。

因此，可悲的事实是，关于我几乎没有什么是约翰所想的那样。尽管我们亲密无间（或者是由于这个），我们仍旧形同陌路。约翰的语言、反思和过于简单的物理主义使他倾向于将他自己的有限视角与我的组织过于紧密地联系起来。因此，他无视我的零散、投机取巧的、总体上相异的本质。他忘记了我在很大程度上是一个在语言能力出现之前就有的、生存导向的装置，我在促进意识和语言形式认知方面的作用不过是最近的副业。当然，这种副业是他错误概念的主要来源，正是因为他具有这种简洁的、可交流表达和处理知识的华丽载体，所以他才会常常将语言载体的形式和习惯误认为神经活动本身的结构。

但是，希望永不止息（多少是这样）。我最近听说了那些新研究技术的出现，比如无创脑成像、对人工神经网络的研究以及真实世界机器人研究等。这些研究和技术有助于更好地理解我的活动、局部环境和自我意识拼接建构之间复杂的关系。同时，请记住，尽管我们亲密无间，但约翰真的对我知之甚少。请把我想象成约翰头内的火星人吧。[3]

注释

前言

1. 笛卡尔将心灵描述成一种非物质性的实体。心灵通过松果腺体与身体相连。如见 *The Philosophical Works of Descartes*（Cambridge University Press, 1991）中的沉思 II 和 IV。
2. Gilbert Ryle, *The Concept of Mind*（Hutchinson, 1949）。
3. AI 研究的是如何让计算机去执行可能用相应的智能、知识或理解来描述的任务。
4. Sloman, "Notes on consciousness," *AISB Quarterly* 72 (1990): 8-14）。
5. 沉思是一个参加大师级别比赛的国际象棋计算机程序。这个程序主要依靠大范围搜索来完成，它可以在每秒钟计算大约十亿种可能的走法。相反，人类的象棋专家运用的却是较少的搜索以及完全不同的推理方式——如见 H. Simon and K. Gilmartin, "A Simulation of memory for chess position," *Cognitive Psychology* 5 (1973), 29-46。
6. 这个例子曾在 Michie and Johnson 1984 和 Clark 1989 中被引用，本文的引文源自 Miche and Johnson(95)。
7. 对于这种观点最清楚的表述来自 Varela et al. 1991 关于"生成框架"的论述。
8. 见丹尼特（Dennett 1991）。

第 1 章

1. 关于 Dante II 的内容主要是基于彼得·莫纳汉（Peter Monaghen）的报道《高等教育编年史》(*Chronicle of Higher Education*, Aug 10, 1994, pp. A6-A8)。
2. W. Grey Walter, "An imitation of life", 182 (1959), no. 5: 42-45; Steve Levy,

注 释

Artifical life:The Quest for a new Creation (Pantheon, 1992), pp. 283-284.

3. 关于人工智能的早期工作，如纽厄尔和西蒙（Newell and Simon 1972 关于一般性问题解决系统的研究，试图聚焦于推理和万能的问题解决。但是，很快就有证据表明：对许多问题的解决来说，关于活动特定领域知识的丰富和详尽程度有时起着决定性的作用。认识到这一点，使得对专家信息系统的研究蓬勃发展。这种专家信息系统具有来自人类专家的任务专属信息，因此它能够在特定的领域具有一定的权威，如医学诊断领域。MYCIN 计划（Shortliffe 1976）就是靠大量明确规定的规则和指导方针而建立的，例如按照规定进行输血："如果（1）培养液是血液，（2）对有机体的革兰氏染色剂的测试呈阴性，（3）有机体杆菌的形态学，还有（4）病人是一个受害主体，并且有证据表明这个有机体是绿脓杆菌"（Feigenbaum 1977，p. 1016）。这种系统是有限的也是脆弱的。如果使用者越过了语法和表达的红色警戒线，或者使用具有丰富现实意义且在有具体任务的数据库中明确反映出来的术语，那么这些系统就会很快变得无用（例如，生锈的雪佛兰被诊断为麻疹；参见 Lenat Feigenbaum 1992，p. 197）。要如何才能避免这种情况的发生？一种可能性就是我们所要做的就是"驱动"前面提到过的传统方法。SOAR（Laird et al. 1987）试图要创造一个更高明的万能问题解决系统。CYC（见本书的前言以及 Lenat and Feigenbaum 1992）试图要创建一个更大更丰富的数据库。SOAR 和 CYC 一样都大量使用了传统的知识和目标编码的符号形式。但是，可能关键的问题在于传统的进路本身：智能模型在头脑或计算机内对符号串非其具本身的处理是有问题的。现在的处理方式表明我们可能还有其他选择。

4. 关于赫伯特参见 Connell 1989。

5. 罗恩·麦克拉姆洛克（Ron McClamrock 1995）报道了一个很好的例子，一个控制回路在当下的环境之中，大脑之外运行。用麦克拉姆洛克（p. 85）的话说："实际上，苍蝇并不知道要通过拍打翅膀才能飞行。它们并不是通过从大脑发射信号到翅膀才飞行的。相反，从苍蝇的脚到翅膀之间有一个直接的控制链接，当脚不再接触到物体表面的时候，苍蝇的翅膀就开始煽动。如果要起飞，苍蝇只要轻轻一跳，就能让来自脚部的信号引发翅膀的运动。"

6. 关于阿提拉在利维的《人工智能》（Steve Levy, Artificial Life, pp. 300-301）中有论述，它是由科林·安格尔（Colin Angle）和罗德尼·布鲁克斯（Rodney Brooks）建造的。有关于它的前身根格斯（Genghis），在 Brooks 1993 中有论述。

7. 关于联结主义的内容请见本书第 4 章。Q 学习是一种由沃特金（Watkin 1989）提出的加强型学习的方法（参见 Kaelbling 1993 和 Sutton 1991）。关于 Q 学习中神经网络的运用请见林（Lin 1993）。

注　释

8. 这在丘奇兰德等人（Churchland et al.）1994 年的著作中有很好的论述，而 Dennett 1991 的著作受到了这种观点很大的影响。
9. 这项研究是由佐尔坦·迪恩斯（Zolten Dienes）在苏克萨斯大学进行的（私下交流）。
10. 特别是 Dennett 1991，Ballard 1991，和 Churchland et al. 1994。
11. 见 Mackay 1967 和 Mackay 1973。我第一次是在奥雷根的作品（O'Regan 1992, pp. 471-476）中看到这个例子的。
12. "对瓶子的'感知'是一种行动，即对瓶子的视觉和心灵的探索。这不仅仅是从视网膜或一些图像派生信息中获得的被动知觉。"（O'Regan 1992, p. 472）。
13. 见麦考恩科和雷纳（McConkie and Rayner 1976），麦考恩科（McConkie 1979），麦考恩科（McConkie 1990），奥雷根（O'Regan 1990），和雷纳等（Rayner et al. 1980）。

第 2 章

1. 例如，见皮亚杰（Piaget 1952, 1976）；吉布森（Gibson 1979）；布鲁纳（Bruner 1968）；维果茨基（Vygotsky 1986）。
2. 对行动环路这种现象的讨论请见科尔等（Cole et al. 1978）；鲁特克斯卡（Rutkowska 1986, 1993）；西伦和史密斯（Thelen and Smith 1994）。
3. 鲁特克斯卡（Rutkowska 1993, p. 60）。
4. 所报道的研究是由阿道夫等（Adolph et al. 1993）完成的。
5. 希尔兹和罗菲-科利尔（Shields and Rovee-Collier 1992）；罗菲-科利尔（Rovee-Collier 1990）。
6. 关于透镜实验的总体研究状况，请见韦尔奇（Welch 1978）。
7. 回想一下第一章中动物-视觉的案例。
8. 如格塞尔（Gesell 1939），麦克雷姆（McGram 1945），以及西伦和史密斯（Thelen and Smith 1994）的第一章。
9. 关于这个的计算机模拟，以及其他的突现现象见雷斯尼克（Resnick 1994, pp. 60-67）。
10. 西伦和史密斯（Thelen and Smith 1994, pp. 11-12）。另见西伦等（Thelen et al. 1982）和西伦等（Thelen et al. 1984）。
11. 参见西伦（Thelen 1986），西伦等（Thelen et al. 1987），以及西伦和乌尔里克（Thelen and Ulrich 1991）。
12. 这个例子来自梅斯（Maes 1994, pp. 145-146）。克兰洛克和尼尔森（Kleinrock

注 释

and Nilsson 1981）对传统的时间策划者进行了描述。
13. 这根据马隆等（Malone et al. 1988）。
14. 因此变量是信息，而不是杂音——见史密斯和西伦（Thelen and Smith 1994, pp. 86-88）。
15. 波利特和毕兹（Polit and Bizzi 1978）；鲁特克斯卡等（Rutkowska et al. 1987）；乔登等（Jorden et al. 1994；西伦和史密斯（Thelen and Smith 1994）。
16. 例如，维果茨基（Vygotsky 1986）。
17. 例如，维果茨基（Vygotsky 1987）和沃茨奇（Wertsch 1981）。
18. 这种运用见鲁特克斯卡（Rutkowska 1993, pp. 79-80）。
19. 克拉克（Clark 1989）第 4 章和鲁特克斯卡（Rutkowska 1993）第 3 章。
20. 沃格尔（Vogel 1981）和克拉克（Clark 1989）第 4 章。
21. 米利肯（Millikan 1995）和卡拉克（Clark 1995）。对这种观念的计算-定向的肉身化也可以在鲁特克斯卡（Rutkowska 1993, pp. 67-78）将"行动程序"作为发展学理论汇总的基础结构中找到。

第 3 章

1. 一些原初的观点早在（用 AI 的术语）1943 年就有所表述——见麦卡洛克和皮茨（McCulloch and Pitts 1943），赫布（Hebb 1949），还有罗森布拉特（Rosenblatt 1962）。
2. 回想一下在上文 2.6 中讨论过的马塔瑞克的模型。马塔瑞克详细描述的这种地图与近来关于海马是如何对空间信息进行编码的模型非常地相像（McNaughton1989）。但是，一个区别是在马塔瑞克的模型中将单个的节点用来对路标信息进行编码。而海马可能运用的是一种更加分散的表征形式，并且在对每个路标的表征中涉及到很多神经元。在海马的功能中存在更具体的人工神经网络类型的模型，这种模型的确能够对这种分布的作用进行识别（如见 O'Keefe 1989 和 McNaughton and Nadel 1990）。这种模型表明了海马的结构对一个真正的神经系统来说是一个非常好的选择，这种神经系统的运作方式与 2.3 中论述的人工神经网络很相像。但同样很显然，更多神经生物学上的真实的模型需要吸收很多在大多数人工网络中没有的特征。例如，大脑中有一些错误驱动的自适性，但却没有反向学习设备所使用的高度精密的错误-修正反馈。真正的神经元回路也没有大多数人工网络表现出来的对称的连通性；相反，我们常常面对不对称的、有具体目的的连通性。尽管存在这么多不同（而且还有更多的不同——见 McNaughton 1989, Churchland and Sejnowski 1992），真正神经元结构的计算模型仍然从人工神经元网络的框架

注 释

中比从那些传统的 AI 中受益更多。对这个负责的基本能力是对相关记忆系统的依赖，这种记忆系统用丰富而强大的模式－完备过程取代了规则－符号的推理。

3. 数字设备公司 DTC-01-AA。
4. 这种函数通常是非线性的；例如，输出的强度并不直接与输入的总和成比例。当输入的信号是中等强度，但在它们很强或很弱的时候，可能（例如）会成比例。
5. 隐蔽单元的反应特征在上面已经讨论过。
6. 对这种进路特别清晰和可理解的论述，请见丘奇兰德（Churchland 1995）。另见克拉克（Clark 1989）和丘奇兰德（Churchland 1989）。
7. 鲁梅尔哈特和麦克莱兰（Rumelhart and McClelland 1986），克拉克（Clark 1989），丘奇兰德（Churchland 1989）中的批判性评价。
8. 埃尔曼（Elman 1991）。
9. 麦克兰德（McClelland 1989）；普伦基特和辛哈（Plunkett and Sinha 1991）.
10. 关于这种模式更详尽的描述，请见克拉克（Clark 1993）。
11. 克拉克（Clark 1989）第 5 章中对此有完整的论述。
12. 当然，这也是值得商榷的。但是越来越清楚的是，无论大脑实际上是怎么样的，比起传统的装置来，它们与人工神经元网络的信息处理更为接近。实际上，有可能（见下文 3.4）生物的大脑比典型的人工神经元网络更多地运用了有专门目的的机械，但是两者的表征和过程的类型在几个主要维度上仍然相似（例如，对并行分布的编码的运用和矢量到矢量的转换——见 Churchland 1989, Churchland and Sejnowski 1992，还有 Churchland 1995）。
13. 关于集体活动的专门讨论（见第 4 章），还有语言和文化更宽广的作用（见第 9 和 10 章）。
14. 《并行分布加工：对认知微结构的探究》（*Paraller Distributed Processing: Explorations in the Microstructure of Cognition*）卷 1：《基础》，以及卷 2：《心理学和生物学的模型》（MIT press，1986）。所描述的工作请见第 14 章（如 Rumelhart et al. 1986）。
15. 如维果茨基（Vygotsk 1962）。另见本书第 9 和 10 章。
16. 在克拉克（Clark 1986）和克拉克（Clark 1988a）中我所讨论的绘画领域中的结论也进一步支持了这种假设。在这些文章中，我也讨论了钱伯斯和瑞斯伯格（Chambers and Reisberg 1985）关于将实际绘画的特殊性质看作是与心灵的绘画形象相反的工作。这个研究也在基尔希（Kirsh 1995），张和诺曼（Zhang and Norman 1994）中被引用过。
17. 这一论题在第 10 章中得到了详尽论述。

注 释

18. 基尔希和马格里奥（Kirsh and Maglio 1994，p. 515）对关于要对计划发生的状态空间进行重新定义的需要进行了评论。
19. 感谢华盛顿大学医学院专业治疗单位的主任卡罗琳·鲍姆（Caroline Baum），他为我提供了这些案例。见鲍姆（Baum 1993）和爱德华兹等（Edwards et al. 1994）。
20. 如萨奇曼（Suchman 1987）和布拉特曼等（Bratman et al. 1991）。
21. 当然这已经不再是绝对正确的了。人工神经元网络自身构成了这种外部的模式完成的资源（Churchland 1995，第 11 章）。而且其他的施动者和动物也在个体之外构成了模式完成的资源。第 4 章中对此有更详细的论述。
22. 这个结语通过对大脑在产生复杂相连的观念流中发挥的作用的思考阐述了这种观点。另见 10.5 节。

第 4 章

1. 这个故事是基于亚历克索普洛斯和米姆斯（Alexopoulos and Mims 1979），法尔（Farr 1981）的论述。
2. 主要有两类：非细胞粘液菌，这类粘液菌中的细胞融合成了多核包体；还有一种是细胞粘液菌，这类粘液菌聚集的多核包体形成了一个可活动的身体（有时候也叫作鼻涕虫或黏黏虫）。见阿什沃斯和迪伊（Ashworth and Dee 1975）的第一章。
3. 对盘基网柄菌的论述是基于阿什沃斯和迪伊（1975，pp. 32-36）的讨论。
4. 细胞粘液菌（如煤绒菌）并不会形成一种移动的总规则。而原形体则通过一种原生质流的过程而迁徙。
5. 这里，还有本书 4.1 和 4.2 中的讨论，我遵循了米切尔·雷斯尼克（Mitchel Resnick）的研究，他的著作《乌龟、白蚁和交通阻塞》(*Turtles, Termites and Traffic Jams* 1994）是去中心化思维功能和范围的清晰范式和有力证明。
6. Stigmergic 是 stigma（指令）和 ergon（工作）的组合，意味着将工作本身为进一步工作的信号。
7. 格拉斯（Grasse 1959）和贝克尔等（Beckers et al. 1994）。
8. 很多船的确是有正式的计划。但是船员并不是严格按照计划来行动的；事实上，哈钦斯（Hutchins 1995, p. 178）认为，那些计划即使是曾经发挥过作用也将不再起作用了。
9. 真正的共识主动性工作需要在激发条件存在的情况下回应灵活性的完全缺失。因此，一般说来人类的活动仅仅是准共识主动性工作。常见的是将环境

注 释

的条件作为行动的挑起者并且用整个团队的能力来完成问题解决行为，而这种活动是超过每个成员的知识和计算范围的。

10. 哈钦斯（1995，第 3 章）详细地对此进行了描述。照准仪是一种望远设备；霍伊是一种单臂的分度计，用于海图上划线。
11. 哈钦斯（1995，p. 171），以及本卷的第 3 和第 10 章。
12. 一方面，我不希望（或需要）回避盲目变异和自然选择作用的相关问题，另一方面，也不想回避关于事物、化学物质和细胞的更为基础的自组织的特征的问题。更多讨论，见考夫曼（Kauffman 1993），丹尼特（Dennett 1995）第 8 章，还有瓦雷拉等（Varela et al. 1991 pp. 180-214）。感谢阿兰特扎·埃切贝里亚（Arantza Etxeberria）帮助我澄清这些重要的观点。
13. 哈钦斯（1995，第 8 章）讨论了一个具体的案例，在这个案例中一艘船的推进系统在关键时刻失败了。
14. 我从阿伦·斯洛曼（Aaron Sloman）那里第一次听到了这个案例。
15. 比较一下哈钦斯（1995，p. 169）对沙滩上蚂蚁的考查。
16. 评论请见克拉克（Clark 1989）第 1 章和第 4 章。另见克利夫（Cliff 1994）。纽厄尔和西蒙（Newell and Simon 1981）有与这种理性策略明确支持的相关内容。
17. 见上文 3.5。另见麦克莱兰（McClelland 1989），普伦基特和辛哈（Plunkett and Sinha 1991）。
18. 见上文 3.5。另见基尔希和马格里奥（Kirsh and Maglio 1994）。

第 5 章

1. 例如，西蒙（Simon 1962），道金斯（Dawkins 1986）和克拉克（Clark 1989）作品第 4 章。
2. 见克拉克（Clark 1989）作品第 4 章的论述。
3. 例如，见霍兰德（Holland 1975）；戈德堡（Goldberg 1989）；科扎（Koza 1992）；比劳（Belew 1990）；诺尔菲，佛兰里诺，马格里奥和蒙德阿达（Nolfi, Floreano, Maglio and Mondada 1994）。
4. 上面第 3 章。
5. 本书导言和第 2 章。
6. 关于追捕和逃生方面的模拟进化实验，见米勒和克利夫（Miller and Cliff 1994）。
7. 在这个方面，门科泽和比劳（Menczer and Belew 1994）使用遗产算法，通过进化不同的传感器来决定一个有机体-环境界面的选择。

注　释

8. 对基因－环境之间互动的复杂性的详尽讨论，见吉福德（Gifford 1990）。
9. 诺尔菲，马格里奥，帕瑞希（Nolfi, Maglio and Parisi 1994）对遗传算法和神经网络模型进行结合的表现型可塑性进行了讨论，这是一种为数不多的尝试。在他们的模型中，遗传型-表型映射是一种在时间上延展的、对环境敏感的过程。而且进化论的搜索本身被用来决定基因和环境影响之间的平衡。
10. 例如，见布鲁克斯（Brooks 1992）和史密瑟斯（Smithers 1994）。
11. 回忆一下前言中工厂流水线的例子。
12. 诺尔菲，佛兰里诺，马格里奥和蒙德阿达（Nolfi, Floreano, Maglio and Mondada 1994, p. 194）作品中对这些缺点进行了探讨。
13. 不断的进化也可能达成这种微调，将真正的机器人作为遗传型的来源，这种遗传型能够运用一种遗传算法模拟进行选择和改变。或者也可以通过手动协调和设计达到这种微调。更多的讨论，见 Nolfi, Floreano, Maglio and Mondada 1994。
14. 新的"认知动力学家"的直接先导是20世纪40年代和50年代早期卓越的控制论专家。具有里程碑式的著作包括诺伯特·维纳（Norbert Wiener）的《控制学：动物和机器的控制和沟通》（*Cybernetic, or Control and Communication in the Animal and in the Machine,* Wiley, 1948），各种版本的再印本（逐字记录的讨论）不断地在控制论的各次梅西会议中出现（第六、第七、第八和第九次（1949-1952）梅西会议（小约西亚·梅西基金）），W. 罗斯·阿什比（W. Ross Ashby）的《控制学讨论》（*Introduction to Cybernetics,* Wiley, 1956），以及阿什比经典的《大脑的设计》（*Design for a Brain,* Chapman and Hall, 1952）。
15. 这个控制器不断地接受传感反馈——比尔称之为"反射性控制器"。

第 6 章

1. 这部分的讨论要感谢约瑟法·托里比奥（Josefa Toribio）。
2. 这也被叫作（我觉得不那么明朗化）"缩影（homuncular）解释法"——这种表述表明了这样一种观念：子部分是智能系统的缩影，反过来，它们又可以被分析为更小、"更单纯"的部分。当然，底线是部分的集合太简单了所以能够被建立起来。这种强调电子计算机环路的触发器就是这种物理上可实现的底线的很好的例子。见丹尼特（Dennett 1978a）。
3. 例如，贝克特尔和理查森（Bechtel and Richardson 1992）。
4. 关于认为突现应当被看做是还原论一种的讨论，见维姆塞特（Wimsatt 1986）和其即将出版的作品。

注　释

5. 纽厄尔和西蒙（Newell and Simon 1976）和豪奇兰德（Haugeland 1981）。
6. 这个观点是由凯尔索（Kelso 1995, p. 9）和阿什比（Ashby 1956）提出的。阿什比（同上，p. 54）认为，"在某些初级的情况中，'反馈'这个概念太简单、太自然了，当部分之间的相互连结变得更加复杂的时候，这个概念就变得人工化，用处也不大了。当两个部分相连的时候，两个部分之间相互影响，反馈特征会提供关于整体性质重要和有用的信息。但是，当部分的数量增加，例如达到4个的时候，如果一个部分对其他3个部分产生影响，那么它们之间就会有20个环路；但是，对所有这20个环路特征的理解并不能给与我们关于系统的完整信息。这种复杂的系统不能被看作是一组相互连结的、或多或少独立的反馈环路，而只能是作为一个整体"。
7. 事实上，立体声音响系统复杂的反馈和正反馈能够产生声音的特征，这个特征或许可以更好地被描述为突现（见下）。但是生厂商通常会努力降低这种交互，来简化部分之间信息的传递，并隔绝反馈、非线性交互等等。见维姆塞特的讨论。
8. 在非线性的关系中，两个量和值不是以平稳、步调一致的方式发生变化的。一个量的值可能（例如）会在完全不影响另一个量的情况下增加，并且当达到某种隐藏的阈值的时候，突然又会使得另一个值突然跳跃或改变。这种复杂的联结主义系统的演化方程通常是高度非线性化的，因为一个单元的输出并不简单的是它输入的权重总和而是涉及到阈值、阶梯函数以及其他非线性的特征。多元非线性的交互是最强突现形式的特征。当交互是线性的、少数量之间的，就不需要通过定义集体变量来解释系统行为。（感谢普特·曼迪克（Pter Mandik）和蒂姆·莱恩（Tim Lane），他们坚持认为在确定最强类型的案例中，复杂的、非线性的、交互式的调制是非常重要的。）我们应该注意到，典型的科学用途使得各种较弱的案例也能标上"突现"的标志——因此我们对沿着墙走和电极定位机器人的关注，以及对突现概念使用的关注与更宽泛的非编程的、不受控制的或由环境调节的自适性成功的例子相连。更多的讨论，见维姆塞特。
9. 另见贝克特尔和理查森（Bechtel and Richardson 1992）。
10. 诺顿（Norton 1995）对此有很好的介绍。
11. 更多的讨论见萨尔兹曼（Salzman 1995）。
12. 当然，认为在一定层面大脑、身体和世界都遵循着"同样的原则"，这是正确的——基本的亚原子物理学规则构建了这个层次。然而，显然这并没有组成理解许多现象（如，一辆汽车的引擎是如何工作的）的最佳层面。与此相关的真实论断是，存在基本的原则和法则。
13. 关于这些结果和所用的数学模型，请见凯尔索（Kelso 1995 pp. 54-61）。

注　释

14. 论文的题目是"如果你无法制作它，你就不可能知道它是如何运作的"。德雷斯克认为尽管表面上看可能存在一定的问题，但是"对所有相关词汇的所有相关意义"这种观点其实是对的（Dreske 1994, pp. 468-482）。
15. 另见利希滕斯坦和斯洛维克（Lichtenstein and Slovic 1971）。
16. 更多的细节，见达马西奥（Damasio 1994）第 8 章以及下文第 7 章的讨论。

第 7 章

1. 见纽厄尔和西蒙（Newell and Simon 1972）和博登（Boden 1988, pp. 151-170）。
2. 这个领域内的一个领军理论学家泽农·皮利辛（Zenon Pylyshyn）写道：由于对计算的倾向，认知科学能够使得"对认知活动的研究在生物的和现象的基础的原则中抽象出来……一种结构和功能的科学与物质实在剥离开来"（1986, p.68）。
3. 见格鲁克和鲁梅尔哈特（Gluck and Rumelhart 1990）的论文，以及纳德尔等（Nedal et al. 1989）的作品，以及科克和戴维斯（Koch and Davis 1994）。
4. 回忆一下第 3 章中的讨论。
5. 手指运动控制的案例所描述的编码可能性连续体的"高度分布式"的一端，可能不是真实的。在另外一端，我们的确发现了一些运用空间性神经元集群来支持内部地形图（这种内部图保留了知觉输入中的空间关系）的编码模式。例如，在老鼠的大脑皮质中有一种神经元集群，它们的空间性组织能够对老鼠触须的空间布局进行回声定位。但是，即便是在这样明确的情况下，我们仍需要注意内部的地形对个体神经元最大化反应来说是至关重要的，并且也为这种神经元其他方面作用的协调留下了空间（见下文 7.3），在人工情境中（包括对电子或手术的应用）显然包含了这种反应剖面，但却可能不会很真实地反映神经元在对生态上正常情境中的反应。但是，内部地形图是一项惊人和重要的发现，因为它表明了自然可能会运用一些不同的策略来促成自适性成功。对老鼠触须的讨论，请见伍尔西（Woolsey 1990）。
6. 这部分的讨论很多参考了范·艾森和加兰特（Van Essen and Gallant 1994）。
7. 请特别参考范·艾森和加兰特（Van Essen and Gallant 1994），尼里姆和范·艾森（Knierim and van Essen 1992），以及费来曼和范·艾森（Felleman and van Essen 1991）。我们所讨论的很多研究实际上是基于对恒河猴的研究，恒河猴的视觉系统和人类的视觉系统有效地相似。
8. "不同燃烧率的所传递的信息可以用来识别那些取决于每一个细胞的多维度优调表面斜率的刺激。"（Van Essen and Gallant 1994, p. 4）。
9. 波斯纳（Posner 1994）指出了这种不同。

注 释

第8章

1. 这在后面将有进一步的阐述。
2. 见本书的导论和第3章,斯莫伦斯基(Smolensky 1998),福多和皮利辛(Fodor and Pylyshyn 1998),和克拉克(Clark 1989)。
3. 更多的关于状态-空间编码的内容请见丘奇兰德(Churchland 1989),克拉克(Clark 1989)和克拉克(Clark 1993)。关于与传统的组合方案相比较的内容,请见范·盖尔德(Van Gelder 1990)。关于联结主义表征系统特殊本质的讨论,请见克拉克(Clark 1994)。
4. 事实上,这并不是一个是和否的问题,老鼠的后顶叶神经元能够在没有视觉输入的情况下发挥作用(例如,在做梦的时候,如果老鼠做梦的话)。这里的关键是去耦性的缺失本身并没有夺走所有解释力的表征光芒的丧失。
5. 对这种以消费为导向的进路展开最充分的实践是米利肯(Millikan 1994)。
6. 请详见麦克诺顿和纳德尔(McNaughton and Nadel 1990, pp. 49-50)。
7. 见如吉布森(Gibson 1979)。
8. 看一些这一小段引文:"我们对生物上延续的理论的承诺体味着我们已经直接拒斥了那种机器和认知与发展之间的类比……我们很小心地避开那些处理设备、程序、存储单元、方案、模块或布线图这样的机器术语。我们试图发展一种词汇以适应于具有某种物理学特征的流畅的、有机的系统。"(Thelen and Smith 1994)"我们假定因为在同质组成部分中存在有锁时的活动模式,所以发展才能产生。我们并没有建立表征!心灵在真正物理原因的实时中活动。"(同上)"表征是在智能系统最大部分的建立中错误的抽象单元。"(Brooks 1991)"'表征'这个概念……对于大脑和行为的解释来说不是一个必要的基石。"(Skada and Freeman 1987)"根据头脑中结构的解释——'信念'、'规则'、'概念'和'图解'——是无法被接受的……我们的理论有新的概念——非线性、重入、耦合、吸引子、动量、状态空间、内在动力学、力量。这些概念无法被还原到原来的概念。"(Thelen and Smith 1994)
9. 这里的区别是策略之间的,我们运用("即时")来形成快速识别并且在日常行为和方法的反应中,我们的("离线")是一种更反思性的、耗时的、补充的程序。因此,我们可能会用一些简单的线索,如灰白的头发和胡子帮助我们在日常生活中识别爷爷(或者用鳍和游泳来识别鱼),但是如果给我们更多的时间和信息,我们可能就会用更准确的方法对事物进行识别。因此,"即时"表明了时间和资源有限的日常问题的解决——一种更青睐于快速的、应急的、半自治的策略,而非反应我们更深层次知识和承诺的密集过程。

注　释

10. 见上文 2.7。胡克等（Hooker et al. 1992）中也有类似的表述，这篇论文对关于内部表征的各种不同理解进行反驳并为将表征作为控制这样一种概念进行辩护。另见克拉克（Clark 1995）。
11. 关于这种进化的观点见米利肯（Millikan 1995）。关于发展的观点见卡米洛夫－史密斯（Karmiloff-Smith 1979，1992），以及克拉克和卡米洛夫－史密斯（Clark and Karmiloff-Smith 1993）。这种从行动导向到更行动中立编码的逐步转变的观点，在克拉克（Clark 1995）作品中有简要的论述。
12. Thelen and Smith 1994, pp. 8-20, 263-266.
13. 要正确地理解计算这个概念还有很多棘手的问题。例如，有些学者认为，顾名思义，计算只能在运用离散状态的系统中而不是有着连续活动层次的单元中才能发生。这种关于计算"形式主义"的观点是与可计算理论中强调经典结论的数字的观点相联系的。而且，还有一些关于计算的更加非形式化的观点（与所谓的模拟计算的早期研究成果有着历史性的渊源）与自动化处理和表征转换等观点相联系。就目前的讨论而言，我提出的计算概念是相对狭隘的。请注意，要表明一个系统是计算的，实际上可以还原到表明这个系统参与了自动化的处理和信息转换。但令人无奈的是，这些概念也是有问题的。关于这方面更多的讨论见吉恩蒂（Giunti 1996），史密斯（Smith 1995，1996），哈德卡斯尔（Hardcastle 1995）和哈纳德（Harnad 1994）的论文。
14. 类似的论述请见西伦和史密斯（Thelen and Smith 1994, pp. 83-85, 161, 331-338）和西伦（Thelen 1995, p.74）。
15. 对部分基因决定的复杂案例的详细讨论，请见丹尼特（Dennett 1995, pp. 116-117）。
16. 但是，基因编程案例是复杂和有趣的。并且与我们的讨论密切相关。基因组是否真的对发育结果进行编定？从某种意义上来说，答案是否定的。越来越明确的一点是，个体的大多数个性或品质是多个基因和局部环境条件复杂交互的结果。那么，这是否就意味着我们就要抛弃那种这个或那个的"基因"的观点？关于这一点目前还没有定论，但是近来很多学者提出尽管任何给定的基因仅仅是部分决定因素，因为最终的结果在很大程度上取决于环境的结构和其他基因的存在，但是基因编码和规定的观点还是很有用的。对某个给定基因进行讨论的原因是：使我们意识到某种功能性事实：只要其他条件（其他的基因、局部环境）是稳定的，那么基因的规定就不会出问题。因此，有学者认为，如果"它在染色体中的基因位置的对立者会在相关环境中（包括基因环境）导致较短的（脖子）"，那么我们就能说这种基因是导致长脖子的基因。（Sterelny 1995, p. 162）为什么要有意突出

注 释

（长脖子基因）基因作用？很简单，因为遗传物质能够对特征进行控制，而局部的环境参数（通常）则不能。斯特林给出了一个雪树胶植物的例子，它们在不同气候中的生长很不一样。这些不同具有自适应的特征，是由当地的环境条件（作为引发因素发挥作用）和基因影响共同作用的结果。但是基因组是为了使得植物能够适应这种气候而精确建构的，我们都知道环境对生物的命运是最漠不关心的。关于这个问题更多的讨论，请见欧亚玛（Oyama 1985），道金斯（Dawkins 1982），吉福德（Gifford 1990，1994），丹尼特（Dennett 1995）以及史特瑞尼（Sterelny 1995）作品。

17. 协同这个概念意味着要突出关联或耦合的意味，它对由许多部分组成的系统的共同执行产生限制。凯尔索（Kelso 1995, p. 38）给出了一个例子：汽车的前轮的转动一起受到了限制———种内置的协同作用无疑简化了驾驶。这个概念同时也能很好地应用于上文第6章中所讨论的内部手合作的模式（Kelso 1995, p. 52）。

18. 当然，这样做的危险在于这个概念可能变得太宽泛，使得（例如）库索引卡系统和传真网络都可以看作是计算系统。我认为这些充其量只是少数情况。但是，另外一种可供选择的概念，就在另一个方向上出错了。这种概念（有时被称为"计算的形式观念"）将计算的观念与数字编码和"传统可计算性"的观念联系起来了。但是模拟计算的概念已经有很长、很辉煌的历史了，自然不应该在术语上产生混淆。关于这些论题有益的讨论，请见哈纳德（Harnad 1994），哈德卡斯尔（Hardcastle 1995），史密斯（Smith 1995）和吉恩蒂（Giunti 1996）。

19. 相关的例子请见丘奇兰德和谢诺沃斯基（Churchland and Seinowski 1992, pp. 119-120）。

20. 进一步的讨论请见波特等（Port et al. 1995）；前面段落的讨论很多讨论从他们清晰和有见解的讨论中受益匪浅。

21. 我从巴特勒（Butler）（即将出版）那里借鉴了这个概念。尽管还不能很好地对本部分中所讨论的特别有挑战性的例子进行阐述，但是第4章中探讨为反对具身认知的激进论题提供了一个很好的例子。

22. 也称之为"因果圈"——例如见第5章的注释中所引用的控制论文献。这个概念在凯尔索（Kelso 1995）中也很突出。我试图避开这种措辞，因为这似乎表明了一个包含了从输出到输入反馈阶段的简单过程。关于连续因果作用最有意思的一个链子就是反馈的多重、不同时期的来源——见凯尔索（Kelso 1995, p. 9）；阿比什（Abysh 1956, p. 54）。实际上这就是达马西奥的会聚区理论（见7.4节）所设想的那种情况。

23. 实际上这就是达马西奥的辐合区理论（见7.4）所设想的那种情况。

注 释

24. 见 Clark and Toribio 1994。
25. 对这种论述更全面的论证请见克拉克和桑顿（Clark and Thornton 1996）。
26. 这个问题是在与兰迪·比尔特别富有成效的对话过程中想到的。
27. 这种相互丰富的想法受到了梅兰妮·米切尔（Melanie Mitchell）和吉姆·克拉奇菲尔德（Jim Crutchfield）近期作品的极大启发——请见克拉奇菲尔德和米切尔（Crutchfield and Mitchell 1995）以及米切尔等（Mitchell et al. 1994）。
28. 见波特和范·盖尔德（Port and van Gelder 1995）的论文。另见范·盖尔德（Van Gelder 1995, pp. 376-377）。
29. 这里的思路是（可能一开始看上去会有些矛盾）"窄内容"（Fodor 1986）可能有时候是随附于行动者的状态以及部分的局部环境。见克拉克和查尔默斯（Clark and Chalmers 1995）。
30. 这种担忧仅适用于选择那些并非基于某种具体的、组成部分层面的理解之上的动力载体。联结主义者认为像轨迹、状态空间和吸引子这样的术语（例如，见 Elman 1991）不会受到影响，因为这种解释的基本参数已经被基本组成部分的特征确定了。对基于神经的动力学解释来说也是这样（例如，见 Jordan et al. 1994）。
31. 当然，在算法表述和任何一种特定应用之间总是存在一条鸿沟。但是标准计算进路的主要优点在于它至少以一种认为我们能够仅通过运用万能图灵机基本资源，能够在原则上应用它们的方式，对算法的解释进行限制——例如，见纽尔和西蒙（Newell and Simon 1981）。（在有步骤的机械方法中抽象的动力学描述就失败了，但是却在时间的力量上做了补偿——见 Van Gelder 1995）。
32. 还有一些特别重要的著作包括马鲁拉南和瓦雷拉（Maruranan and Varela 1987），德雷弗斯（Dreyfus 1979），维诺格拉德和弗洛雷斯（Winograd and Flores 1986），凯尔索（Kelso 1995），还有博登（Borden 1996）中的一些论文。
33. 关于此的精彩讨论请见德雷弗斯（Dreyfus 1991）的第3章和第6章。
34. 惠勒（Wheeler 1995）讨论这种关系并对海德格尔的背景概念作为一种问题解决方式而进行扩展。
35. 关于梅洛-庞蒂的工作和我们所探讨的嵌入、具身认知的问题之间联系的精彩讨论，请见希尔迪思（Hilditch 1995）。瓦雷拉等（Verela et al. 1991）中对许多梅洛-庞蒂提出的论题进行了深入的讨论并作为对那种研究纲领的一个现代延续而进行清晰的阐述（请见 pp.xv-xvii）。
36. 其中的不同之处请见希尔迪思（Hildith 1995, pp. 43-48）。其中的对比和不同之处在瓦雷拉（Varela 1991, pp. 203-204）中也有讨论。瓦雷拉等人认为吉布

注　释

森错误地认为知觉的不变形仅仅是因为外部世界，而不是通过动物和实在共同建构产生的。瓦雷拉等似乎接受了这样一种相反的观点，即这种不变性取决于有机体由知觉引导的活动。

37. 将内部状态作为那种可以用低廉的计算成本来对后续行为进行引导的信息的具身类型具有不同的形式，见巴拉德（Ballard 1991）、布鲁克斯（Brooks 1991）、马塔瑞克（Mataric 1991）、查普曼（Chapman 1990）、吉布森（Gibson 1979）、吉布森（Gibson 1982）、奈塞尔（Neisser 1993），以及特维等（Turvey et al. 1981）。

38. 在目前研究的另外一些领域中，具身性的主题也很突出，它们关注基于身体的图式和意象以一种更加抽象的方式影响着思考的类型。这里的关键点在于我们概念化的领域（道德问题、时间关系、论证结构等）在很大程度上取决于某种对基本的、基于身体经验概念的隐喻性拓展。但是，尽管其精髓是一致的，但是我所关注的身体和世界的作用是很不相同的，因为我关注的是实际的环境结构和身体介入对个体神经计算空间的重新整合。对身体隐喻的关注，请见拉考夫（Lakoff 1987）、约翰逊（Johnson 1987）以及西伦和史密斯（Thelen and Smith 1991）中的第 11 章。

39. 特别是瓦雷拉等（Varela et al. 1991）第 8 章中关于比托里奥的例子。

40. 见瓦雷拉等（Varela et al. 1991, pp. 172-179），这部分内容突出了梅洛-庞蒂关于循环因果性的观念。

41. 我不禁要怀疑在这个问题上，瓦雷拉、汤普森和罗什之间也存在着分歧，因为在有些地方（如，pp. 172-179）他们有意避免做出这种激进的结论，但是在其他地方（如，第 10 章）似乎又表示认同。但是，这种解释是一个微妙的问题，而且关于内部紧张的说法也仅仅是猜测。

42. 如，薇拉（Vera）和西蒙（极端的自由派），以及图尔艾泽凯（Touretzky）和波默洛（Pomerleau）在《认知科学》（*Cognitive Science* 18（1994））中的论战。尽管将它们理解为关于内部符号而非内部表征之间的争论，但是这种改变正好表明了文中所提到的不同制度时间的冲突。图尔艾泽凯和波默洛将那些在句法上自由的（重要的不是物理状态本身，而是它的传统角色），相对被动的（受到另外一个程序的控制），并且能够进入到结合和再结合的基于循环作用的片段中去的项，作为内部符号。薇拉和西蒙将内部状态或信号作为符号，这些符号的作用就是指示。显然，我的观点是居于两个极端的中间。我认同图尔艾泽凯和波默洛，并不是每一个通过复杂系统的信号都可视为符号（或内部表征）。但是，如果一个信号能够真正作为一个替代（在当前环境输入却是的情况下对反应进行控制）并且如果它能够构成某种表征系统的部分，那么就能够有充分的理由称其为信号。但

注 释

是，正如 8.1 中所讨论过的，这种额外的限制远远不足以满足图尔艾泽凯和波默洛所设想的那类经典的、拼接符号系统的需要。更一般地说，这直观地表明了那种一个内部表征系统不应该与我们在语言、文本和人工语法方面的经验联系过于紧密的观点。有一种方案更能够说明表征系统所有种类的有意识的人类思想的计算方面的状况。更多的讨论，请见基尔希（Kirsh 1991），范·盖尔德（Van Gelder 1990），克拉克（Clark 1993）中的第 6 章，图尔艾泽凯和波默洛（Touretzk and Pomerleau 1994）以及薇拉和西蒙（Vera and Simon 1994）。

43. 斯卡达和弗里曼（Skarda and Freeman 1987），比尔（Beer 1995），西伦和史密斯（Thelen and Smith 1994），埃尔曼（Elman 1994），以及凯尔索（Kelso 1995）。
44. 这种说法令人印象深刻，但是它的出处却不得而知。这得益于与苏联神经科学家卢里亚（A. R. Luria）的讨论，但是我无法提供确切的证据。我在英国和美国大多数从事认知科学研究的同事都知道这种说法，但却不知道它的出处。所以，我把这个问题留给读者。

第 9 章

1. 进一步的讨论参见麦克拉姆洛克（McClamrock 1995）；西伦和史密斯（Thelen and Smith 1994）；鲁特克斯卡（Rutkowska 1993）；哈钦斯（Hutchins 1995）和瓦雷拉等（Varela et al. 1991），以及博登（Border 1996）的文章。
2. 见戴维森（Davidson 1986）。
3. 这两种视角之间的选择是微妙且存在争议的，在第 10 章中会进行论述。
4. 但是，我们应区别具身的、嵌入的理性观念和重要但仍然不够彻底的"有界的理性"观念。
5. 在萨茨和费内中（Satz and Ferejohn 1994）作品中强有力地提出了关于投票者行为的论点。在诺思（North 1993）作品中提出了关于制度变化和公共政策的论点。
6. 我尤其受到萨茨和费内中（1994）以及登造和诺思（Denzau and North 1995）的影响。
7. 这并不是（错误地）宣布高度脚手架式的选择会永远与真实理性的规范相符合。这种符合只有在下述条件中才会出现：如果由于最大化回报的选择性压力而使制度性脚手架自身得到发展，如果经济环境仍然稳定，或者如果最初的制度性脚手架自身内设有足够的适应性能力以应对后来的变化。
8. 对比孔多塞陪审团定理，这个定理认为如果（在其他因素中）陪审员的表决

注　释

是不受约束的，那么由一个陪审团做出的多数表决通常要比由一个普通的陪审员做出的表决正确得多。
9. 关于人类学习和文化人工制品之间的更多的相互作用，见诺思（North 1988）和后面的第 10.3 节。

第 10 章

1. 对于这种语言观点的某一版本表示同意的作者有丹尼特（Dennett 1991, 1995），克鲁瑟斯（Carruthers，即将出版），可能还有高克（Gauker 1990, 1992）。特别是克鲁瑟斯非常仔细地区分了"交流的"工具和关于语言的"认知的"工具（pp. 44, 45）。在第 10.2 节中，我试图阐明这些处理方法和将语言作为一种计算转换器的观点间的一些异同。与此有关的是，麦克拉姆洛克（McClamrock 1995）提出了"具身语言"的一个有趣的解释，在这个解释中，他强调关于应用语言的外部环境（物理的和社会的）的一些事实。但是，麦克拉姆洛克的讨论（例子见同上 pp. 116-131）关注于意义的"内在论"对比"外在论"的争论。然而，麦克拉姆洛克的几个评论直接地影响了我的关注点，我会在第 10.3 节中讨论我的这些关注点。我所发展的观点主要归因于哈钦斯关于外部媒介在构建拓展的认知系统中的作用的观点（见本书第 4、9 章）。
2. 理查德·格雷戈里（Richard Gregory 1981）讨论了人工制品（包括剪刀）作为减少个体的计算负担和拓展我们的行为范围的工具所起到的作用。丹尼尔·丹尼特（Dennett 1995, pp. 375-378）已经探讨了同样的主题，他描述了一类像"格里高利"（Gregorian）生物的动物——这种生物利用设计好的工具如智能放大器和已取得的知识和学问资源库。见诺曼（Norman 1988）。
3. 就像我在第 3 章中提到的，这是一种有点宽泛的用法而不是一种惯例。很多受到苏联式启发的文学作品认为脚手架在本质上是社会性的。我拓展了这个观点，使其包含外部资源被增补为解决问题的辅助设备的所有情况。
4. 我认为这个观点始于丹尼特（Dennett 1991, 第 7、8 章）对词汇作为自我激励的工具的所用的有效讨论。在丹尼特（Dennett 1995）的第 13 章中对这个论题继续进行了讨论。
5. 克鲁瑟斯和丹尼特两个人处理方法的主要焦点均是语言和意识的关系。我不会在这里讨论这个问题，有所保留地说，我的赞同更多地取决于丘奇兰德（Churchland 1995，第 10 章），他将基本意识描述成人类和许多非语言性动物的共同属性。语言极大地增强了人类的认知能力。但是我相信它没有实现对快乐、痛苦和感觉世界（意识的真正奥秘存在于这里）的基本理解。

注 释

6. 广泛的讨论见克鲁瑟斯 Carruthers，即将出版的作品的第 2 章。
7. 关于这一现象，尤其是当它出现在连接学习中时的进一步讨论见克拉克（Clark 1993, pp. 97-98）和克拉克和桑顿（即将出版）。
8. 广泛的讨论见布拉特曼（Bratman 1987）。
9. 这种情况的详细处理方法包括埃尔曼的解决这个问题的其他主要方法（通过约束早期记忆）。
10. 操作拼字游戏的字块从而为一个模式完成的大脑呈现出新的潜在的词片这一简单的例子是同一策略的微观版本。
11. 例如贝克特尔评论道："语言表征具有这些特点即不会在我们内部表征中发现他们。如书写的记录能够长时间坚持不变，然而我们内部的'记忆'似乎取决于重构，而不是存储记录的检索。并且，通过语言提供的各种句法，信息间的关系能保持井井有条的状态（如树倒了和人跳起来间的关系），否则会变得混乱（如在一个联接式的结构诸如联结主义网络中被连接时）。"
12. 我相信，完全理解公共语言的多种作用是一种失败，它有时导致神经哲学家保罗·丘奇兰德把语言形式的表达仅仅看作是我们"真正的"知识的肤浅反映而不予考虑（例子见 Churchland 1989, p. 18）。关于这一点的讨论见克拉克（Clark 1996）和后面的第 10.4 节。
13. 一个特别令人吃惊的例子是大片的红树林从基韦斯特岛北部拓展到被称为是万岛（Ten Thousand Islands）的沼泽地区。这一地区的海榄雌能达到 80 英尺那么高（Landi 1982, pp. 361-363）。
14. 近来，两种对这些论题的讨论引起了我的关注。简-皮艾尔·昌吉克斯（Jean-Pierre Changeux）（神经科学家和分子生物学家）和阿兰·孔涅（Alain Connes）（数学家）认为自我评估是真正智能的标志——见昌吉克斯和孔涅（Changeux and Connes 1995）。德里克·比克顿（Derek Bickerton）（语言学家）称赞"离线的思考"，他注意到没有其他物种在行动中是与问题绝缘的，且没有其他物种会采取直截了当的行动纠正他们的行为——见比克顿（Bickerton 1995）。
15. 安妮特·卡米洛夫-史密斯（Annette Karmiloff-Smith）在其与表征重述的密切相关的研究中强调公共语言模态中立的维度。关于公共语言的标记和符号的相关语境独立性见基尔希（Kirsh 1991）和克拉克（Clark 1993）第 6 章。
16. 高级的认知包含已获得的知识和以新形式（之后这些形式支持新的认知操作和认知存取）重述的表征的重复过程，这个观点在卡米洛夫-史密斯（Karmiloff-Smith 1992），克拉克（Clark 1993），克拉克和卡米洛夫-史密斯（Clark and Karmiloff-Smith 1994）以及丹尼特（Dennett 1994）中的更多细节中进行了讨论。最早的表征重述假说由卡米洛夫-史密斯（Karmiloff Smith

注　释

1979, 1986）提出。

17. 例子见贝克特尔（Bechtel 1996, pp. 125-131）；克拉克（Clark 1996, pp.120-125）。
18. 丹尼特（Dennett 1991）就探索了这样一个中间领域。我在克拉克（Clark 1996）中详细地讨论了丘奇兰德对语言的轻视。这种轻视的例子见丘奇兰德（Churchland 1989, p. 18）；丘奇兰德（Churchland 1996, pp. 265-270）。
19. 关于回形针的广泛讨论见佩特罗斯基（Petroski 1992）。
20. 接下来我随意处理了关于一般性的动物语言和特殊的黑猩猩语言的争论。全面的讨论见在丹尼特（Dennett 1995）的第13章中和在丘奇兰德（Churchland 1995）的第10章。
21. 重要的讨论见平克（Pinker 1994），克里斯琴森（Christiansen 1994），丘奇兰德（Churchland 1995）的第10章以及丹尼特（Dennett 1995）的第13章。
22. 但是，任何一种认为人类语言的习得不涉及大脑中的专属语言习得设备主张，必定会反对具体的语言学论证和证据。尤其是，它需要对"刺激贫乏"进行论述（Pinker 1994）。这一观点认为根本不可能根据我们接触到的训练数据来获得精细的语法能力，并假设无偏向的一般性学习机制。因为我认为反向适应在降低我们假设的"先天禀赋"的重要性方面可能起作用，所以我不会试图在这里处理这些问题。对这一激进主张的详细辩护见克里斯琴（Christiansen 1994）。
23. 在哲学文献中，这个问题引发了两个标准的回答。或者我们与皮肤和头骨的直观分界线相伴，或者我们认为这个问题与意义的分析有关，是关于普特南式（Putnamesque）准则即"意义不在大脑中"（Putnum 1975）的赞成者和反对者的争论的继续。但是我建议探索第三种观点：认知过程对皮肤和头骨的边界一视同仁。也就是说，我认为：（1）心灵的直觉概念应该清除掉它的内在习得论；（2）这样做的理由并不取决于在固定心理标记和语言标记的意义时真值条件和现实参考的作用。广泛的讨论见克拉克和查尔默斯（Clark and Chalmers 1995）。
24. 我感激贝斯·普雷斯顿（Beth Preston 1995）。接下来的这些例子见贝克（Beck 1980）、吉布森和英戈尔德（Gibson and Ingold 1993）。
25. 列举众多例子中的一个进行说明，前庭眼反射（VOR）将世界的形象固定在视网膜上，从而抵消大脑运动（见 Churchland and Sejnowski 1992, pp. 353-365）。当然这个行为对于人类视觉是至关重要的。人类意识理解世界的方法取决于 VOR 的正确运行。但是 VOR 环路所展示出来的计算步骤没有成为我们意识内容的一部分。如果有时候 VOR 所依赖的计算转换通过利用外部设备（铁肺或人工肾的一个神经系统版本）得以实现，意识状态和 VOR 计

注　释

算步骤之间的相互作用能够保持不变。所以在环路中无论意识的存在起什么作用（确切地说是无论那意味着什么），这种作用自身不能提供否认某些外部数据转换具有作为我们认知过程一部分的特征的理由。相反，只有在我们将子弹和拒绝认定为我们认真的全部过程（这些过程自身不能进行有意识地自省）时，它才能这样做。（如果你觉得 VOR 是过于低级别而不能作为虽是潜意识的却也是真实的认知过程的例子，那么就用一个你更喜欢的例子替代它：内容可寻址的回忆过程，或者是在你知道在一个逻辑推理中哪条规则适于下一步推理的能力背后自省的、无形的机敏。）

26. 关于构建自我概念的具身的、嵌入的方法的寓意的有价值但截然不同的讨论见瓦雷拉等（Varela et al. 1991）。
27. 对于这种例子的在生物精细化的处理方法见道金斯（Dawkins 1982）。
28. 关于这个主张的广泛讨论见克拉克和查尔默斯（Clark and Chalmers 1995）。

第 11 章

1. "海豚并不强壮"的判断最早始于生物学家詹姆斯·格雷（James Gray）。正如权恩泰弗楼兄弟（Triantafyllou and Triantafyllou 1995, p. 66）指出的，还不能严格地验证这个判断。但似乎海豚的确从有限的资源中获得了惊人的推进力——最近大量的研究工作有助于解开鱼类行进力的奥秘。（见 Gray 1986，Hoar and Randall 1978，Wu et al. 1975 以及权恩泰弗楼兄弟最近的进研究）。
2. 在麻省理工大学，一个 49 英寸，由八个部分组成，且第三个板极显示的是阳极电镀铝制的机器金枪鱼正在一个试验水池中被研究。权恩泰弗楼兄弟（Triantafyllou and Triantafyllou 1995）对这项工作进行了概述。一些详细的早期研究在权恩泰弗楼等（Triantafyllou et al.1993）和权恩泰弗楼等（Triantafyllou et al.1994）中进行了描述。
3. 在这里，具身的、嵌入的构想只是进一步支持了联结主义者长期以来所坚持的"神经编码过程不具备句子形式"的观点。关于联结主义者对这个争论的解释例如见丘奇兰德（Churchland 1989）和克拉克（Clark 1989）。
4. 句子内部排序的情况（和其他外在媒介的模型）就是有趣的交互。这里，我们的确通过在内部复制某种外在媒介的动力来受益。但是，就像我们在第 10 章中看到的，我们不需要假设这些再现包含着任何全新类型的计算资源的产生。相反，我们可以利用一些比较熟悉的模式—完备的神经网络，但是我们需要利用那些控制外在形式的经验来训练我们自己。更多的讨论见丘奇兰德（Churchland 1995）的第 10 章及鲁梅尔哈特等（Rumelhart et al. 1986）。
5. 丹尼特（Dennett 1991）曾就这个论题进行了一系列引人入胜的讨论。

注　释

6. 进一步的讨论见克拉克和查尔默斯（Clark and Chalmers 1995）。
7. 发展心理学已经对此越来越关注。参见第 2 节中所讨论的内容，尤其是西伦和史密斯（Thelen and Smith 1994）以及鲁特克斯卡（Rutkowska 1993）。

后记

1. 这部分想象作品的观点和主题得益于保罗·丘奇兰德、帕特利亚·丘奇兰德、丹尼尔·丹尼特马文·明斯基（Marvin Minsky）、吉尔伯特·赖尔、约翰·豪奇兰德以及罗德尼·布鲁克斯的著作。在将这些主题进行汇拢的过程中，我们努力将施动者层面和大脑层面事实的分歧最大化。我不想武断地表明当前的神经科学明确地提出了这种根本的分歧。其中的一些问题，我让大脑采取某种立场，仍然保留公开的神经科学讨论主题。（关于这种讨论的范例，请见 Churchland and Sejnowski 1992 和 Churchland et al. 1994。）鉴于文人的自负，明确的支持文献可能不太适合，但是主要包括了：丹尼特（Dennett 1978a）；丹尼特（Dennett 1991）；明斯基（Minsky 1985）；丘奇兰德（Churchland 1989）；豪奇兰德（Haugeland 1995）；R. Brooks，"Intelligence without representation,"*Artificial Intelligence* 41(1991): 139-159；G. Ryle, *The Concept of Mind* (Hutchinson, 1949)；C. Warrington and R. McCarthy, "Categorios of knowledge; Further fractionations and an attempted integration," *Brain* 110(1987):1273-1296. 我自己对其中一些主题的探讨，请见克拉克（Clark 1993）和克拉克（Clark 1995）。
2. 或者是玛丽的（Mary）的，或者是马里亚诺（Mariano）的，又或者是佩帕（Pepa）的。对这个经典男性英语名字的选择是因为老的《读者文摘》中有诸如"我是约翰的肝脏"和"我是乔的肾脏"这样的文章。这些文章同样也是使我们的内部器官拟人化，使他们能够向读者直接解释自己的结构、需要和病症。
3. 感谢丹尼尔·丹尼特、约瑟夫·葛恩（Joseph Goguen）、基思·萨瑟兰（Keith Sutherland）、戴夫·查尔默斯和匿名评审者所给我的支持、意见和建议。

参考文献

Abraham, R., and Shaw, C. 1992. *Dynamics—The Geometry of Behavior*. Addison-Wesley.

Ackley, D., and Littman, D. 1992. Interactions between learning and evolution. *Artificial Life II*, ed.C. Langton et al. Addison-Wesley.

Adolph, K., Eppler, E., and Gibson, E. 1993. Crawling versus walking: Infants' perception of affordances for locomotion on slopes. *Child Development* 64: 1158–1174.

Agre, P. 1988. The Dynamic Structure of Everyday Life. Ph.D. thesis, Department of Electrical Engineering and Computer Science, Massachusetts Institute of technology.

Agre, P., and Chapman, D. 1990. What are plans for? *Designing Autonomous Agents*, ed. P. Maes. MIT Press.

Albus, J. 1971. A theory of cerebellar function. *Mathematical Biosciences* 10: 25–61.

Alexopoulos, C., and Mims, C. 1979. *Introductory Mycology*, third edition. Wiley.

Ashby, R. 1952. *Design for a Brain*. Chapman & Hall.

Ashby, R. 1956. *Introduction to Cybernetics*. Wiley.

Ashworth, J., and Dee, J. 1975. *The Biology of Slime Molds*. Edward Arnold.

Ballard, D. 1991. Animate vision. *Artificial Intelligence* 48: 57–86.

Baum, C. 1993. The Effects of Occupation on Behaviors of Persons with Senile Dementia of the Alzheimer's Type and Their Carers. Doctoral thesis, George Warren Brown School of Social Work, Washington University, St. Louis.

参考文献

Bechtel, W., and Richardson, R. 1992. *Discovering Complexity: Decomposition and Localization as Scientific Research Strategies.* Princeton University Press.

Beck, B. 1980. *Animal Tool Behavior: The Use and Manufacture of Tools by Animals.* Garland.

Beckers, R., Holland, O., and Deneubourg, J. 1994. From local actions to global tasks: Stigmergy and collective robotics. *Artificial Life 4*, ed. R. Brooks and P. Maes. MIT Press.

Beer, R. 1995a. Computational and dynamical languages for autonomous agents. *Mind as Motion,* ed.R. Port and T. van Gelder. MIT Press.

Beer, R. 1995b. A dynamical systems perspective on agent-environment interaction. *Artificial Intelligence* 72: 173–215.

Beer, R., and Chiel, H. 1993. Simulations of cockroach locomotion and escape. *Biological Neural Networks in Invertebrate Neuroethology and Robotics*, ed. R. Beer et al. Academic Press.

Beer, R., and Gallagher, J. 1992. Evolving dynamical neural networks for adaptive behavior. *Adaptive Behavior* 1: 91–122.

Beer, R., Ritzman, R., and McKenna, T., eds. 1993. *Biological Neural Networks in Invertebrate Neuroethology and Robotics.* Academic Press.

Beer, R., Chiel, H., Quinn, K., Espenschied, S., and Larsson, P. 1992. A distributed neural network architecture for hexapod robot locomotion. *Neural Computation* 4, no. 3: 356–365.

Belew, R. 1990. Evolution, learning, and culture: Computational metaphors for adaptive algorithms. *Complex Systems* 4: 11–49.

Berk, L. 1994. Why children talk to themselves. *Scientific American* 271, no. 5: 78–83.

Berk, L., and Garvin, R. 1984. Development of private speech among low-income Appalachian children. *Developmental Psychology* 20, no. 2: 271–286.

Bickerton, D. 1995. *Language and Human Behavior.* University of Washington Press.

Bivens, J., and Berk, L. 1990. A longitudinal study of the development of elementary school children's private speech. *Merrill-Palmer Quarterly* 36, no. 4: 443–463.

Boden, M. 1988. *Computer Models of Mind.* Cambridge University Press.

Boden, M. 1996. *Oxford Readings in the Philosophy of Artificial Life.* Oxford University Press.

Bratman, M. 1987. *Intentions, Plans and Practical Reason.* Harvard University Press.

Bratman, M., Israel, D., and Pollack, M. 1991. Plans and resource-bounded practical

参考文献

reasoning. *Philosophy and AI: Essays at the Interface*, ed. R. Cummins and J. Pollock. MIT Press.

Brooks, R. 1991. Intelligence without reason. *Proceedings of the 12th International Joint Conference on Artificial Intelligence*. Morgan Kauffman.

Brooks, R. 1993. A robot that walks: Emergent behaviors from a carefully evolved network. *Biological Neural Networks in Invertebrate Neuroethology and Robotics*, ed. R. Beer et al. Academic Press.

Brooks, R. 1994. Coherent behavior from many adaptive processes. *From Animals to Animats 3*, ed. D. Cliff et al. MIT Press.

Brooks, R., and Maes, P., eds. 1994. *Artificial Life 4*. MIT Press.

Brooks, R., and Stein, L. 1993. Building Brains for Bodies. Memo 1439, Artificial Intelligence Laboratory, Massachusetts Institute of Technology.

Bruner, J. 1968. *Processes in Cognitive Growth: Infancy*. Clark University Press.

Busemeyer, J., and Townsend, J. 1995. Decision field theory. *Mind as Motion*, ed. R. Port and T.van Gelder. MIT Press.

Butler, K. (to appear). *Internal Affairs: A Critique of Externalism in the Philosophy of Mind*.

Campos, J., Hiatt, S., Ramsey, D., Henderson, C., and Svejda, M. 1978. The emergence of fear on the visual cliff. In *The Development of Affect, volume 1*, ed. M. Lewis and R. Rosenblum. Plenum.

Chambers, D., and Reisberg, D. 1985. Can mental images be ambiguous? *Journal of Experimental Psychology: Human Perception and Performance* 11: 317–328.

Cangeux, J.-P., and Connes, A. 1995. *Conversations on Mind, Matter and Mathematics*. Princeton University Press.

Chapman, D. 1990. Vision, Instruction and Action. Technical Report 1204, Artificial Intelligence Laboratory, Massachusetts Institute of Technology.

Christiansen, M. 1994. The Evolution and Acquisition of Language. PNP Research Report, Washington University, St. Louis.

Churchland, P. M. 1989. *A Neurocomputational Perspective*. MIT Press.

Churchland, P. M. 1995. *The Engine of Reason, the Seat of the Soul*. MIT Press.

Churchland, P. S., and Sejnowski, T. 1992. *The Computational Brain*. MIT Press.

Churchland, P. S., Ramachandran, V. S., and Sejnowski, T. J. 1994. A critique of pure vision. In *Large-Scale Neuronal Theories of the Brain*, ed. C. Koch and J. Davis. MIT Press.

Clark, A. 1986. Superman; the image. *Analysis* 46, no. 4: 221–224.

参考文献

Clark, A. 1987. Being there; why implementation matters to cognitive science. *AI Review* 1, no. 4: 231–244.

Clark, A. 1988a. Superman and the duck/rabbit. *Analysis* 48, no. 1: 54–57.

Clark, A. 1988b. Being there (again); a reply to Connah, Shiels and Wavish. *Artificial Intelligence Review* 66, no. 3: 48–51.

Clark, A. 1989. *Microcognition: Philosophy, Cognitive Science and Parallel Distributed Processing*. MIT Press.

Clark, A. 1993. *Associative Engines: Connectionism, Concepts and Representational Change*. MIT Press.

Clark, A. 1994. Representational trajectories in connectionist learning. *Minds and Machines* 4: 317–332.

Clark, A. 1995. Moving minds: Re-thinking representation in the heat of situated action. In *Philosophical Perspectives 9: AI Connectionism and Philosophical Psychology*, ed. J. Tomberlin.

Clark, A. 1996. Connectionism, moral cognition and collaborative problem solving. In *Mind and Morals: Essays on Ethics and Cognitive Science*, ed. L. May et al. MIT Press.

Clark, A. (to appear) Philosophical foundations. In *Handbook of Perception and Cognition*, volume 14: *Artificial Intelligence and Computational Psychology*, ed. M. Boden. Academic Press.

Clark, A., and Chalmers, D. 1995. The Extended Mind. Philosophy-Neuroscience-Psychology Research Report, Washington University, St. Louis.

Clark, A., and Karmiloff-Smith, A. 1994. The cognizer's innards: A psychological and philosophical perspective on the development of thought. *Mind and Language* 8: 487–519.

Clark, A., and Thornton, C. (to appear) Trading spaces: Connectionism and the limits of learning *Behavioral and Brain Sciences*.

Clark, A., and Toribio, J. 1995. Doing without representing? *Synthese* 101: 401–431.

Cliff, D. 1994. AI and a-life: Never mind the blocksworld. *AISB Quarterly* 87: 16–21.

Cole, M., Hood, L., and McDermott, R. 1978. Ecological niche picking. In *Memory Observed: Remembering in Natural Contexts*, ed. U. Neisser. Freeman, 1982.

Connell, J. 1989. A Colony Architecture for an Artificial Creature, Technical Report II 5 1, MIT AI Lab.

Cottrell, G. 1991. Extracting features from faces using compression networks. In *Connectionist Models: Proceedings of the 1990 Summer School*, ed. D. Touretzky

参考文献

et al. Morgan Kauffman.

Crutchfield, J., and Mitchell, M. 1995. The evolution of emergent computation. In *Proceedings of the National Academy of Science* 92: 10742–10746.

Culicover, P., and R. Harnish, eds. *Neural Connections, Mental Computation*. MIT Press.

Damasio, A. 1994. *Descartes' Error*. Grosset Putnam.

Damasio, A., and Damasio, H. 1994. Cortical systems for retrieval of concrete knowledge: The convergence zone framework. In *Large-Scale Neuronal Theories of the Brain*, ed. C. Koch and J. Davis MIT Press.

Damasio, A., Tramel, D., and Damasio, H. 1989. Amnesia caused by herpes simplex encephalitis, infarctions in basal forebrain, Alzheimer's disease and anoxia. In *Handbook of Neuropsychology*, volume 3, ed. F. Boller and J. Grafman. Elsevier.

Damasio, A., Tramel, D., and Damasio, H. 1990. Individuals with sociopathic behavior caused by frontal damage fail to respond autonomically to social stimuli. *Behavioral and Brain Research* 4: 81–94.

Damasio, H., Grabowski, T., Frank, R., Galaburda, A., and Damasio, A. 1994. The return of Phineas Gage: Clues about the brain from the skull of a famous patient. *Science* 264: 1102–1105.

Davidson, C. 1994. Common sense and the computer. *New Scientist* 142, Aril 2: 30–33.

Davidson, D. 1986. Rational animals. In *Actions and Events*, ed. E. Lepore and B. McLaughlin. Blackwell.

Davies, M., and Stone, T., eds. 1995. *Mental Simulation: Evaluations and Applications*. Blackwell.

Dawkins, R. 1982. *The Extended Phenotype*. Oxford University Press.

Dawkins, R. 1986. *The Blind Watchmaker*. Longman.

Dean, P., Mayhew, J., and Langdon, P. 1994. Learning and maintaining saccadic accuracy: A model of brainstem-cerebellum interactions. *Journal of Cognitive Neuroscience* 6: 117–138.

Dennett, D. 1978a. *Brainstorms*. MIT Press.

Dennett, D. 1978b. Why not the whole iguana? *Behavioral and Brain Sciences* 1: 103–4.

Dennett, D. 1991. *Consciousness Explained*. Little, Brown.

Dennett, D. 1994. Labeling and learning. *Mind and Language* 8: 54–48.

Dennett, D. 1995. *Darwin's Dangerous Idea: Evolution and the Meanings of Life*

参考文献

Simon and Schuster.

Denzau, A., and North, D. 1995. Shared Mental Models: Ideologies and Institutions. Unpublished.

Diaz, R., and Berk, L., eds. 1992. *Private Speech: From Social Interaction to Self-Regulation*. Erlbaum.

Donald, M. 1991. *Origins of the Modern Mind*. Harvard University Press.

Dretske, F. 1988. *Explaining Behavior: Reasons in a World of Causes*. MIT Press.

Dretske, F. 1994. If you can't make one you don't know how it works. In *Midwest Studies in Philosophy XIX: Philosophical Naturalism*. University of Notre Dame Press.

Dreyfus, H. 1979. *What Computers Can't Do*. Harper & Row.

Dreyfus, H. 1991. *Being-in-the-World: A Commentary on Heidegger's Being and Time, Division I*. MIT Press.

Dreyfus, H., and Dreyfus, S. 1990. What is morality? A phenomenological account of the development of ethical experience. In *Universalism vs. Communitarianism*, ed. D. Rasmussen. MIT Press.

Edelman, G. 1987. *Neural Darwinism*. Basic Books.

Edelman, G., and Mountcastle, V. 1978. *The Mindful Brain*. MIT Press.

Edwards, D., Baum, C., and Morrow-Howell, N. 1994. Home environments of inner city elderly with dementia: Do they facilitate or inhibit function? *Gerontologist* 34, no. 1: 64.

Elman, J. 1991. Representation and structure in connectionist models. In *Cognitive Models of Speech Processing*, ed. G. Altman. MIT Press.

Elman, J. 1994. Learning and development in neural networks: The importance of starting small. *Cognition* 48: 71-99.

Elman, J. 1995. Language as a dynamical system. In *Mind as Motion*, ed. R. Port and T. van Gelder. MIT Press.

Farah, M. 1990. *Visual Agnosia*. MIT Press.

Farr, M. 1981. *How to Know the True Slime Molds*. William Brown.

Feigenbaum, E. 1977. The art of artificial intelligence: 1. Themes and case studies of knowledge engineering. In *Proceedings of the Fifth International Joint Conference on Artificial Intelligence*.

Felleman, D., and Van Essen, D. 1991. Distributed hierarchical processing in primate visual cortex. *Cerebral Cortex* 1: 1–47

Fikes, R., and Nilsson, N. 1971. STRIPS: A new approach to the application of theorem

参考文献

proving to problem solving. *Artificial Intelligence* 2: 189–208.

Fodor, J., and Pylyshyn, Z. 1988. Connectionism and cognitive architecture. *Cognition* 28: 3–71

Friedman, M. 1953. *Essays in Positive Economics*. University of Chicago Press.

Gallistel, C. 1980. *The Organization of Behavior*. Erlbaum.

Gauker, C. 1990. How to learn a language like a chimpanzee. *Philosophical Psychology* 3, no. 1: 31–53.

Gesell, A. 1939. Reciprocal interweaving in neuromotor development.*Journal of Comparative Neurology* 70: 161–180.

Gibson, J. J. 1979. *The Ecological Approach to Visual Perception*. Houghton Mifflin.

Gibson, J. J. 1982. Reasons for realism. In *Selected Essays of James J. Gibson*, ed. E. Reed and R.Jones. Erlbaum.

Gibson, K., and Ingold, T., eds. 1993. *Tools, Language and Cognition in Human Evolution*. Cambridg University Press.

Gifford, F. 1990. Genetic traits. *Biology and Philosophy* 5: 327–347.

Giunti, M. 1996. Is Computationalism the Hard Core of Cognitive Science? Paper presented at Convego Triennale SILFS, Rome.

Gluck, M., and Rumelhart, D., eds. 1990. *Neuroscience and Connectionist Theory*. Erlbaum.

Gode, D., and Sunder, S. 1992. Allocative Efficiency of Markets with Zero Intelligence (ZI) Traders: Markets as a Partial Substitute for Individual Rationality. Working Paper No. 1992-16, Carnegie Mellon Graduate School of Industrial Administration.

Goldberg, D. 1989. *Genetic Algorithms in Search, Optimization, and Machine Learning*. Addison-Wesley.

Goldman, A. 1992. In defense of the simulation theory. *Mind and Language* 7, no. 1–2: 104–119.

Gopalkrishnan, R., Triantafyllou, M. S., Triantafyllou, G. S., and Barrett, D. 1994. Active vorticity control in a shear flow using a flapping foil. *Journal of Fluid Dynamics* 274: 1–21.

Gordon, R. 1992. The simulation theory: Objections and misconceptions. *Mind and Language* 7, no. 1–2: 1–33.

Grasse, P. P. 1959. La Reconstruction du Nid et les Coordinations Inter-Individuelles chez Bellicositermes Natalensis et Cubitermes sp. La Theorie de la Stigmergie: Essai D' interpretation des Termites Constructeurs. *Insect Societies* 6: 41–83.

参考文献

Gray, J. 1968. *Animal Locomotion*. Weidenfeld & Nicolson.

Graziano, M., Anderson, R., and Snowden, R. 1994. Tuning of MST neurons to spiral motions. *Journal of Neuroscience* 14: 54–67.

Greene, P.H. 1972. Problems of organization of motor systems. In *Progress in Theoretical Biology*, volume 2, ed. R. Rosen and F. Schnell. Academic Press.

Gregory, R. 1981. *Mind in Science*. Cambridge University Press.

Grifford, F. 1990. Genetic traits. *Biology and Philosophy* 5: 327–347.

Haken, H., Kelso, J., and Bunz, H. 1985. A theoretical model of phase transitions in human hand movements. *Biological Cybernetics* 51: 347–356.

Hallam, J., and Malcolm, C.A. (to appear) Behavior, perception, action and intelligence: the view from situated robots. *Philosophical Transcripts of the Royal Society*, London, A.

Hardcastle, V. (to appear) Computationalism. *Synthese*.

Hare, M., and Elman, J. 1995. Learning and morphological change. *Cognition* 56:61–98.

Harnad, S. 1994, ed. Special issue on "What is Computation?" *Minds and Machines* 4, no. 4: 377–488.

Harvey, I., Husbands, P., and Cliff, D. 1994. Seeing the light: Artificial evolution, real vision. In *From Animats to Animals* 3, ed. D. Cliff et al. MIT Press.

Haugeland, J. 1981. Semantic engines: An introduction to mind design. In *Mind Design: Philosophy, Psychology, Artificial Intelligence*, ed. J. Haugeland. MIT Press.

Haugeland, J. 1991. Representational genera. In *Philosophy and Connectionist Theory*, ed. W. Ramsey et al. Erlbaum.

Haugeland, J. 1995. Mind embodied and embedded. In *Mind and Cognition*, ed. Y.-H. Houng and J.-C.Ho. Taipei: Academia Sinica.

Hayes, P. 1979. The naive physics manifesto. In *Expert Systems in the Microelectronic Age.*, ed. D. Michie. Edinburgh University Press.

Hebb, D. 1949. *The Organization of Behavior*. Wiley.

Heidegger, M. 1927. *Being and Time* (translation). Harper and Row, 1961.

Hilditch, D. 1995. At the Heart of the World: Maurice Merleau-Ponty's Existential Phenomenology of Perception and the Role of Situated and Bodily Intelligence in Perceptually-Guided Coping. Doctoral thesis, Washington University, St. Louis.

Hofstadter, D. 1985. *Metamagical Themas: Questing for the Essence of Mind and Pattern*. Penguin.

Hogan, N., Bizzi, E., Mussa-Ivaldi, F. A., and Flash, T. 1987. Controlling multi-joint

参考文献

motor behavior. *Exercise and Sport Science Reviews* 15: 153–190.

Holland, J. 1975. *Adaptation in Natural and Artificial Systems*. University of Michigan Press.

Hooker, C., Penfold, H., and Evans, R. 1992. Control, connectionism and cognition: Towards a new regulatory paradigm. *British Journal for the Philosophy of Science* 43, no. 4: 517–536.

Hutchins, E. 1995. *Cognition in the Wild*. MIT Press.

Hutchins, E., and Hazelhurst, B. 1991. Learning in the cultural process. In *Artificial Life* II, ed. C. Langton et al. Addison-Wesley.

Jackendoff, R. (to appear) How language helps us think. *Pragmatics and Cognition*.

Jacob, F. 1977. Evolution and tinkering. *Science* 196, no. 4295: 1161–1166.

Jacobs, R., Jordan, M., and Barto, A. 1991. Task decomposition through competition in a modular connectionist architecture: The what and where visual tasks. *Cognitive Science* 15: 219–250.

Jacobs, R., Jordan, M., Nowlan, S., and Hinton, G. 1991. Adaptive mixtures of local experts. *Neural Computation* 3: 79–87.

Jefferson, D. Collins, R., Cooper, C., Dyer, M., Flowers, M., Korf, R., Taylor, C., and Wang, A. 1991. Evolution as a theme in artificial life. In *Proceedings of the Second Conference on Artificial Life*, ed. C.Langton and D. Farmer. Addison-Wesley.

Johnson, M. 1987. *The Body in the Mind: The Bodily Basis of Imagination, Reason and Meaning*. University of Chicago Press.

Johnson, M., Maes, P., and Darrell, T. 1994. Evolving visual routines. In *Artificial Life* 4, ed. R. Brook and P. Maes. MIT Press.

Jordan, M. 1986. Serial Order: A Parallel Distributed Processing Approach. Report 8604, Institute of Cognitive Science, University of California, San Diego.

Jordan, M., Flash, T., and Arnon, Y. 1994. A model of the learning of arm trajectories from spatial deviations. *Journal of Cognitive Neuroscience* 6, no. 4: 359–376.

Kaelbling, L. 1993. *Learning in Embedded Systems*. MIT Press.

Kagel, J. 1987. Economics according to the rat (and pigeons too). In *Laboratory Experimentation in Economics: Six Points of View*, ed. A. Roth. Cambridge University Press.

Kandel, E., and Schwarz, J. 1985. *Principles of Neural Science*. Elsevier.

Karmiloff-Smith, A. 1979. *A Functional Approach to Child Language*. Cambridge University Press.

Karmiloff-Smith, A. 1986. From meta-process to conscious access. *Cognition* 23:

参考文献

95–147.

Karmiloff-Smith, A. 1992. *Beyond Modularity: A Developmental Perspective On Cognitive Science.* MIT Press.

Kauffman, S. 1993. *The Origins of Order: Self-Organization and Selection in Evolution.* Oxford University Press.

Kawato, M., et al. 1987. A hierarchical neural network model for the control and learning of voluntary movement. *Biological Cybernetics* 57: 169–185.

Kelso, S. 1995. *Dynamic Patterns.* MIT Press.

Kirsh, D. 1991. When is information explicitly represented? In *Information Thought and Content*, ed. P. Hanson. UBC Press.

Kirsh, D. 1995. The intelligent use of space. *Artificial Intelligence* 72: 1–52.

Kirsh, D., and Maglio, P. 1991. Reaction and Reflection in tetris. Research report D-015, Cognitive Science Department, University of California, San Diego.

Kirsh, D., and Maglio, P. 1994. On distinguishing epistemic from pragmatic action. *Cognitive Science* 18: 513–549.

Kleinrock, L., and Nilsson, A. 1981. On optimal scheduling algorithms for time-shared systems. *Journal of the ACM* 28: 3.

Knierim, J., and Van Essen, D. 1992. Visual cortex: Cartography, connectivity and concurrent processing. *Current Opinion in Neurobiology* 2: 150–155.

Koza, J. 1991. Evolution and co-evolution of computer programs to control independently acting agents. In *From Animals to Animats* I, ed. J.-A. Meyer and S. Wilson. MIT Press.

Koza, J. 1992. *Genetic Programming.* MIT Press.

Laird, J., Newell, A., and Rosenbloom, P. 1987. SOAR: An architecture for general intelligence. *Artificial Intelligence* 33: 1–64.

Lakoff, G. 1987. *Women, Fire and Dangerous Things: What Categories Reveal about the Mind.* University of Chicago Press.

Landi, V. 1982. *The Great American Countryside.* Collier Macmillan.

Le Cun, Y., Boser, B., Denker, J. S., Henderson, D., Howard, R., Hubbard, W., and Jackal, L. 1989. Back propagation applied to handwritten zip code recognition. *Neural Computation* 1: 541–551.

Lenat, D., and Feigenbaum, E. 1992. On the thresholds of knowledge. In *Foundations of Artificial Intelligence*, ed. D. Kirsh. MIT Press.

Lenat, D., and Guha, R. 1990. *Building Large Knowledge-Based Systems: Representation and Inferencein the CYC Project.* Addison-Wesley.

参考文献

Lichtenstein, S., and Slovic, P. 1971. Reversals of preference between bids and choices in gambling decisions. *Journal of Experimental Psychology* 101: 16–20.

Lieberman, P. 1984. *The Biology and Evolution of Language.* Harvard University Press.

Lin, L. 1993. Reinforcement Learning for Robots Using Neural Networks. Doctoral thesis, Carnegie Mellon University.

Mackay, D. 1967. Ways of looking at perception. In *Models for the Perception of Speech and Visual Form*, ed. W. Wathen-Dunn. MIT Press.

Mackay, D. 1973. Visual stability and voluntary eye movements. In *Handbook of Sensory Physiology*, volume VII/3a, ed. R. Jung. Springer-Verlag.

Maes, P. (1994) Modeling adaptive autonomous agents. *Artificial Life* 1, no. 1–2: 135–162.

Magnuson, J. J. 1978. Locomotion by scobrid fishes: Hydromechanics morphology and behavior. In *Fish Physiology*, ed. W. Hoar and D. Randall. Academic Press.

Malone, T., Fikes, R., Grant, K., and Howard, M. 1988. Enterprise: A marker-like task scheduler for distributed computing environments. In *The Ecology of Computation*, ed. B. Huberman. North-Holland.

Marr, D. 1969. A theory of cerebellar cortex. *Journal of Physiology* 202: 437–470.

Marr, D. 1982. *Vision.* Freeman.

Mataric, M. 1991. Navigating with a rat brain: A neurobiologically inspired model for robot spatial representation. In *From Animals to Animats* I, ed. J.A. Meyer and S. Wilson. MIT Press.

Maturana, H., and Varela, F. 1987. *The Tree of Knowledge: The Biological Roots of Human Understanding.* New Science Library.

McCauley, J. 1994. Finding metrical structure in time. In *Proceedings of the 1993 Connectionist Models Summer School*, ed. M. Mozer et al. Erlbaum.

McCauley, R., ed. 1996. *The Churchlands and Their Critics.* Blackwell.

McClamrock, R. 1995. *Existential Cognition.* University of Chicago Press.

McClelland, J. 1989. Parallel distributed processing—Implications for cognition and development. In *Parallel Distributed Processing: Implications for Psychology and Neurobiology*, ed. R. Morris. Clarendon.

McClelland, J., Rumelhart, D., and Hinton, G. 1986. The appeal of parallel distributed processing. In *Parallel Distributed Processing: Explorations in the Microstructure of Cognition*, volume 1: *Foundations*, ed. D. Rumelhart et al. MIT Press.

McConkie, G. 1979. On the role and control of eye movements in reading. In *Pro-

参考文献

cessing of Visible Language, ed. P. Kolers et al. Plenum.

McConkie, G. 1990. Where Vision and Cognition Meet. Paper presented at HFSP Workshop on Object and Scene Perception, Leuven, Belgium.

McConkie, G., and Rayner, K. 1976. Identifying the span of the effective stimulus in reading: Literature review and theories of reading. In *Theoretical Models and Processes of Reading*, ed. H. Singer and R. Ruddell. International Reading Association.

McCulloch, W., and Pitts, W. 1943. A logical calculus of the ideas immanent in nervous activity. *Bulletin of Mathematical Geophysics* 5: 115–133.

McGraw, M. B. 1945. *The Neuromuscular Maturation of the Human Infant*. Columbia University Press.

McNaughton, B. 1989. Neuronal mechanisms for spatial computation and information storage.In *Neural Connections, Mental Computation*, ed. L. Nadel et al. MIT Press.

McNaughton, B., and Nadel, L. 1990. Hebb-Marr Networks and the neurobiological representation of action in space. In *Neuroscience and Connectionist Theory*, ed. M. Gluck and D. Rumelhart. Erlbaum.

Menczer, F., and Belew, R. 1994. Evolving sensors in environments of controlled complexity. In *Artificial Life* 4, ed. R. Brooks and P. Maes. MIT Press.

Merleau-Ponty, M. 1942. *La Structure du Comportment*. Presses Universites de France. Translation: The Structure of Behavior (Beacon, 1963)

Merleau-Ponty, M. 1945. *Phenomenologie de la Perception*. Paris: Gallimard.Translation: *Phenomenology of Perception* (Routledge and Kegan Paul, 1962).

Michie, D., and Johnson, R. 1984. *The Creative Computer*. Penguin.

Miller, G., and Cliff, D. 1994. Protean behavior in dynamic games: Arguments for the co-evolution of pursuit-evasion tactics. In *From Animals to Animats 3*, ed. D. Cliff et al. MIT Press.

Miller, G., and Freyd, J. 1993. *Dynamic Mental Representations of Animate Motion*. Cognitive Science Research Paper 290, University of Sussex.

Millikan, R. 1984. *Language, Thought and Other Biological Categories*. MIT Press.

Millikan, R. 1994. Biosemantics. In *Mental Representation: A Reader*, ed. S. Stich and T. Warfield. Blackwell.

Millikan, R. 1995. Pushmi-Pullyu Representations. In *Philosophical Perspectives 9: AI, Connectionism and Philosophical Psychology*, ed. J. Tomberlin.

Minsky, M. 1985. *The Society of Mind*. Simon & Schuster.

参考文献

Mitchell, M., Crutchfield, J., and Hraber, P. 1994. Evolving cellular automata to perform computations:Mechanisms and impediments. *Physician* D 75: 361–391.

Morrissey, J. H. 1982. Cell proportioning and pattern formation. In *The Development of Dictyostelium discoideum*, ed. W. Loomis. Academic Press.

Motter, B. 1994. Neural correlates of attentive selection for color or luminance in extrastriate area V4. *Journal of Neuroscience* 14: 2178–2189.

Nadel, L., Cooper, L., Culicover, P., and Harnish, R., eds. 1989. *Neural Connections, Mental Computations*. MIT Press.

Neisser, U. 1993. Without perception there is no knowledge: Implications for artificial intelligence. In *Natural and Artificial Minds*, ed. R. Burton. State University of New York Press.

Newell, A. 1990. *Unified Theories of Cognition*. Harvard University Press.

Newell, A., and Simon H. 1972. *Human Problem Solving*. Prentice-Hall.

Newell, A., and Simon, H. 1981. Computer science as empirical inquiry. In *Mind Design*, ed. J. Haugeland. MIT Press.

Newport, E. 1990. Maturational constraints on language learning. *Cognitive Science* 14: 11–28.

Nolfi, S., Floreano, D., Miglino, O., and Mondada, F. 1994. How to evolve autonomous robots: different approaches in evolutionary robotics. In *Artificial Life* 4, ed. R. Brooks and P. Maes. MIT Press.

Nolfi, S., Miglino, O., and Parisi, D. 1994. Phenotypic Plasticity in Evolving Neural Networks. Technical Report PCIA-94-05, CNR Institute of Psychology, Rome.

Nolfi, S., and Parisi, D. 1991. Auto-Teaching: Networks that Develop Their Own Teaching Input. Technical Report PC1A91-03, CNR Institute of Psychology, Rome.

Norman, D. 1988. *The Psychology of Everyday Things*. Basic Books.

North, D. 1993. Economic Performance through Time. Text of Prize Lecture in Economic Science in Memory of Alfred Nobel.

Norton, A. 1995. Dynamics: An introduction. In *Mind as Motion*, ed. R. Port and T. van Gelder. MIT Press.

O' Keefe, J. 1989. Computations the hippocampus might perform. In *Neural Connections, Mental Computations,* ed. L. Nadel et al. MIT Press.

O' Regan, J. 1990. Eye movements and reading. In *Eye Movements and Their Role in Visual and Cognitive Processes*, ed. E. Kowler. Elsevier.

O' Regan, K. 1992. Solving the "real" mysteries of visual perception: The world as

参考文献

an outside memory. *Canadian Journal of Psychology* 46: 461–488.

Oyama, S. 1985. *The Ontogeny of Information: Developmental Systems and Evolution.* Cambridge University Press.

Pearson, K. 1985. Are there central pattern generators for walking and flight in insects? In *Feedback and Motor Control in Invertebrates and Vertebrates*, ed. W. Barnes and M. Gladden. Croom Helm.

Petroski, H. 1992. The evolution of artifacts. *American Scientist* 80: 416–420.

Piaget, J. 1952. *The Origins of Intelligence in Children.* International University Press.

Piaget, J. 1976. *The Grasp of Consciousness: Action and Concept in the Young Child.* Harvard University Press.

Pinker, S. 1994. *The Language Instinct.* Morrow.

Plunkett, K., and Sinha, C. 1991. Connectionism and developmental theory. *Psykologisk Skriftserie Aarhus* 16: 1–34.

Polit, A., and Bizzi, E. 1978. Processes controlling arm movements in monkeys. *Science* 201: 1235–1237.

Port, R., Cummins, F., and McCauley, J. 1995. Naive time, temporal patterns and human audition. In *Mind as Motion*, ed. R. Port and T. van Gelder. MIT Press.

Port, R., and van Gelder, T. 1995. *Mind as Motion: Explorations in the Dynamics of Cognition.* MIT Press.

Posner, M., and Rothbart, M. 1994. Constructing neuronal theories of mind. In *Large-Scale Neuronal Theories of the Brain*, ed. C. Koch and J. Davis. MIT Press.

Preston, B. 1995. Cognition and Tool Use (draft paper).

Putnam, H. 1975. *The meaning of "meaning" In Mind, Language and Reality*, ed. H. Putnam. Cambridge University Press.

Pylyshyn, Z. 1986. *Computation and Cognition.* MIT Press.

Quinn, R., and Espenschied, K. 1993. Control of a hexapod robot using a biologically inspired neural network. In *Biological Neural Networks in Invertebrate Neuroethology and Robotics*, ed. R. Beer et al. Academic Press.

Rayner, K, Well, A., and Pollarsek, A. 1980. Asymmetry of the effective visual field in reading. *Perceptual Psychophysics* 27: 537–544.

Resnick, M. 1994a. Learning about life. *Artificial Life* 1, no. _: 229–242.

Resnick, M. 1994b. *Turtles, Termites, and Traffic James: Explorations in Massively Parallel Microworlds.* MIT Press.

Ritzmann, R. 1993. The neural organization of cockroach escape and its role in

参考文献

context-dependent orientation. In *Biological Neural Networks in Invertebrate Neuroethology and Robotics*, ed. R. Beer et al. Academic Press.

Rosenblatt, F. 1962. *Principles of Neurodynamics*. Spartan Books.

Rovee-Collier, C. 1990. The "memory system" of prelinguistic infants. In *The Development and Neural Bases of Higher Cognitive Functions*, ed. A. Diamond. New York Academy of Sciences.

Rumelhart, D., and J. McClelland 1986. On learning the past tenses of English verbs. In *Parallel Distributed Processing: Explorations in the Microstructure of Cognition,volume 2: Psychological and Biological Models*, ed. J. McClelland et al. MIT Press.

Rumelhart, D., Smolensky, P., McClelland, J., and Hinton, G. 1986. Schemata and sequential thought processes in PDP models. In *Parallel Distributed Processing: Explorations in the Microstructure of Cognition*, ed. D. Rumelhart et al. MIT Press.

Rutkowska, J. 1984. Explaining Infant Perception: Insights from Artificial Intelligence.Cognitive Studies Research Paper 005, University of Sussex.

Rutkowska, J. 1986. Developmental psychology's contribution to cognitive science. In *Artificial Intelligence Society*, ed. K. Gill. Wiley.

Rutkowska, J. 1993. *The Computational Infant*. Harvester Wheatsheaf.

Saito, F., and Fukuda, T. 1994. Two link robot brachiation with connectionist Qlearning. In *From Animals to Animats* 3, ed. D. Cliff et al. MIT Press.

Saltzman, E. 1995. Dynamics and coordinate systems in skilled sensorimotor activity. In *Mind as Motion,* ed. R. Port and T. van Gelder. MIT Press.

Salzman, C., and Newsome, W. 1994. Neural mechanisms for forming a perceptual decision. *Science* 264: 231–237.

Satz, D., and Ferejohn, J. 1994. Rational choice and social theory. *Journal of Philosophy* 9102: 71–87.

Schieber, M. 1990. How might the motor cortex individuate movements? *Trends in Neuroscience* 13, no.11: 440 – 444.

Schieber, M., and Hibbard, L. 1993. How somatotopic is the motor cortex hand area? *Science* 261: 489–492.

Shields, P. J., and Rovee-Collier, C. 1992. Long-term memory for context-specific category information at six months. *Child Development* 63: 245–259.

Shortliffe, E. 1976. *Computer Based Medical Consultations: MYCIN*. Elsevier.

Simon, H.1969. The architecture of complexity. In *The Sciences of the Artificial,* ed. H. Simon. Cambridge University Press.

参考文献

Simon, H. 1982. *Models of Bounded Rationality*, volumes 1 and 2. MIT Press.

Skarda, C., and Freeman, W. 1987. How brains make chaos in order to make sense of the world. *Behavioral and Brain Sciences* 10: 161–195.

Smith, B. C. 1995. The Foundations of Computation. Paper presented to AISB-95 Workshop on the Foundations of Cognitive Science, University of Sheffield.

Smith, B. C. 1996. *On the Origin of Objects*. MIT Press.

Smithers, T. 1994. Why better robots make it harder. In eds., *From Animals to Animats 3*, ed. D. Cliff eal. MIT Press.

Smolensky, P. 1988. On the proper treatment of connectionism. *Behavioral and Brain Sciences* 11: 1–74.

Steels, L. 1994. The artificial life roots of artificial intelligence. *Artificial Life 1*, no. 1–2: 75–110.

Stein, B.,and Meredith, M. 1993. The Merging of the Senses. MIT Press.

Sterelny, K. 1995. Understanding life: Recent work in philosophy of biology. *British Journal for the Philosophy of Science* 46, no. 2: 55–183.

Suchman, A. 1987. *Plans and Situated Actions*. Cambridge University Press.

Sutton, R. 1991. Reinforcement learning architecture for animats. In *From Animals to Animats I*, ed. J.A. Meyer and S. Wilson. MIT Press.

Tate, A. 1985. A review of knowledge based planning techniques. *Knowledge Engineering Review* 1: 4–17.

Thach, W., Goodkin, H., and Keating, J. 1992. The cerebellum and the adaptive coordination of movement. *Annual Review of Neuroscience* 15: 403–442.

Thelen, E. 1986. Treadmill-elicited stepping in seven-month-old infants. *Child Development* 57: 1498–1506.

Thelen, E. 1995. Time-scale dynamics and the development of an embodied cognition. In *Mind as Motion*, ed. R. Port and T. van Gelder. MIT Press.

Thelen, E., Fisher, D. M., Ridley-Johnson, R., and Griffin, N. 1982. The effects of body build and arousal on newborn infant stepping. *Development Psychobiology* 15: 447–453.

Thelen, E. Fisher, D. M., and Ridley-Johnson, R. 1984. The relationship between physical growth and a newborn reflex. *Infant Behavior and Development* 7: 479–493.

Thelen, E., and Smith, L. 1994. *A Dynamic Systems Approach to the Development of Cognition and Action*. MIT Press.

Thelen, E., and Ulrich, B. 1991. Hidden skills: A dynamic system analysis of tread-

参考文献

mill stepping during the first year. *Monographs of the Society for Research in Child Development*, no. 223.

Thelen, E., Ulrich, B., and Niles, D. 1987. Bilateral coordination in human infants: Stepping on a split-belt treadmill. *Journal of Experimental Psychology: Human Perception and Performance* 13: 405–410.

Tomasello, Kruger, and Ratner. 1993. Cultural learning. *Behavioral and Brain Sciences* 16: 495–552.

Torras, C. 1985. *Temporal-Pattern Learning in Neural Models*. Springer-Verlag.

Touretzky, D., and Pomerleau, D. 1994. Reconstructing physical symbol systems. *Cognitive Science* 18: 345–353.

Triantafyllou, G. S., Triantafyllou, M. S., and Grosenbaugh, M. A. 1993. Optimal thrust development in oscillating foils with application to fish propulsion. *Journal of Fluids and Structures* 7, no. 2: 205–224.

Triantafyllou, M., and Triantafyllou, G. 1995. An efficient swimming machine. *Scientific American* 272, no. 3: 64–71.

Turvey, M., Shaw, R., Reed, E., and Mace, W. 1981. Ecological laws of perceiving and acting. *Cognition* 9: 237–304.

Valsiner, A. 1987. *Culture and the Development of Children's Action*. Wiley.

Van Essen, D., Anderson, C., and Olshausen, B. 1994. Dynamic routing strategies in sensory, motor, and cognitive processing. In *Large-Scale Neuronal Theories of the Brain*, ed.C. Koch and J. Davis. MIT Press.

Van Essen, D., and Gallant, J. 1994. Neural mechanisms of form and motion processing in the primate visual system. *Neuron* 13: 1–10.

van Gelder, T. 1990. Compositionality: A connectionist variation on a classical theme. *Cognitive Science* 14: 355–384.

van Gelder, T. 1991. Connectionism and dynamical explanation. In Proceedings of the 13th Annual Conference of the Cognitive Science Society, Chicago.

van Gelder, T. 1995. What might cognition be, if not computation? *Journal of Philosophy* 92, no. 7: 345–381.

Varela, F., Thompson E., and Rosch, E. 1991. *The Embodied Mind: Cognitive Science and Human Experience*. MIT Press.

Vera, A., and Simon, H. 1994. Reply to Touretzky and Pomerleau: Reconstructing physical symbol systems. *Cognitive Science* 18: 355–360.

Vogel, S. 1981. Behavior and the physical world of an animal. In *Perspectives in Ethology*, volume 4,ed. P. Bateson and P. Klopfer. Plenum.

参考文献

Von Foerster, H. 1951., ed. *Cybernetics: Transactions of the Seventh Conference.* Josiah Macy Jr. Foundation.

Von Uexkull, J. 1934. A stroll through the worlds on animals and men. In *Instinctive Behavior*, ed. K. Lashley. International Universities Press.

Vygotsky, L. S. 1986. *Thought and Language* (translation of 1962 edition). MIT Press.

Wason, P. 1968. Reasoning about a rule. *Quarterly Journal of Experimental Psychology* 20: 273–281.

Watkins, C. 1989. Learning from Delayed Rewards. Doctoral thesis, Kings College.

Welch, R. 1978. *Perceptual Modification: Adapting to Altered Sensory Environments.* Academic Press.

Wertsch, J., ed. 1981. *The Concept of Activity in Soviet Psychology.* Sharpe.

Wheeler, M. 1994. From activation to activity. *AISB Quarterly* 87: 36–42.

Wheeler, M. 1995. Escaping from the Cartesian mind-set: Heidegger and artificial life. Lecture Notes in Artifical Intelligence 929, Advances in Artificial Life, Granada,Spain.

Whorf, B. 1956. *Language, Thought and Reality.* Wiley.

Wiener, N. 1948. *Cybernetics, or Control and Communication in the Animal and in the Machine.* Wiley.

Wimsatt, W. 1986. Forms of aggregativity. In *Human Nature and Natural Knowledge*, ed. A. Donagan et al. Reidel.

Wimsatt, W. (to appear) Emergence as non-aggregativity and the biases of reductionisms. In *Natural Contradictions: Perspectives on Ecology and Change*, ed. P. Taylor and J. Haila.

Winograd, T., and Flores, F. 1986. *Understanding Computers and Cognition: A New Foundation.* Ablex.

Woolsey, T. 1990. Peripheral Alteration and Somatosensory Development. In *Development of Sensory Systems in Mammals*, ed. J. Coleman. Wiley.

Wu, T. Y. T., Brokaw, C. J., Brennen, C., eds. 1975. *Swimming and Flying in Nature*, volume 2. Plenum.

Yamuchi, B., and Beer, R. 1994. Integrating reactive, sequential and learning behavior using dynamical neural networks. In *From Animals to Animats* 3, ed. D. Cliff. MIT Press.

Yarbus, A. 1967. *Eye Movements and Vision.* Plenum.

Zelazo, P. R. 1984. The development of walking: New findings and old assumptions.

参考文献

Journal of Motor Behavior 15: 99–137.

Zhang, J., and Norman, D. 1994. Representations in distributed cognitive tasks. *Cognitive Science* 18: 87–122.

索引

（页码为英文原著页码，即本书边码）

A

Abraham.R. 亚伯拉罕 99，114
Ackley. D. 阿克利 97，187
Action, epistemic 行动，认识上的，64—67，80
Action loops. See Development 行动环路，见发展
Adaptation, reverse, 自适性，倒转 212，213
Adaptive hookup, 自适性联系 147
Adaptive oscillators, 自适性振荡器 161
Affordances 可供性，承载 172
Agre, P. 阿格雷 63，152
Alzheimer's Disease，阿兹海默症 66
Autonomous agents，自治的施动者 6，11—20，31—33. See also Mobots，另见自行机器人

B

Backpropagation algorithm，逆转算法，56，57. See also Neural networks,
另见神经网络
Ballard. D. 巴拉德 29，30，106，149，150
Bechtel. W. 贝克特尔 113
Beckers. R. 贝克尔 76
Beer, R. 比尔 6，7，15，17，90—93，97，100，101，105，118，122，145，148，164
Beliefs, extended，信念，延展的 218
Berk, L. 伯克 194，195
Bivens, J. 比文斯 195
Brachiation，臂力摆荡 17—19
Bratman, M. 布拉特曼 202
Brooks, R. 布鲁克斯 12—15，19，20，29，31，32，140，148，190，191
Bruner, J. 布鲁纳 35
Busemeyer, J. 比斯米亚 124
Butler, K. 巴特勒 164

C

Carruthers, P. 克鲁瑟斯 194，196，197，

索 引

200
"Catch and toss explanation", "接和扔解释法" 105, 164
Causation, 因果性
Causation, 因果
  circular, 循环～ 107, 108
  continuous reciprocal, 因果连续互惠 99, 107, 108, 171（see also Dynamical systems; Representations, 另见动力系统；表征）
Cerebellum, 小脑 38
Chalmers, D. 查尔默斯 215
Chapman, D. 查普曼 63
Chiel, H. 契尔 6, 7, 15, 17
Choice, rational, 选择, 理性的 179—192
Christiansen, M. 克里斯琴森 212
Churchland, P. M. 丘奇兰德 151, 198, 206
Churchland, P. S. 丘奇兰德 29, 30, 39
Cockroach, 蟑螂 4, 5, 91—94
Cognition, radical embodied, 认知, 激进的具身的 148, 149
COG, COG 19—21
Collective variables, 集体变量 74, 18—128
Communication, 交流 188—192. See also Language 另见语言
Computation, 计算 See also Representation; Dynamical systems, 另见表征；动力系统
  as environmentally extended, 作为在环境中延展的 200—207, 214
  and explanation, ～和解释 103—128

and programs, ～和程序 153—160
and representation, ～和表征 159, 160, 200—207
Connectionism, 联结主义 See Neural network, 见神经网络
Consciousness, 意识 198, 215, 216
Control, centralized, 控制, 中心化的 39, 42—45
Convergence zones, 辐合区 137—141, 151
Cottrell, G. 科特雷尔 60
Counterfactuals, 反例 117
CYC project, CYC 工程 2—4, 7, 8, 53, 57

D

Damasio, A. 达马西奥 124, 125, 137—141
Damasio, H. 达马西奥 124, 125
Dasein, 此在 171
Dawkins, R. 道金斯 88
Dean, P. 迪安 23
Decentralized solutions, 去中心化的解决方案 71—81, 140—142. See also Planning; Self-organization, 另见规划；自组织
Decomposition, activity-based, 分解, 基于活动的 See Subsumption architecture, 见包容结构
Dennett, D. 丹尼特 12, 105, 191, 194, 196—198, 201
Denzau, A. 登造 181—183
Development, 发展 35—51
  action loops in, ～中的行动环路 36—39

索 引

without blueprints, 没有蓝图的～ 39—41
proximal, 近侧～ 45, 194, 195
and scaffolding, ～以及脚手架 45—47
and soft assembly, ～以及软组装 42—45
Diaz, R. 迪亚兹 194
Dictyostelium doscoideum, 盘基网柄菌 71, 72
Donald, M. 唐纳德 206, 210
Dretske, F. 德雷斯克 121, 146
Dreyfus, H. 德雷弗斯 6, 171, 203
Dreyfus, S. 德雷弗斯 203
Dynamical systems, 动力系统 99—102, 18—128
  coupled, 耦合的～ 94, 99
  and explanatory understanding, ～与解释性理解 101—128, 139—142
  and high-level cognition, 与高层次认知 118, 119
  pure, 纯粹的～ 119, 120
  and representation, ～与表征 148—175
  theory of, ～的理论 98—102, 114—119
  and time, ～与时间 160—163

E

Economics, 经济学 180—192
Edelman, G. 埃德尔曼 137
Elman, J. 埃尔曼 160, 161, 199, 204, 205, 213
Emergence, 突现 43, 44, 84. See also self-orgnization, 另见自组织
and decomposition, ～与分解 84
direct and indirect, 直接的和间接的～ 72—75, 77, 109, 110
and explanation, ～与解释 103—128, 163—166
and reduction, ～与还原 104, 105
in termite nest building, 在白蚁筑巢中的～ 75
Emulation, motor, 模仿, 运动 22, 23
Enaction, 生成 173
Espenschied, K. 埃斯彭席德 17
Evolution 进化
  biological, 生物学的～ 88, 89, 102
  simulated, 模拟的～ 87—94, 97 (see also Genetic algorithms 另见遗传算法)
Explanation, componential, 解释, 成分的 104, 105, 139—142, 163—166

F

Feature detectors, 特征觉察器 135
Feedback, positive, 反馈, 积极的 40, 62, 73. See also Self-organization, 另见自组织
Feigenbaum, E. 费根鲍姆 2
Felleman, D. 费里曼 134
Ferejohn, J. 费内中 181—184
Fikes, R. 菲克斯 54, 63
Fodor, J. 福多 142
Freeman, W. 弗里曼 148
Freyd, J. 弗雷德 146
Friedman, M. 弗里德曼 181
Fukuda, T. 福田 17, 19

索 引

G

Gage, Phineas 盖奇·菲尼亚斯 124
Gallagher, J. 加拉格尔 90—92, 118, 148
Gallistel, C. 格里斯泰尔 195, 196
Garvin, R. 加文 195
Gauker, C. 高克 195, 196
Genetic algorithms, 遗传算法 89—94, 187, 190. See also Evolution 另见进化
Gibson, J. 吉布森 35, 50, 148, 152, 172
Gode, D. 戈德 183, 184
Graziano, M. 格拉齐亚诺 134
Greene, P. 格林 158

H

Haken, H. 黑肯 117
Hallam, J. 哈勒姆 111
Hare, M. 黑尔 213
Harvey, I. 哈维 92
Haugeland, J. 豪奇兰德 144, 145, 147, 167
Hayes, P. 海斯 54
Hazelhurst, B. 黑兹尔赫斯特 189, 190
Heidegger, M. 海德格尔 148, 171
Hibbard, L. 希巴德 131
Hilditch, D. 希尔迪思 85, 172
Hinton, G. 希尔顿 199
Hofstadter, D. 霍夫施塔特 110, 112
Hooker, C. 胡克 151
Hutchins, E. 哈钦斯 61, 76, 78, 187—190, 192, 201

I

Identity, 同一性 81, 82

J

Jackendoff, R. 杰肯道夫 194, 209
Jacob, F. 雅克布 89
Jefferson, D. 杰斐逊 90
Jordan, M. 乔丹 60, 158, 160

K

Kagel, J. 卡格尔 184
Kawato, M. 卡沃特 23
Kelso, J. A. S. 凯尔索 107, 112, 116, 122, 158
Kirsh, D. 基尔希 62, 64—66, 69, 80, 203, 204, 215
Knierim, J. 尼里姆 135
Koza, J. 科扎 90

L

Labels. 标签, See Language, 见语言
Language 语言
as artifact, ～作为人工物 193—218
and attention, ～以及注意 209—211
and internal speech, ～以及内部语言 195, 199, 200, 202
and labels, ～以及标签 201, 202
and path dependence, ～以及路径依赖 204—207
as reverse-adapted to brain, ～作为大脑的反向适应 211—213
supra-communicative views of, ……～的超交流性观点 196, 197
as system of communication, ～作为交流的系统 193—200, 204—207

索 引

of thought，思维的～ 142
and thoughts about thoughts，～以及关于思维的想法 207—211
as tool for thought，～作为思维的工具 180，193—218
and tool/user boundary，～以及工具/使用者之间的界限 213—218
Learning, gradient-descent，学习，梯度下降 57，90，161，205. See also Neural networks，另见神经网络
Le Cun, Y. 莱昆 60
Lenat, D. 莱纳特 2，7
Lieberman, P. 利伯曼 88
Littman, D. 利特曼 97，187

M

Maes, P. 梅斯 43，113，140
Maglio, P. 马格里奥 64—66，69，80，203，204，215
Malcolm, C. 马尔科姆 111
Mangrove effect，红树效应 207—211
Map 图景
  as controller，～作为控制器 49
  somatotopic，躯体特定区～ 130—133
Mataric, M. 马塔瑞克 47
Maturana, H. 马图拉纳 148
McCauley, R. 麦卡利 161
McClamrock, R. 麦克拉姆洛克 201
McClelland, J. 麦克莱兰 199
Memory，记忆 66，75，201
Merleau-Ponty, M. 梅洛-庞蒂 148，171
Microworlds，微观世界 12，13，58
Miglino, O. 米科利诺 97
Miller, G. 米勒 146

Millikan, R. 米利肯 50，146
Mind，心灵 See also Representations; Dynamical systems，另见表征；动力系统
  as controller of action，～作为行动的控制者 7，8，47—51，68
  as extended into world，～作为在世界中延展的 179—192，213—218
Mobots，自行机器人 11，32. See also Autonomous agents，另见自治施动者
Mold, slime，粘液霉菌 71，72
Motter, B. 莫特 135
Mountcastle, V. 芒卡斯尔 137
MYCIN expert system, MYCIN 专业系统 12

N

NETtalk, NET 说话 55，56
Neural control，神经控制 136—141
Neural networks, artificial，神经网络，人工的 15，17，19，53—69，83. See also Representations，另见表征
  and constraint satisfaction，以及约束满意度 187，188
  as controllers of action，～作为行动控制器 90—94
  and external structures，～以及作为外部结构 59—63，185—192，213
  and genetic algorithms，～以及遗传算法 90—94
  learning in，在～中学习 56—58，205
  as pattern-completion devices，～作为模式-完备设备 53，59—62，67，179，185—191，203

and real brains，～以及真实的大脑 54，55
  recurrent，循环的～ 199
  strengths and weaknesses of，～的优劣 59—61，80
Neuroscience，神经科学 124—142
Newport, E. 纽波特 212
Newsome, W. 纽瑟姆 134
Nilsson, N. 尼尔森 54，63
Nolfi, S. 诺尔菲 97，187
Norman, D. 诺曼 60
North, D. 诺思 181—183

P

007 Principle，007 原理 46，63，80
Paper clip，回形针 211
Parallel distributed processing. 并行分布式处理 See Neural networks, 见神经网络
Parisi, D. 帕瑞希 97，187
Partial programs，部分程序 153—160
Path dependence，路径依赖 204—207
Pearson, K. 皮尔森 15
Perception 知觉
  and action，～以及行动 30，37，39，152
  and cognition，～以及认知 8，14，36，37，50，51
  contents of，～的内容 23—31，50，51
Physics, naive，物理学，天真 54
Piaget, J. 皮亚杰 35，155
Planning 规划
  central，中央的～ 21，32
  and embodied action，～以及具身行动 47—49，62—64
  and language，～以及语言 202—204
  long-term，长期～ 60
  and self-organization，～以及自组织 73，76—79
Port, R. 波特 118，160，161
Pseudoplasmodium，伪原质团 72

Q

Quinn, R. 奎因 17

R

Ramachandran, V. 拉马钱德兰 30
Rationality 理性
  bounded，限制～ 184—186
  substantive，实质性～ 181—184
Reconstruction, rationala，重构，基本原理 80，81
Redescription, representational，重新描述，表征的 210
Reductionism，还原 104，105
Re-entrant processing，凹角处理 137
Representation, action-oriented，表征，以行动为导向 39，47—51，149—153
Representation-hungry problems，表征-渴求问题 147，149，166—170，175
Representations, internal，表征，内部的 147. See also Computation; Dynamical systems; Mind; Representation-hungry problems，另见计算；动力系统；心灵；表征-渴求问题
  as action-oriented，～作为行动-导

索 引

向的 39, 47—51, 149—153
in brain, ～在大脑中 129—142
and computation, ～以及计算 97, 98
and decoupling, ～以及解耦 166—170
and explanation, ～以及解释 97—128, 163—16
explicit, 明述的～ 13, 32, 57, 67, 77
partial, 局部的～ 24, 25, 27, 29, 30, 45, 51
and public language, ～以及公共语言 198—218
pushmi-pullyu, 双头驼 50
reconceived, 重新构思的～ 169, 170, 174, 175
and symbols, ～以及符号 2—4, 6, 21, 31, 32
and time, ～以及时间 160—163
and world models, ～以及时间模型 21—31, 47, 51
Resnick, M. 雷斯尼克 39, 74, 97, 110
Richardson, R. 理查森 113
Ritzmann, R. 里茨曼 4, 5
Robots 机器人
    Attila, 阿提拉 15
    Herbert, 赫伯特 14, 15, 24, 25
    hexapod, 六脚昆虫 16, 17
Rumelhart, D. 鲁梅尔哈特 61, 199

S

Saccades, visual, 眼扫视, 视觉 22, 29, 31
Saito, F. 齐藤 17, 19
Salzman, C. 萨尔兹曼 134
Salzman, E. 萨尔兹曼 118
Satz, D. 萨茨 181—184
Scaffolding, 脚手架 32, 33, 45—47, 60—63, 82, 179—192, 194—218
Schieber, M. 席贝尔 131, 132, 141
Sejnowski, T. 谢诺沃斯基 30
Self, 自我 216—218
Self-organization, 自组织 40, 43, 73, 107—113, 116. See also Dynamical systems, 另见动力系统
Sensing, niche-dependent, 感知, 基于生态区位的 24, 25
Sensors, 传感器 96
Shaw, C. 肖 99, 114
Simon, H. 西蒙 88, 181, 184, 185
Simulation, 模拟 94—97
Skarda, C. 斯卡达 148
Smith, L. 史密斯 36, 37, 39, 42, 44, 122, 148, 153—155, 158, 160
Smithers, T. 史密瑟斯 95, 96, 111, 148
Smolensky, P. 斯莫伦斯基 199
Speech, private, 讲话, 私人性 195. See also Language, 另见语言
SOAR system, SOAR 系统 54
Steels, L. 斯蒂尔斯 108—110, 112, 113
Stein, L. 斯坦 19
Stigmergy, 共识主动性 75, 76, 186, 191
STRIPS program, STPIPS 程序 S54
Subsumption, 包容 13—15, 21, 22, 32, 47
Sunder, S. 森德 183, 184

索引

Swim bladder，鱼鳔 88
Symbols, external 符号，外部的 189—218
Synergy，共同作用 131—133，153，158. See also Collective variables; Dynamical systems，另见集体变量；动力系统

T

Task analysis，任务分析 120
Tetris game，俄罗斯方块 65, 203, 204
Thach, T. 萨奇 38
Thelen, E. 西伦 36，37，39，42，44，121，122，148，153—155，158，160
Thornton, C. 桑顿 206
Time，时间 160—163. See also Dynamical systems，另见动力系统
Torras, C. 托拉斯 161
Townsend, J. 汤森 124
Traders, zero-intelligence，贸易商，零智力 183，184
Triantafyllou, G. 特里安泰弗楼 219
Triantafyllou, M. 特里安泰弗楼 219
Tuna，金枪鱼 219，220

U

Umwelt，周围世界 24—31
User-artifact dynamics，使用者-人造物动力学 213—218
Van Essen, D. 范·埃森 133—136
van Gelder, T. 范·盖尔德 98, 99, 113, 118, 126, 148, 160, 163
Varela, F. 瓦雷拉 148, 172, 173
Vision，视觉 133—136
animate，动物性 29—31, 64, 92, 105, 106, 133, 135, 141
Vogel, S. 沃格尔 46
Von Uexkull, J. 冯·尤克斯奎尔 24, 25
Vygotsky, L. 维果茨基 34, 45, 194, 195

W

Wason, P. 沃森 188
Watt governor，瓦特调制器 95, 99
Wheeler, M. 惠勒 105, 113, 118, 148
Wimsatt, W. 维姆萨特 114

Y

Yamuchi, B. 亚目赤 92
Yarbus, A. 亚尔布斯 29

Z

Zelazo, P. 萨拉叟 39, 40

附图

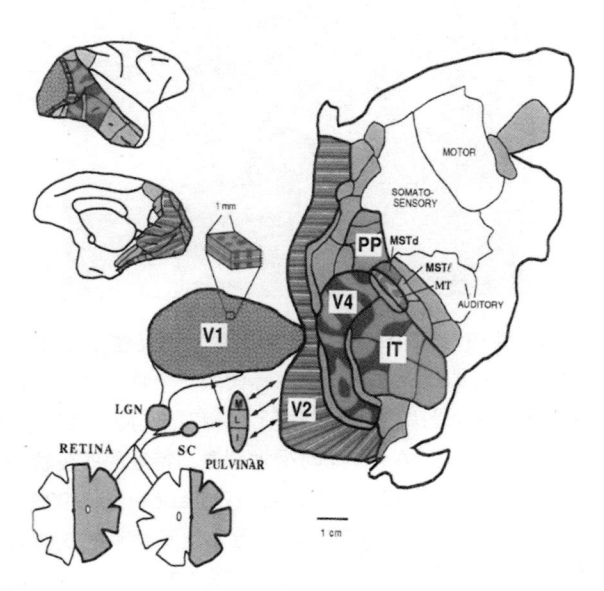

附图 1　恒河猴大脑皮层和主要皮层下视觉中心的二维图。平铺的皮层图包围了整个右半脑。图片来源：Van Essen and Gallant 1994。感谢 David Van Essen, Jack Gallant 和 Cell Press。

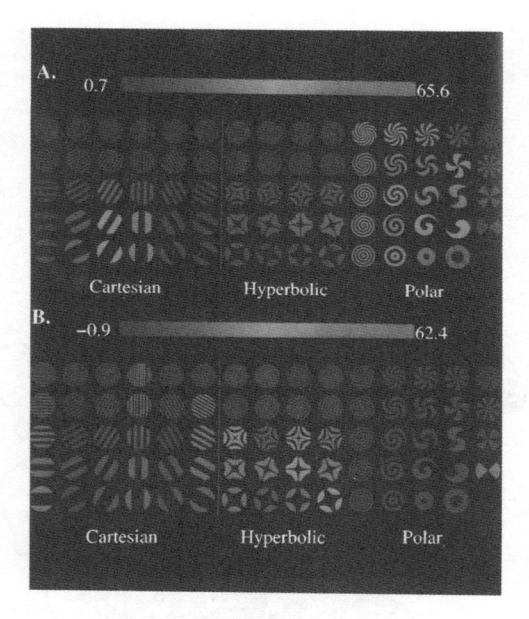

附 图

附图 2 V4 中的两个细胞对笛卡尔主义和反笛卡尔主义的不同空间形态做出不同的反应。每一个图标代表一个特定的视觉刺激,它的颜色代表了运用上图中的比色刻度尺,相对于自发的背景比例,对那种刺激的平均反应。(A)一个对极地刺激、特定的螺旋状和不太弯曲的笛卡尔摩擦能够做出最大化反应。(Gallant et al. 1993,经作者许可略作修改)。(B)一个能够对低于温和空间频率的双曲刺激作出最大化反应。源图:Van Essen and Gallant 1994;感谢 David Van Essen, Jack Gallant 和 Cell Press。

附 图

附图3 MIT 海洋工程测试设备中心的机器金枪鱼在运输货物。图源：Triantafyllou and Triantafyllou 1995。摄影：Sam Ogden；感谢 Sam Ogden 并且本图片的使用得到了 Scientific American, Inc. 的许可。

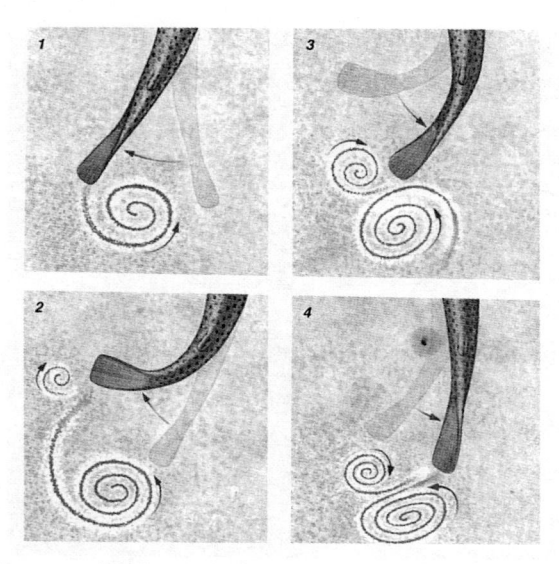

附 图

附图 4 通过快速连续地用力拍打而产生的有力和突然的反作用力正好可以给猎物以突然袭击或用于自身逃脱。第一次的拍打产生了一个大的涡流（1）；第二次拍打产生了不同的、反向旋转的涡流（2，3）。当两个涡流相遇并结合产生一股气流，从尾部离开，相互削弱以后，一个有力的向前推力以及一个偏转但可控的侧向力就产生了（4）。
图源：Triantafyllou and Triantafyllou 1995；感谢 M. S.Triantafyllou 和 G. S. Triantafyllou 和 Scientific American, Inc.。

图书在版编目(CIP)数据

在此:重整大脑、身体与世界/(英)安迪·克拉克著;张钰,何静译.--北京:商务印书馆,2025.
(心灵与认知文库).--ISBN 978-7-100-24690-3

Ⅰ.B846

中国国家版本馆 CIP 数据核字第 2024LT3508 号

权利保留,侵权必究。

心灵与认知文库·原典系列

在此

重整大脑、身体与世界

〔英〕安迪·克拉克 著

张钰 何静 译

商 务 印 书 馆 出 版
(北京王府井大街36号 邮政编码100710)
商 务 印 书 馆 发 行
北京市十月印刷有限公司印刷
ISBN 978-7-100-24690-3

| 2025年4月第1版 | 开本 880×1230 1/32 |
| 2025年4月北京第1次印刷 | 印张 10¾ 插页1 |

定价:68.00元